U0682338

高等学校文化素质教育系列教材

现代科技发展概论

赵春红 编著

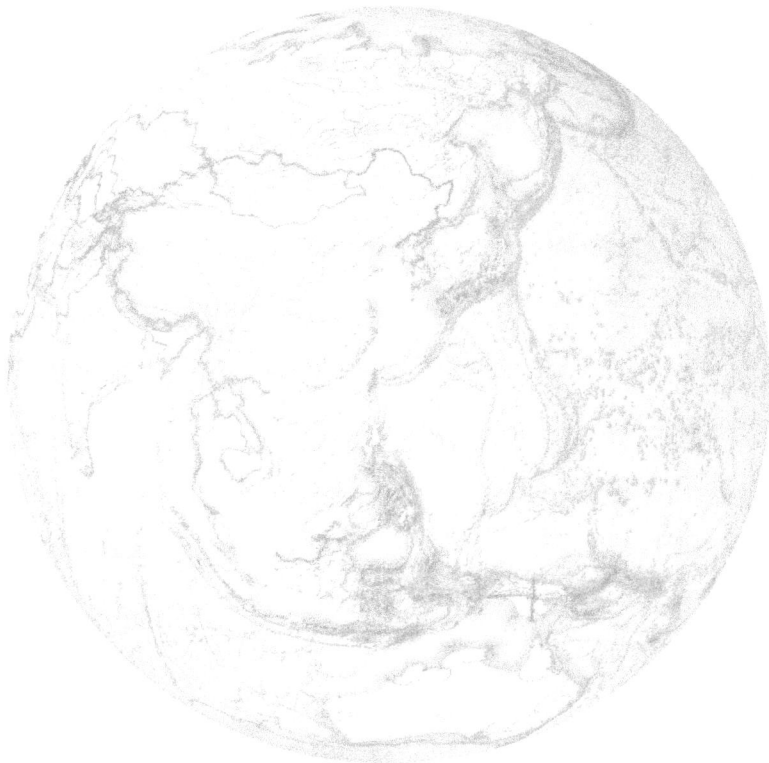

南京大学出版社

图书在版编目(CIP)数据

现代科技发展概论 / 赵春红编著. —南京:南京大学出
版社,2008.2(2016.12重印)
(高等学校文化素质教育系列教材)
ISBN 978-7-305-05344-3

Ⅰ.现… Ⅱ.赵… Ⅲ.科学技术-技术发展-高等学校-
教材 Ⅳ. N1

中国版本图书馆 CIP 数据核字(2008)第 023603 号

出 版 者　南京大学出版社
社　　　址　南京市汉口路 22 号　　　　邮　编 210093
网　　　址　http://press.nju.edu.cn
出 版 人　左　健

丛 书 名　高等学校文化素质教育系列教材
书　　　名　现代科技发展概论
编　　著　赵春红
责任编辑　孟庆生　　　　　　　编辑热线　025-83597482

照　　排　南京紫藤制版印务中心
印　　刷　虎彩印艺股份有限公司
开　　本　787×960　1/16　印张 20.5　字数 397 千
版　　次　2008 年 2 月第 1 版　2016 年 12 月第 3 次印刷
ISBN　978-7-305-05344-3
定　　价　50.00 元

发行热线　025-83594756
电子邮箱　sales@press.nju.edu.cn(销售部)
　　　　　　nupress1@public1.ptt.js.cn

序

21世纪科学技术的迅猛发展,对人类社会产生了巨大的推动力,在知识经济时代,社会的发展迫切需要善于掌握新知识、新技术,知识面宽广,具有竞争意识、创新能力和献身精神,能够适应新技术革命和生产力高速发展需要的开拓型人才。

面对我国高等教育的现状,第三次全国教育工作会议颁布了《中共中央国务院关于深化教育改革全面推进素质教育的决定》,决议强调:高等教育应将素质教育作为一项重要的课题加以研究,在实践中探索素质教育的内涵、目标和要求,逐步形成具有中国特色的、符合我国国情和高等教育实际的素质教育理论体系。新形势对高等教育人才培养提出了新的要求。

对于文科大学生来说,学习和探索的范围大多在社会科学的各个领域。我们看到,当今科学技术的高度综合性、渗透性和日益社会化,使现代科技大量融入我们工作学习和日常生活的方方面面;同时,科学的思想、方法和成果大量渗透到社会科学的各个领域。在社会科学和自然科学之间、专业之间、学科之间,传统的界限已逐渐被打破。自然科学的渗透给社会科学的发展带来了新的契机,也为新时期大学生未来事业的发展提供了机遇。

科技素质教育是提高文科大学生综合素质,培养具有创新能力人才的重要手段和必要途径。

科技素质教育,可以使学生获得专业以外的多学科知识,了解当代科学的前沿理论和现代高新技术发展的最新动态,扩大知识面,开阔视野,增强专业间、学科间的融会贯通,激发创新意识,提高创新能力;科技素质教育能够完善学生的思维方式,有利于培养学生的逻辑思维和跨学科的发散思维能力,而思维方式的完善直接有助于创造发明;科技素质教育,将为学生提供科技实验、学习实用技术的场所和机会,增强学生的实践能力。更重要的是,科技素质教育,培养了学生严谨的科学方法和崇高的科学思想品德。

《现代科技发展概论》作为一本大学生科技素质教育的教材,概括地阐述了现代科学与技术的概念、体系结构、功能作用与发展趋势,简要地介绍了当代自然科学的重大基础理论和重要前沿,以及现代高新技术发展的最新成就和动态,以丰富的内容、翔实的材料、动人的事例,向我们展示了一幅现代科学技术概貌和未来发展趋势的生动图景。

该书科学性、知识性、趣味性、可读性兼备,对科学技术的各学科的核心问题把握得较好,概念清楚正确,资料和信息较新,数据准确。结构上各章分为本章导读、正文、知识点归纳、思考与探索等四个栏目,条理分明。其中"本章导读"提纲挈领,方便阅读;"知识点归纳"便于温习和掌握;"思考题"则启发学生深入思考。文笔生动流畅,简明扼要,内容通俗易懂,深入浅出,重点突出,是对当今文科大学生进行科技素质教育的好教材。

相信该书的出版,将对提高文科大学生的综合素质、培养高质量应用型人才的科技创新能力起到十分积极的作用。

周进

2007.8.13

前　　言

　　《现代科技发展概论》是一本为高等院校文科类各个专业开设科技素质教育课程而编写的教材，旨在提供一幅现代科技发展的粗线条"全景图"，以满足受过良好教育的文科大学生们渴望了解现代自然科学和高新技术发展概貌的需要。

　　该书适用面较宽，既可作为普通高校文科类各个专业开设科技素质教育课程教学之用，也适合工科类大学生课余阅读，还可作为热爱科学技术的普通读者的参考读物。书中内容是教师长期从事大学生科技素质教育教学资料的积累和教学经验的总结。

　　全书共分三篇。第一篇科学技术总论，主要阐述了科学与技术的概念、相互关系以及世界科技强国发展简史。第二篇当代自然科学基础与前沿，简要介绍了当前自然科学重大基本问题和前沿热点。第三篇现代高新技术，概括介绍现代高新技术主要领域的发展概况以及最新动态。自然科学部分以定性描述为主，内容宽泛，浅显易懂，就像海滩上的沙子，宽宽地、浅浅地铺，力求从整体上反映一个领域、一个学科的发展现状和未来趋势，适合于文科类学生学习；高新技术部分，突出应用性广、实用性强、体现时代特征的技术。通过学习可以沟通专业间、学科间知识的交流，开拓学生的视野，了解当前科学技术发展的整体概貌。

　　本书增加了获诺贝尔奖科学家的事迹介绍及当前科技前沿信息，将科技强国、科学作风、大胆创新等科学思想品德的教育，通过生动的实例，融入教材之中。

　　在教学过程中，还可根据实际情况安排科技实践性环节。科技实践性环节主要有科技实验和实用技术实训项目（另有讲义配套使用，暂未正式出版），充分体现了该课程前沿性、拓展性、实用性和对学生创造性能力培养的特点。

　　在本书的编写过程中，南京大学物理实验中心主任、博士生导师周进教授，沙振舜教授给予了悉心指导，并分别对初稿的不同章节进行了认真细致的审阅，提出了宝贵的意见；南通大学杏林学院副院长沐仁旺教授、东南大学物理系吴桂平副教授帮助核实资料；扬州科技学院（筹）贾湛副教授帮助研制多媒体课件，汤正友讲师编写第一章第四节内容并核实第一章中的资料。在教材出版过程中,得到了学校校长、教务处处长、教材科老师的大力支持以及出版社编辑同志的热情帮助,在此一并表示深深的感谢!

最后,还要感谢我们的学生,是他们首先检验了此书的原始文稿,并使我们明白,这门课应该怎么讲,哪些地方还没有讲清楚,他们需要哪些科技信息。该课程为扬州科技学院(筹)首批精品课程。该教材是江苏省高等教育学会"十一五"教育科学规划课题研究成果。

书中不会没有错误,也肯定存在疏漏或不足之处,如果您能将此信息反馈给我们,或提出意见和建议,将不胜感激!

编　者

2007 年 6 月

目　　录

第一篇　科学技术总论

第二篇　当代自然科学基础与前沿

第一篇　科学技术总论

该篇介绍科学与技术的概念,现代科学技术的体系结构与发展趋势、功能与作用,当前我国实施科技兴国战略的重大意义以及世界科技强国的发展简史。

第一章　科学技术概述

本　章　导　读

　　科学与技术是两个不同的概念,随着科学技术的发展,科学与技术的内涵不断充实,同时也越来越显现出两者既相互依存、相互作用,又相互渗透、相互转化的密切联系。科学技术是第一生产力,科学技术给人类提供知识和方法,并改变着人们的生产方式、生活方式和思维方式。

　　现代科学技术的进步,影响着人类社会的各个领域,显示出对人类社会发展的巨大推动作用。目前,我国实施的科教兴国战略,是保证我国经济又好又快发展的根本措施,是实现社会主义现代化宏伟目标的必然选择,也是中华民族振兴的必由之路。

第一节　科学与技术的概念

　　科学与技术都产生于生产实践,同时随着生产实践的发展而发展,它们是人类在认识自然、改造自然过程中的两个不同阶段。它们既相互区别又密切联系。

一、科学的概念和特征

(一) 科学的概念

　　"科学"一词来源于拉丁文,是知识和学问的意思。和中国古代典籍《中庸》中提到的"格物致知"(即实践出真理)的意思相近。在明治维新时期,日本著名科学启蒙大师、教育家福泽瑜吉将其译为"科学",后经康有为、严进等人翻译和引进,"科学"一词在中国得到普及和广泛应用。

什么是科学？目前学术界还没有一个最终的、固定不变的定义。随着历史的发展，科学的内涵越来越丰富，人们对它的认识在不断深化，因此，对科学的定义也在不断地调整。目前，对科学的定义是：科学是人类对客观世界的认识，是反映客观事实和规律的知识体系，是一项追求知识的社会活动事业。

（二）现代科学的分类

现代科学包括自然科学和人文社会科学两大体系，即人们常说的"理"和"文"两大部分。前者被称为关于物的科学，后者被称为关于人的科学。

自然科学是研究自然界中不同领域的运动、变化和发展规律的理论和知识体系。它概括了人类对大自然的理性认识，是关于自然界的本质和发展规律的正确反映，是人类利用、改造和保护大自然的有力武器。

在自然科学中，各个学科所反映的只是自然界的一个侧面。而把大自然作为一个整体，研究这个整体的本质和规律，不属于自然科学研究的范畴，而是属于哲学性质的"自然辩证法"学科的研究对象，学术界将哲学列入人文社会科学的范畴。

人文社会科学是研究"人文"与"社会"中不同领域运动、变化和发展规律的理论和知识体系。它概括了人类对自身的理性认识。人文社会科学又分为人文科学和社会科学两大部分。

（三）现代科学的特征

科学的性质表现为对客观事物本质及其运动规律的揭示，是反映事物真相的客观真理。因此，科学的特征是：第一，具有重复性、再现性和可比性。科学是一种知识形态的理论、概念、原理和学说。它存在于人的大脑、书刊、光盘等多种载体中，是人类的精神财富，是可以传播、教授、继承和发展的。对于同一个或同一类研究对象来说，不同的人在相同的条件下，通过实验和观察，可以得到相同的结果，可以发现共同的科学现象和规律。第二，具有连续性、深入性和创造性。特定的历史条件下的科学及其活动，首先要继承历史和传统，学习前人积累下来的知识并将其贯穿于自己的科学研究中，这就是连续性，同时又必须努力解决该时代提出的主要问题，并在这些方面有所发现和创造，这就是深入性和创造性。第三，具有开放性。科学知识的对象是客观世界，世界是不断变化和发展的，人们对世界的科学认识也是不断发展的。科学的开放性就意味着它具有宽阔的胸怀去继承、容纳、批判和创造。

二、技术的概念和特征

(一) 技术的概念

什么是技术? 技术是一个涉及面广泛的概念,同样,随着历史的发展,技术的含义在不断扩充,因此,"技术"也是一个不断发展变化的动态概念。在古代,古希腊的著名科学家亚里士多德最早提出:科学是知识,技术是制作的智慧。技术仅仅是指个人的经验、技巧和手艺。在近代,随着工业革命的兴起,机器在工业生产中占据主导地位,人们认为,技术就是工具、机器和设备,是一个没有生命的装置。20世纪以后,随着现代科学技术的发展,技术成果不仅成为人类改造自然、进行劳动生产的手段,而且成为人类认识自然、进行科学探索的重要工具。技术已经不仅仅是经验的产物,而且是科学物化的结果。目前,技术的一般定义是:技术是根据科学原理和实践经验而发展起来的各种工艺操作方法和技能体系。

(二) 技术的特征

1. 技术具有明确的目的性

技术是为人类所拥有、为人类服务的,因此,任何技术都有明确的目的,目的性是技术活动的起点,技术成果是目的性的实现。

2. 技术是人和物统一结合的整体

技术包括两个方面:一是利用和改造自然的物质要素,指生产工具、设备、机器等劳动资料,称为技术的"硬件"。二是利用和改造自然的人的要素,指生产工艺、加工方法、管理体系等,也称为技术的"软件"。只有将人的因素和物的因素结合起来,技术才能有效地发挥作用。

3. 技术具有自然和社会双重属性

技术的自然性是指人们在应用技术的过程中,必须遵循自然发展的规律。这是人类进行技术创造的前提。所有的技术,本质上都是对自然规律的应用。

技术的社会性是指人们在应用技术改造自然的过程中,必须遵守社会发展的规律。技术在应用于社会的过程中,必然会受到各种社会因素的影响和制约。例如,一项非常先进的技术,如果它的功能和效用不符合当时当地社会经济的要求,不能满足经济性、可靠性、安全性、社会心理因素等社会需求,那么这种技术就没有生命力。任何技术都是社会的技术,只有通过广泛的"社会协作"才能得以实现和推广。

三、科学与技术的关系

科学与技术反映了人类认识自然和改造自然的过程中两个不同的阶段。它们既相互区别又相互联系。

（一）科学和技术的区别

从目的任务来看，科学的目的主要是揭示自然规律，着重回答自然现象"是什么"、"为什么"的问题，其任务是认识自然，增加人类的知识财富；技术的目的主要是利用自然规律，着重回答社会实践中"干什么"、"怎么干"的问题，其任务是改造自然，增加人类的物质财富。

从科研选题来看，科学的选题主要来自科学自身发展中的矛盾，来自人们对自然现象及其本质认识的需要；技术的选题主要来自生产实践中迫切需要解决的问题，技术需要面向生产、面向实际、面向社会。

从科研过程来看，科学研究的目标是相对不确定的，难以预见在何时会做出何种发现，也难以估测出某种新发现所必需的劳动时间和成本；技术活动也有它的不确定性，但它有相对确定的目标，有较明确的方向、步骤和经费预算，技术工作的计划性较强。

从科研成果来看，科学的成果主要是知识形态，表现为新现象、新规律、新法则的发现，评价的原则主要看它的正确性、真理性；技术的成果一般具有物质形态，表现为新工具、新设备、新工艺、新方法的发明，评价的原则主要看它的先进性、经济性、实用性和可行性。

从科研价值来看，科学往往具有认识的、文化的、哲学的价值，它的经济价值往往是长远的，一时难以确定的；技术则直接追求实用性和它所带来的宏大的、直接的经济效益。

（二）科学和技术的联系

科学和技术相互依存、相互作用。一方面科学为技术开发提供理论基础，特别是现代科学对技术开发有巨大的推动作用。现代技术水平在很大程度上取决于科学发展和应用的水平。现代科学技术发展的一个重要特点是科学明显地走在技术前面并引导技术的进步。另一方面，技术的发展为科学基础研究提供新的研究工具、探索手段和物质基础，技术上的需要推动了科学理论的研究。现代科学的发展在很大程度上依赖于技术提供的条件,基础理论研究的成果也必须通过技术应用转化为直接的生产力,为经济建设服务。

科学和技术还相互渗透、相互转化。在当代绝大多数的科研活动中,科学和技术是分不开的,科学中有技术,技术中也有科学。科学和技术的相互转化表现在:科学可以从技术中产生,科学也能派生出技术;技术是科学的延伸,科学是技术的升华。科学技术化,技术科学化,技术与科学整体化,是现代科学技术发展的显著特征。

第二节 科学技术的体系结构与发展趋势

现代科学技术是一个庞大的知识系统,它包括众多的子系统,即不同的专业;而形成子系统的各个要素,即具体学科,它们之间既相对独立,又相互影响、相互作用、相互渗透,形成一个和谐统一的体系结构。认真研究科学技术的结构体系及相互关系,有助于我们从整体上分析科学技术的发展趋势,把握科学技术的发展规律。

一、自然科学的体系结构和发展方向

根据当前科学技术发展的状况和国际上学术界的共识,一般来说,现代科学技术是指现代自然科学与技术。因此,自然科学是我们讨论的重点。

（一）自然科学的体系结构

现代自然科学是一个拥有众多学科的庞大学科群。它的主干学科包括现代物理学、现代化学、现代生物学、现代天文学和现代地学等基础学科;在主干学科的基础上又发展出大量的分支学科,如以现代物理学为主干的分支学科有原子物理学、固体物理学、晶体物理学、粒子物理学、核物理、介观物理等;进入 20 世纪,科学以空前的速度向前发展,不仅分支学科越来越多,同时,自然科学内部不同领域之间、自然科学与人文社会科学之间、现代科学技术与人文社会科学之间相互渗透、相互结合,又衍生出众多的交叉学科、边缘学科、横断学科和综合学科,如科技社会学、科技管理学、文化生态学、社会生物学等。

（二）自然科学的特征

自然科学作为一种知识体系,是不断发展和变化的。它与人文科学、社会科学等其

他科学的区别之处,显示出它的特征。

1. 自然科学没有阶级性、民族性和区域性

自然科学所要揭示的是自然规律,虽然不同学科的具体研究领域不同,但总体上它们的研究对象是统一的,即我们这个共同的宇宙中的物质。因此,自然科学没有阶级性,劳动人民可以掌握,统治阶级也可以运用。同样,从本质上说,自然科学是超越民族和区域的,带有显著的国际性特征。例如,现代物理学中爱因斯坦的相对论、普朗克的量子论,哈维的血液循环理论,沃森和克里克提出的 DNA 分子的双螺旋模型,对星系层次研究的哈勃分类和哈勃定律等等,都不会因民族和区域的不同而有所区别。自然科学作为一种人类的社会活动也同样具有国际性的特征,自然科学体系中的各个具体学科其理论结构是和谐统一的,其基本原理、基本概念以及定理、定律是相互兼容、无矛盾的,所运用的科学术语、符号及量纲等表述形式是基本一致的。目前,总的趋势是走向国际规范化。在自然科学领域,几乎所有的学科都已经有了自己的国际性学会,有了属于该学科的国际性的学术刊物,而国际性的科学研究机构也在不断涌现。自然科学越发展,它的国际性特征就越显著。

2. 自然科学具有较强的历史继承性

自然科学不会随着历史的变迁、时代的变更、经济基础的变革而发生变化。例如,中国古代数学家刘徽提出的具有极限概念的割圆术,古希腊的算术与几何,17 世纪创立的牛顿力学、微积分、开普勒的行星运动三定律等,仍然是当代自然科学的基础理论;而人文社会科学具有显著的时代特征,例如,法律、会计等学科会随着经济基础的变革而改变,它要适应统治者的需要。

3. 自然科学所反映的客观规律能够重复验证

自然科学与政治、法律、哲学、道德、宗教、艺术等社会意识形态不同,它所反映的客观规律可以重复验证,即只要条件具备,规律可以重复出现。反之,就不能成为科学真理。例如,爱因斯坦的广义相对论,是描述宇宙中星球间的引力问题的。在广义相对论中,爱因斯坦预言了宇宙空间引力波的存在。为了验证这一预言,美国一位物理学家从1957 年开始,自行设计和安装可以接受引力波讯号的实验装置进行探测,历经 12 年,终于在 1969 年宣称:他的仪器接收到了来自银河系的引力波讯号。这一消息曾轰动一时,于是许多国家成立了探测引力波的实验小组。但是,所有这些小组都没有收到任何引力波讯号。既然他的实验结果不能重复,所以至今没有得到大家的承认。

(三)自然科学的发展方向

自然科学的研究对象是物质,物质是有结构层次的,人们对于物质结构层次的认识,

大致如下。

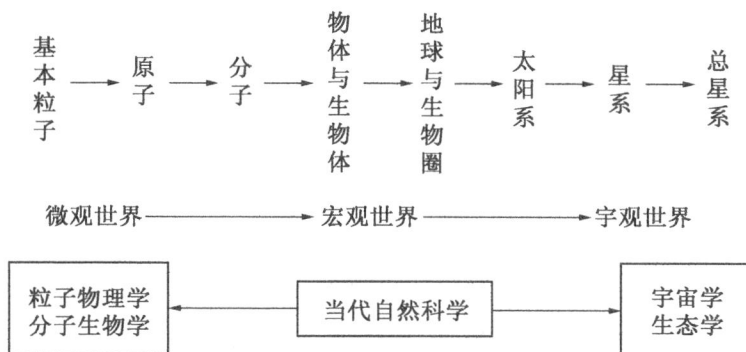

图 1-1　物质结构层次与自然科学发展方向

　　根据对物质结构层次的认识,当代自然科学的研究在生物和非生物两大领域,一方面朝着微观的方向突进——一个是分子生物学,一个是粒子物理学,另一方面又朝着宏观、宇观方向前进——一个是生态学,一个是宇宙学。

　　自然科学研究的目的是揭示自然界中不同物质运动、变化的本质,即揭开"起源"与"演化"的谜团,回答"从哪里来的"问题。这就引导着自然科学的研究向着微观领域深入发展,深入物质内部,研究物质的内部结构层次,探索物质的最小结构单元。现代自然科学对物质基本结构的认识,已成为整个自然科学发展的基础。在微观领域研究最前沿的是粒子物理学。现代自然科学中的物理学、化学、天文学、地学、生物学等基础科学都能在粒子物理学中找到它们共同的基础——物质的微观结构。

　　同时,自然科学研究的目的又是揭示物质的运动规律,即揭开"未来"的面纱,回答"向哪里去"的问题。这就引导着自然科学的研究朝着宇观方向挺进,进入太空,最大范围地了解宇宙,探索宇宙的奥秘,让我们能够看得更远,更全面,了解现在,预测未来。在宇观领域研究的前沿是现代宇宙学和生态学。

二、现代科学技术的体系结构

　　现代科学技术的分类方法有多种,按照科学理论转化为生产力的过程来分类,现代科学技术可分为:基础科学、技术科学和应用技术。

　　基础科学是由自然科学基础理论和基本实验技术组成,它的研究对象是自然界中的物质,研究的目的是揭示物质的本质和运动规律,它是科学技术整体结构的基石,是科学技术发展的前沿理论。它包括数学、物理学、化学、天文学、地学、生物学、气象学等。

技术科学是科学技术整体中通用性技术的理论,具有技术理论的性质。如工程热物理学,专门研究热机和热设备中能量转化和传递这一共性问题,这种技术科学的理论,可以通用于所有热机和热设备所构成的能源工程。技术科学还包括材料科学、能源科学、信息科学、电子技术、原子能技术、激光技术、空间技术、生物技术等。

应用技术是科学技术整体中应用理论和应用方法部分。它研究如何将基础科学和技术科学的理论直接应用于生产、生活中的具体方法和手段。应用技术的目的是直接利用和改造自然。应用技术的成果是解决生产过程和生活中的实际问题,使之形成新产品、新工艺。它包括各种工程技术、农业技术、医疗技术等。

基础科学、技术科学、应用技术构成了现代科学技术的整体框架结构,其中基础科学是基石,技术科学是桥梁,应用技术则是生产的平台。它们之间的密切联系、相互促进与协调发展,将缩短科学理论转化为生产力的周期。

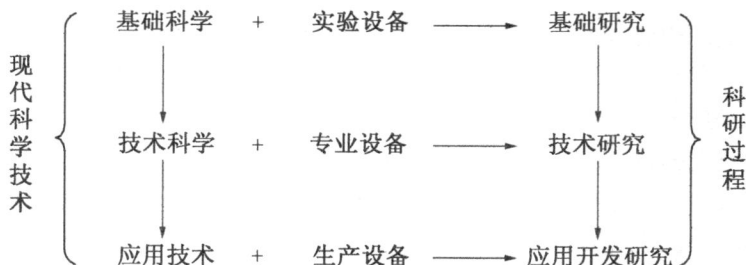

图 1 - 2　科学技术的结构体系与科研过程

按照科学技术的结构体系,现代科学技术的研究过程分为基础研究、技术研究和应用开发研究三个阶段。要缩短科学理论转化为生产力的周期,必须合理配置三个阶段的比例,才能使三个阶段的科研活动协调发展。根据经验,三者的比例大致上应成等比级数。例如,日本的科研组织呈 1∶10∶100 的结构。它包含三层意思:1 个科学家、10 个工程师、100 个技术员才能构成一支完整有序的科研队伍;从理论到产品三个阶段的投资比例为 1∶10∶100;在上述三个阶段花费的时间和精力大体上为 1∶10∶100 的比例。

三、现代科学技术的发展趋势

(一)科学技术发展的高速多元化

现代科学技术的发展,从宏观上朝着科学前沿和尖端技术高速发展,一个个科学谜团不断被解开,一个个技术极限接连被突破,从微观上呈现多元化发展的状况,大量的边缘学科、综合学科和尖端、高新技术纷纷涌现,体现了现代科学技术蓬勃发展的态势。

(二)科学技术发展的快速普及化

现代科学技术"理论—技术—应用"的周期在不断缩短,科学技术的成果越来越趋向于大众化、普及性和实用性。例如,计算机、通讯设备等高科技产品,一方面在技术上科技含量不断提高,更新换代不断加快,另一方面在使用上越来越经济、实用、方便,面向大众化。

(三)科学技术发展的国际合作化

现代科学技术的研发在许多领域呈现出高投入、高风险、高科技、综合化的状况,往往许多前沿课题的研究,需要通过广泛的国际协作来共同完成,如人类基因组计划的实施、空间技术的开发等,使得科学技术的发展不断超越区域和国界的限制。

(四)科学技术发展的综合系统化

现代科学技术的研究,往往不再是单个专业和学科闭门造车,而是多领域、多专业、多技术的合作研发,形成庞大的系统工程。例如,空间技术的开发涉及物理学、材料学、医学、自动控制、电子技术、计算机技术、喷气技术、真空技术、低温技术、半导体技术、机械制造工艺等各个领域。

第三节　科学技术的功能与作用

100多年前,马克思和恩格斯就指出,科学是一种在历史上起推动作用的、最高意义上的革命力量,揭示了科学技术在经济、社会、文化等多方面的价值作用。现代科学技术的进步,影响着人类社会的各个领域,显示出对人类社会发展的巨大推动作用。

一、科学技术的基本功能

(一)科学技术具有认识和实践功能

科学是人类对自然的认识,技术是人类对自然的利用和改造;科学来源于实践,是人类实践经验的概括和总结,技术服务于实践,是科学物化的结果。实践是认识的源泉,认识是实践的基础,认识与实践的相互促进,导致了科学技术的产生与发展,而科学技术的产生与发展又提高了人类对自然的认识水平和实践能力。科学技术具有认识功能和实践功能。科学技术的认识和实践功能,是我们认识自然、利用自然和改造自然的主要手段。

（二）科学技术具有批判和创新功能

科学具有批判功能。恩格斯在《自然辩证法》中说过:"科学正是要研究我们所不知道的东西。"①当代著名哲学家卡尔·波普认为:"人们尽可以把科学的历史看做发现理论并以更好的理论取而代之的历史。"这说明,科学知识是有限的、相对的,科学的发展需要永无止境地探索未知领域。科学探索的过程是:首先在运用原有理论时发现问题,即出现科学危机;接着是在批判的基础上对原有理论重新认识与评价,即科学革命;最终提出新理论,即科学创新。例如,19世纪末,经典物理学已经发展得相当完整、严格、系统和成熟,但在研究热辐射实验时出现问题——实验现象用经典物理学理论无法解释,引起人们对经典物理学理论的怀疑,这就是著名的"紫外灾难"。

当时德国著名物理学家普朗克经过研究,发现了经典物理学在微观领域的局限性,大胆地提出了一个与经典物理学能量连续化概念完全不同的假设——能量量子化假设,成功地解释了"紫外灾难"问题,宣告了量子论的诞生。可见,这种批判是一种积极的扬弃,是创新的前奏曲。

科学技术具有创新功能。创新是科学技术的生命和灵魂。著名物理学家爱因斯坦说过:"想象力比知识更重要,因为知识是有限的,而想象力概括着世界上的一切,推动着进步,并且是知识进化的源泉。严格地说,想象力是科学研究中的实在因素。"一个人想象力越丰富,他的思维创造力就越大,创新能力就越强。科学技术的创新主要包括知识创新和技术创新。科学发现导致知识创新,发明创造导致技术创新。知识创新是技术创新的理论基础,技术创新又为知识创新提供了物质基础。

（三）科学技术具有咨询和引导功能

咨询作为一种科学术语,它的基本含义是指那些熟悉、精通某一方面或多方面专门知识的专家、学者,运用他们所掌握的知识、技术和他们的宝贵经验,为咨询者提供智力服务,以帮助他们解决各种复杂问题的行为,如,农业专家咨询、医学专家咨询、气象专家

① 《马克思恩格斯选集》第3卷,人民出版社1972年版,第541页。

咨询、计算机专家咨询等。

科学技术在发挥咨询功能的同时，可以给咨询者提供理性的引导，发挥其引导功能。科学技术能够揭示隐藏于自然界表面现象背后的本质和规律，并遵循自然规律，有效利用自然、控制自然，引导人们运用科学的方法和手段，正确地解决所面临的各种复杂问题。

二、科学技术是第一生产力

"科学技术是生产力"是马克思主义的一个基本原理。1978 年邓小平洞察科学技术对经济和社会发展所显示出的日益强大的推动作用，指出："现代科学技术的发展，使科学与生产的关系越来越密切了。科学技术作为生产力，越来越显示出巨大的作用。"①1988 年，邓小平高瞻远瞩，进一步明确地提出："科学技术是第一生产力。"这是对马克思主义基本原理的丰富与发展。

自然科学是生产力，按照马克思的观点，这种生产力是以知识形态为特征的一般社会生产力。与以物质形态为特征的直接生产力不同，自然科学总是凝结和渗透在直接生产力的各个环节之中，推动生产力的发展，如劳动者需要科学技术的武装，劳动工具依靠科学技术的改造等；自然科学是一种知识形态，因此，它不可能像劳动工具一样直接使用，它需要一个积累转化的过程；自然科学作为一种知识形态，它对人类的贡献是永恒的。自然科学一旦收回了它的研究成本，它便成为一种再"不需花钱的生产力"，永远为人类提供无偿的服务。

科学与技术结合，成为第一生产力。首先，现代科学技术的发展越来越超前于生产的发展，决定了科学技术第一位的先导作用。第二，生产力与劳动者、劳动资料、劳动对象、生产管理、科学技术等基本要素的关系，可以用公式表达为：

$$生产力＝（劳动者＋劳动资料＋劳动对象＋生产管理）×科学技术$$

由此可见，科学技术具有乘法效应，它可以对生产力的其他要素产生成倍放大的作用。因此，科学技术是推动生产力发展的第一要素。第三，在社会这个大环境中，除了科学技术，对生产力的发展具有促进作用的还有政治制度、经济体制、物质条件、自然环境、人口素质等。目前，我国正处于改革开放的大好时机，江泽民在庆祝中国共产党成立 80 周年大会上的讲话中指出："我们党要始终代表中国先进生产力的发展要求，就是党的理论、路线、纲领、方针、政策和各项工作，必须努力符合生产力发展的规律，体现不断推动社会生产力的解放和发展的要求，尤其要体现推动先进生产力发展的要求，通过发展生产力

---

① 《邓小平文选》第 2 卷，人民出版社 1994 年版，第 87 页。

不断提高人民群众的生活水平。"国家的各项政治制度、经济体制、法律法规的建设日益完善,为进一步发展生产力提供了良好的社会环境,创立了有效的运行机制。因此,相对于生产关系和上层建筑来说,现代科学技术已经成为促进生产力发展的首要推动力量。

三、科学技术对社会经济发展的作用

第一,科技进步是促进经济发展的内生动力。新经济增长理论揭示了科技与经济的内在联系,从经济学的角度揭示了知识的积累是经济增长的动力,是经济长期增长的保证。在这里,科技进步被视为经济增长的内生变量,不是可有可无、随机出现的外在因素,科技进步是影响经济增长的关键。科技进步推动经济发展,在知识经济形态中着重表现为促进经济增长模式的转变。传统的工业经济增长模式虽然使社会生产力获得了极大的发展,但同时也是以资源的过量消耗和生态环境的破坏为代价的,其发展方式是粗放的、不可持续的,因而妨碍了人们生活质量的进一步提高,不能满足人们社会多样性的需求。知识经济形态要求经济增长方式从靠要素数量增加的粗放型向侧重要素质量改进的集约型转变,实现社会生产的内涵化,使经济增长既有量的扩张又有质的提高,体现在资源利用效率的提高、劳动力的智力化、产业结构和产品结构的知识密集化等方面。因此,转变增长方式本质上要求提高经济增长的科技含量和知识含量,使经济的快速增长建立在科技不断进步的基础上。具体来说,科技进步和创新能够有效地采用先进的设备和工艺,吸收新的技术成果,改善管理的组织过程,促进产业技术结构的合理化,促进产业的高次化和产品的高密化,提高劳动生产效率,从而实现整体经济的高质量增长,不断满足人民群众的物质文化需求。从发达国家科技进步因素对经济增长的贡献率来看,20 世纪初为 5%~20%,20 世纪中叶上升到 50%,20 世纪 80 年代上升到 60%~80%,目前有的国家已经超过了 80%,科技进步对经济增长的贡献已明显超过资本和劳动的作用,表明经济的发展主要取决于产品科技含量的提高,即内涵式扩大再生产,科技进步已成为影响经济发展的决定性因素。

第二,科技进步是促进社会发展的关键力量。1998 年,世界银行发表题为《知识促进发展》的年度报告。这一报告提出了以知识为基础的发展战略的基本框架,标志着以知识为基础的发展战略的成型。在这里,知识不仅是经济增长的要素,而且还成为社会转型中的重要因素——知识驱动财富创造,知识促进人类发展。从终极意义上讲,在现代社会,科技进步已成为社会发展的"火车头"。从马克思"生产力中也包括科学",到邓小平"科学技术是第一生产力",现代科学技术正由生产力渗透性、附着性的要素逐步转变为独立性的要素,并已经成为先进生产力的集中体现和主要标志。在社会基本矛盾的运动中,生产力通过决定生产关系(经济基础),进而决定上层建筑,成为社会发展的最终决

定力量。

科技进步通过对生产力的影响而变革着生产关系,并进而作用于政治制度、思想观念、社会风气、文化习俗等社会因素,形成与科技发展水平相适应的经济社会形态。纵观科技进步与经济社会的发展,生产力的每一次重大变革,社会的每一次转型,都与科技进步有着直接的关系。自20世纪80年代以来,世界科学技术发生了新的重大突破,以信息科学、生命科学为标志的现代科学技术突飞猛进,不仅给世界生产力的发展带来了巨大推动,而且也给人类的生产方式和生活方式造成了深刻影响,经济增长方式发生明显转变,社会多样性需求日趋强烈,经济社会全面、协调、可持续发展成为主流,知识经济时代也随之到来。

四、科学技术对社会精神文明建设的作用

历史唯物主义认为,一定时代的精神文明是一定时代物质文明发展程度在精神方面的反映,并随着物质文明的发展而提高,精神文明归根结底是由物质文明决定的。当代新科技革命的纵深发展,已使科学技术成为社会生产力中第一位的因素,成为社会主义精神文明建设的物质基石。当代科学技术对社会精神文明建设的重大作用可以归结为以下几个方面。

第一,促进思维方式的变革。思维方式是思维的表现形式,是人们进行认识活动的重要工具,反映了人类思维与精神文明水平的变化。科学技术对人类的思维方式给予了特别深刻的影响。随着科学技术的发展,人们的思维方式由直观、模糊、带猜测性地观察事物,停留在认识事物的低浅层面,进入运用科学实验,然后进行分析、归纳,达到理论思维抽象能力高度发达的阶段,自然科学揭示了事物辩证发展与普遍联系的规律,推动了辩证唯物主义的产生和发展。当代新科技革命促使人们的辩证思维观从矛盾形态、系统形态,发展到更为高级的生态形态。

第二,促进思想观念的更新。人们的思想观念集中在对自然的、经济的、政治的、文化的、社会的等事物或行为的看法上。现代科技成果证实一切源于物质,有力地打击了宗教神学,使人们从神学思想的禁锢下解放出来,牢固树立了科学精神、科学思想。科学技术对物质文明建设的巨大作用,使人们坚信"知识就是力量",知识能转化为经济效益,在当代形成"知识投入,产出高附加值"的经济观念。科学技术从不迷信权威、恪守定论,它使人们形成并遵循解放思想、实事求是的思想路线。科学技术是没有国界的,只有在交流中,也只有在不断的开拓进取中,才能有新突破,这促使着人们以改革开放、竞争务实的心态,迎接一切社会生活的挑战。

第三,促进道德水平的提高。道德是精神文明的重要部分,也是当前精神文明建设的重点。科学技术促进思想道德水平的提高，主要是在科学技术活动中，使人们发扬爱国主义、集体主义的精神。科学技术是没有国界的，但是从事科学技术活动的人们却是有国界的，无论是在历史上还是在现实中，从事科学技术活动的科技工作者都洋溢着强烈的爱国主义精神，为祖国和人民的自由、幸福而奋斗。科学技术需要协作攻关，尤其是在大科学时代，多学科的交叉渗透、超大型的科研项目，已经不是一个人所能完成，需要依靠集体的力量和整体的配合，因而特别强调集体精神。当代科学技术的发展，还促进了生态伦理道德的诞生，人与自然的关系已不是简单地征服自然、战胜自然，而是人与自然和谐相处，人与自然协同进化，人类要加倍爱护植物、动物，保护环境，走出人类中心主义，实现“人—自然”生态系统的协调发展。

第四，促进生活方式的进步。生活方式是精神文明的组成内容。当代科学技术在已有的基础上更进一步地提高了人类衣、食、住、行的水平。人们穿的是经过科学加工、技术处理，外表更有色彩、形态和触感更舒适的新面料，服装款式更趋独特、合体、新颖，有美学价值和个性特征。人们吃的是在科学营养学指导下的食品，是营养结构更趋合理、无污染的绿色食品。住的是日益宽敞舒适的现代化住宅。行的工具是高速列车、喷气客机、豪华客轮和客车。不仅如此，当代科学技术极大地提高了劳动生产率，缩短了人们的劳动时间，提供了日益增多的闲暇时间。人们利用闲暇时间进行旅游度假和各种文体活动，使人们更有条件追求科学文明的生活方式。

第五，促进教育和文化的发展。当代科学技术的发展对于教育事业的影响，无疑是全面而深刻的，其中最显著的特点是，带来了教育质量的全面跃升。目前，在学校教育中，一些国家已在教学中运用互作用电视唱片、互作用电缆电视、通信卫星、微波广播系统（可进行双向讨论）等高科技手段，教学质量明显提高。在业余教育中，随着电视教育频道的开播，随着电脑的普及和视听课文、辅导材料等录像光盘的生产制作，人们也可以坐在荧屏前听最好的老师授课，并在完成作业后得到最好的指导、改正。

科技革命带来的一系列新成果、新方法改变了人们的传统观念，有助于人们养成尊重知识、破除迷信、追求真理、解放思想、勇于创新的思维方式和作风，使人们的思想日益科学化，为全面提高人类智力水平，开发人类智力资源，促进人们形成科学的世界观创造了条件，从而推动了整个社会精神文明建设的发展和进步。

五、科学技术对社会制度改革与进步的作用

马克思说过：“社会的物质生产力发展到一定阶段，便同它们一直在其中活动的现存生产关系或财产关系发生矛盾。于是这些关系便由生产力的发展形式变成生产力的桎梏。那时社会革命的时代就到来了。随着经济基础的变更，全部庞大的上层建筑也或快

或慢地发生变革。"①资本主义制度代替封建制度是人类文明发展的一大进步。资本主义的产生,一开始就得力于科学技术的帮助。马克思说:"火药、指南针、印刷术——这是预告资产阶级社会到来的三大发明,火药把骑士阶层炸得粉碎,指南针打开了世界市场并建立了殖民地,而印刷术则变成了新教的工具。总的说来变成科学复兴的手段,变成了精神发展创造必要的前提,是最强大的杠杆。"②

因此,科学技术在社会主义制度的产生和发展中的作用同样是不容否认的。首先,科学技术为社会主义的产生创造了一定的条件。社会主义是建立在以科学技术为中坚力量的生产力的高速发展基础上的。其次,社会主义制度的巩固和发展必须依靠科学技术的进步。因为任何社会制度,都要有相应的物质基础。只有依靠科学技术,大力发展生产力,实现农业、工业、国防的现代化,才能保证社会主义最终战胜资本主义,保证社会主义的巩固和发展。目前,世界正掀起一个知识经济的浪潮,这既是一个挑战,又是我们赶超世界先进水平的大好机会。先进者有基础厚实、先行一步的优势,而后来者也可以做到:① 吸取先行国的经验教训,少走弯路;② 与先行国在同一起跑线上发展新产业或者直接采取新技术改造传统工业;③ 科学发明难,使用却比较容易,后来者可以通过多种形式和渠道,利用先行者的技术。因此,在知识经济的大潮中,如果我们能够及时抓住这个机会,加快自己的发展,就能使我们在经济、技术方面缩短同发达国家的差距,甚至赶超发达国家的水平,并以此来保证社会主义制度的巩固和发展。

总而言之,高科技的作用,从经济上来说是生产力,从军事上来说是威慑力,从政治上来说是影响力,从社会发展上来说是推动力。当前,高科技的发展水平已经成为一个国家综合国力提升的主要因素,成为衡量一个国家发达程度的重要标志。

第四节　科教兴国战略

实施科教兴国战略,是全面落实邓小平"科学技术是第一生产力"思想的重要战略决策,是党中央的治国方略之一,是保证国民经济又好又快发展的根本措施,是实现中国的社会主义现代化宏伟目标的必然选择,也是中华民族振兴的必由之路。

一、科教兴国战略的内容和含义

1995 年 5 月 6 日,党中央、国务院发布了《中共中央、国务院关于加速科学技术进步

---

①　《马克思恩格斯选集》第 2 卷,人民出版社 1972 年版,第 82～83 页。

②　马克思:《机器、自然力和科学的应用》,人民出版社 1979 年版,第 67 页。

的决定》(以下简称《决定》)。其中明确指出科教兴国战略的具体内容:科教兴国,是指全面落实科学技术是第一生产力的思想,坚持教育为本,把科技和教育摆在经济、社会发展的重要位置,增强国家的科技实力及向现实生产力转化的能力,提高全民族的科技文化素质,把经济建设转移到依靠科技进步和提高劳动者素质的轨道上来,加速实现国家的繁荣昌盛。

科教兴国的内容可概括为十个字:"落实、定位、增强、提高、转移"。

"落实"就是要使科学技术是第一生产力的思想深入到广大干部和群众的脑海中去,增强人们的科技意识以及依靠科技振兴经济的紧迫感。

"定位"是指要摆正科技与教育在经济、社会中的位置。之所以要强调定位,是因为目前在社会中存在有错位的现象,轻科技、轻教育的短期行为还大量存在。有的问题是体制方面深层次原因造成的,需要在落实的过程中给予强化定位。

"增强"是科教兴国战略得以实施的基础。它包括两层含义:① 增强科技实力;② 增强科技向现实生产力转化的能力。科技实力是根本,没有科技实力,发展就成为无源之水、无本之木;转化是提高生产中科技含量的必要途径,有实力而无转化或转化率太低,科技与经济就不能很好地结合。

"提高"是针对生产力的第一要素"人"而言的。生产力水平的提高、科技实力的增强、将科技转化为现实生产力等,这些都必须通过人来实现。同时,依靠科技、振兴经济是一个全社会、全民族共同参与的庞大工程,不仅需要大量科技人员的聪明才智和辛勤劳动,同时也需要广大干部群众的积极参与。因此,提高全民族的科技文化素质对整个国家经济的振兴与发展具有决定性作用。深入教育改革,加快人才培养,提高全民族的科技文化素质,是科教兴国战略目标得以实现的主体条件。

"转移"是指将经济建设转移到依靠科技进步和提高劳动者素质的轨道上来。我国传统的经济增长方式主要依赖扩大外延式生产,即依靠人力、原材料的增长来维持经济的增长,依靠添项目、拼资源来发展。这种经济增长方式是不可持续的。因此,迫切需要将经济增长方式向集约、效益型方式转变,即依靠高新技术,促进知识密集、技术密集型产业的发展,加快科技经济一体化、市场化,走扩大内涵式发展的路子。

上述五个方面具有密切的联系。"落实"、"定位"是科教兴国的软件,它是就思想认识、重要性、紧迫感而言的,是一个新思想、新观念的建立过程,是实现科教兴国的思想基础;"增强"、"提高"、"转移"是科教兴国的硬件,是就科技的发展以及科技对生产力的促进作用而言的,是实现科教兴国的必要保证。"加速实现国家的繁荣强盛"是科技兴国的长远目标。软件、硬件、目标三者紧密联系,相辅相成。软件建设和硬件建设是实现总目标的两块基石,要实现总目标,软件、硬件缺一不可。

二、实施科教兴国战略的重大意义

加快科技进步，优先发展教育，抓紧实施"科教兴国"战略是党中央的治国方略之一，是全面实现社会主义现代化和走可持续发展道路的根本保证，对于我国未来的发展必将产生深远的影响。

（一）实施科教兴国战略，符合当前我国的基本国情和现阶段发展的特点，是国民经济又好又快发展，进一步实现现代化的根本保证

我国目前正处于社会主义的初级阶段。这一阶段是由不发达状态向基本实现现代化、由主要依靠手工劳动的农业国向工业化国家、由文盲半文盲占很大比重向科技教育文化比较发达、由贫困人口占很大比重向全民较富裕的历史转变时期；在这一时期，要建立完善社会主义市场经济体制、民主政治体制等，要逐步缩小同世界先进水平的差距，实现我国社会主义初级阶段的历史目标，关键因素是加快科技进步和优先发展教育，走科技兴国的道路。

加快科技进步，其目的是要提高国民经济的整体素质，加速科技成果向现实生产力的转变。1997年国家体改委经济体制改革研究院等单位所做的世界科技竞争力报告显示，虽然目前我国的科技人力资源总体上已居世界第4位，但研究与开发的财力投入滞后（37位）、技术环境不佳（29位）、技术管理水平相对落后（24位），即使同发展中国家比较，我国的科技竞争力要达到领先水平也还有一定的差距。只有把科教兴国战略放在首要位置，彻底转变经济增长方式，调整增长动力，才能使我国经济发展有质的飞跃。

优先发展教育，其目的是提高国民的整体素质，培养一大批具有高知识、高创造力的人才，为经济发展和社会进步提供所需的人力资源。目前，我国教育工作的基本任务是：进一步解放思想，积极改革教育思想、体制、内容和方法；重点普及义务教育，积极发展职业教育和成人教育，适度发展高等教育，优化教育结构，充分利用教育资源，提高办学的质量和效率；要大力推进素质教育，注重创新精神和实践能力的培养，为实现中华民族的伟大复兴作出贡献。

（二）实施科教兴国战略，是面对世界知识经济的到来，提升国际竞争能力，抓住机遇，加快发展的动力源泉

未来世界是知识经济时代，知识和科技创新是经济增长的根本动力。国际竞争的本

质是知识总量和科技创新能力的竞争。在知识经济的发展中,知识创新对经济发展的贡献是 60%～100%,这是传统的经济增长方式无法相比的。在经济增长方式的转变方面,发达国家已经先行一步,而部分发展中国家,利用世界经济和资本开放的时机,实施"科教先行"战略,超前投入,加快教育大众化步伐,积极引进国外先进技术,加快从引进、吸收到独立开发的转化过程,有的已经基本实现现代化,在发展中国家中处于领先地位。

事实说明,面对高新技术革命浪潮和知识经济时代的到来,中国只有加入到国际竞争之中,抓住机遇,加快发展。邓小平以战略眼光和远见卓识告诉我们:"世界上一些国家都在制订高科技发展计划,中国也制订了高科技发展计划,下一个世纪是高科技发展的世纪。"中国如果不参加这个国际竞争,差距将越来越大,就会很难赶上世界的发展。面对国际经济、科技竞争的严峻考验和人口多、底子薄、人均资源相对短缺的国情,只有实施科教兴国战略,加速经济增长方式由外延、粗放型向集约、效益型的转变,依靠科技进步解决经济运行中的深层次问题,利用高新技术提高经济增长的质量,才能确保实现我国现代化建设的宏伟目标。

(三)实施科教兴国战略,是实现中华民族伟大复兴,为人类文明和社会进步作出更大贡献的重要战略举措

首先,在世界知识经济的进程中,由于市场机制的作用和对知识产权的保护,知识的资本化趋势是不可避免的,因此,拥有知识和创造力优势的国家和民族会取得最大的收获。其次,中国是世界上人口最多的发展中国家,中国实现现代化,就意味着世界上有 1/5 的人口摆脱贫穷落后转变为富裕文明,这本身就是对整个人类文明和社会进步作出的巨大贡献。要使人口过多的负担转变为经济增长和社会发展的动力,根本途径是要提高全体国民的科技文化素质和全民族的科技创造力。实施科教兴国战略,是提高劳动者的科技文化素质,培育科技创造力源泉的有效措施。设想如果广大的中国劳动者都能成为拥有高学识和创造能力的人才,中华民族伟大复兴的愿望将得以实现,中国将对世界经济发展和人类文明进步发挥更大的作用。

知 识 点 归 纳

1. 科学是人类对客观世界的认识,是反映客观事实和规律的知识体系,是一项追求知识的社会活动事业。

2. 现代科学包括自然科学和人文社会科学两大体系,前者被称为关于物的科学,后者被称为关于人的科学。

3. 自然科学是研究自然界中不同领域的运动、变化和发展规律的理论和知识体系。它概括了人类对大自然的理性认识，是自然界的本质和发展规律的正确反映，是人类利用、改造和保护大自然的有力武器。

4. 技术是根据科学原理和实践经验而发展起来的各种工艺操作方法和技能体系。现代技术是科学物化的结果。

5. 科学与技术的区别：科学主要是揭示自然规律，技术主要是利用自然规律；科学研究的选题主要来自人们对自然现象及其本质认识的需要，技术研究的选题主要来自生产实践中迫切需要解决的问题；科学的成果主要是知识形态，技术的成果主要为物质形态；科学具有认识的、文化的、哲学的价值，而其经济价值是长远的，技术则直接追求实用性和经济效益。

6. 科学与技术的关系表现为相互依存、相互作用、相互渗透、相互转化。

7. 自然科学的主干学科包括：现代物理学、现代化学、现代生物学、现代天文学和现代地学。

8. 当代自然科学的研究在生物和非生物两大领域，一方面朝着微观的方向突进——一个是分子生物学，一个是粒子物理学，另一方面又朝着宏观、宇观方向探索——一个是生态学，一个是宇宙学。

9. 按照科学理论转化为生产力的过程，现代科学技术可分为基础科学、技术科学和应用科学。因此，现代科学技术的研究过程分为基础研究、技术研究和应用开发研究三个阶段。

10. 科学技术的基本功能包括：认识和实践功能、批判和创新功能、咨询和引导功能。

11. 科学技术的认识功能和实践功能，是我们认识自然、利用自然和改造自然的主要手段。

12. 创新是科学技术的生命和灵魂。科学技术的创新主要包括知识创新和技术创新。知识创新是技术创新的理论基础，技术创新又为知识创新提供了物质基础。

13. 科学技术在实行咨询功能的同时，可以给咨询者提供理性的引导，发挥其引导功能。

14. 邓小平提出的"科学技术是第一生产力"，是对马克思主义基本原理的丰富与发展。科学技术具有乘法效应，它可以对生产力的其他要素产生成倍放大的作用。因此，它是推动生产力发展的第一要素。现代科学技术已经成为促进生产力发展的首要推动力量，成为影响经济发展的决定因素。

15. 现代科学技术的进步，影响着人类社会的各个领域，对社会经济发展、社会精神文明建设、社会制度改革与进步等众多领域都将产生巨大的推动作用。

思考与探索

1. 科学技术对社会经济发展具有怎样的作用？
2. 为什么说科学技术是第一生产力？
3. 现代科学技术的发展趋势如何？
4. 科学技术对社会精神文明发展有哪些影响？
5. 科教兴国战略的基本含义是什么？
6. 论述我国实施科教兴国战略的重大意义。

第二章　世界科技强国发展简史

本　章　导　读

世界科学技术的发展经历了古代(15 世纪以前)、近代(16～19 世纪)、现代(20 世纪至今)三个发展阶段,它充分体现了科学技术与社会的相互作用和科学技术发展的规律性。翻开世界科学技术发展史,我们可以看到,在每一个历史时期,都有一个国家的发明创造特别多,科研硕果累累,科学技术人才济济,是科学技术发展的辉煌时期,从而使这个国家成为那个时期的世界科技强国。而且,随着科学技术的强盛,都伴随着经济上的高速发展,说明科学技术走在前面,经济发展紧跟其后。这是历史的规律,也是事物发展的必然。因此,了解历史上世界科技强国的发展历程和成功经验,对加快我国科学技术的发展步伐,将我国建设成为社会主义现代化强国,具有重要的参考价值和借鉴作用。

第一节　古代世界科技强国——古希腊、中国

15 世纪之前,在奴隶社会,世界科学技术发展的高峰在古希腊,古希腊著名的科学家有亚里士多德、欧几里德、阿基米德等,他们对科学技术作出了卓越的贡献。在封建社会,世界科学技术发展的高峰在中国。中国率先进入封建社会,以发达的农业、先进的技术、灿烂的文化走在世界的前列。

一、古希腊的科学技术

在奴隶社会,科学技术发展的高峰在古希腊。从公元前 6 世纪到公元前 1 世纪,是古希腊科学技术的繁荣时期。这一时期,古希腊涌现出一批世界著名的科学家,不仅为古代科学技术,也为近代科学技术的发展作出了重要贡献。

古希腊著名的科学家亚里士多德(公元前 384～前 322)在当时科学界的影响极大,亚里士多德一生撰写了大量的著作,他的著作被当做古代世界学术的百科全书。马克思称他为"古代最伟大的思想家"。恩格斯称他是古希腊最博学的人。他最著名的著作是《工具论》,主要论述了演绎法,为形式逻辑奠定了基础。在物理学上的贡献是撰写了世界上最早的力学专著《物理学》。但亚里士多德的物理学研究没有实验根据,因而结论大多不正确,直到近代力学诞生后才纠正了他的错误。亚里士多德同时也是古希腊对生物学贡献最大的科学家。他在生物学史上首创了解剖和观察的方法,记录了近 500 种动物,亲自解剖了其中的 50 种,并按形态、胚胎和解剖方面的差异创立了 8 种分类方法。

欧几里德(约公元前 330～公元前 275),以其所著的《几何原本》闻名于世。《几何原本》成书于公元前 300 年左右。共有 13 卷。它是最早运用公理化方法演绎数学体系的典范,也是古希腊数学的最高成就。目前初中和高中的平面几何和立体几何中的大部分内容都来自《几何原本》。在《几何原本》中,采用了数学公理化的模式,即由少数的几个定义、公设、公理出发,通过逻辑推理,得出其他一系列的定理。如,在《几何原本》的第一卷中,首先给出 23 个定义、5 个公设和 5 个公理,由这些公设和公理通过逻辑推理,以严密的逻辑演绎推导出 467 个定理。它为近代各学科理论体系的建立提供了一种科学的方法和手段。另外,欧几里德在光学研究方面也有重要的成就,他写的《光学》和《论镜》两书被认为是最早的光学专著。

古希腊另一本对近代数学的发展具有重大意义的著作是丢番图的《算术》,约成书于公元前 250 年。《算术》和《几何原本》是古代数学的两本经典著作。《算术》对数学的深远影响在于它把文字描述的代数学,通过代数符号,变成了简洁、抽象的代数方程,为解析几何、微积分等近代数学的发展打下了基础。

阿基米德不仅是一位数学家,也是古希腊成就最大的物理学家,被后人誉为"力学之父"。他在静力学方面的一系列研究成果,如杠杆原理的证明、阿基米德定律的发现、王冠之谜的破解等,达到了当时世界的最高水平。他还发明过很多机械,包括螺旋提水器、抛石机之类的比较复杂的生产工具和武器。阿基米德的贡献不仅在于他取得的科技成果,还在于他的科学研究方法。他既注重逻辑论证和数学计算,又注重观察和实验,这为后来的近代科学研究做了良好的示范。

对数学作出突出贡献的还有毕达哥拉斯(约公元前 560～前 480)。其著名的成就是对勾股定理的证明和无理数 $\sqrt{2}$ 的发现。毕达哥拉斯也是最早提出宇宙模型的学者。

古希腊科学技术比较发达的领域有天文学、数学、物理学、生物学和医学以及建筑、手工业、炼铁等。古希腊的天文学始于学者们对天体运行的观察和思辨。构建宇宙模型是古希腊天文学的重要内容。古希腊的天文学虽不乏缺陷和错误,但与其他文明古国相比,它理论性最强,体系也最完整,测算方法也达到了古代的高峰。它对后来天文学的研究产生了深远的影响。古希腊非常重视数学的理论研究,古希腊的辉煌的数学成就对近代数学的发展起到了重要的作用。

二、古代中国的科学技术

封建社会,科学技术发展的高峰在中国。中国高举文明火炬率先进入封建社会,以发达的农业、先进的技术、灿烂的文化走在世界的前列。我国的文学艺术在唐代发展到高峰,我国的科学技术则在宋朝最成熟,寻找中国科技史的轨迹,往往会发现各项发明创造的主焦点都在宋代。

古代东方科学是在与西方科学几乎完全独立的情况下发展起来的。因此,方法上有显著不同。中国古代的科学技术十分辉煌,其成就主要体现在:天文学、数学、医药学、农学四大学科;陶瓷、丝织、建筑三大技术;以及世界闻名的造纸、印刷术、火药、指南针四大发明。特别是中国的四大发明对世界文明产生了巨大的影响。从公元前 3 世纪至公元15 世纪之间,在相当长的历史时期,中国一直处于世界科技强国的位置。中国的科学技术比欧洲(除古希腊之外)要进步得多。在 16 世纪近代科技兴起之前,中国的科学技术不但自成体系,而且对其他国家产生巨大影响。

中国古代天文学的成就主要表现在天文观测和历法方面。中国古代天文观测的连续性、资料保存的完整性是世界上绝无仅有的。《汉书·五行志》上的太阳黑子记录,早于欧洲 800 多年。精密的仪器是精确观测天象的基础,我国古代天文仪器也达到了很高水平。如东汉张衡(78～139)发明的水运浑天仪、唐代僧一行(683～727)等人研制的黄道游仪和浑天铜仪都是同时期世界上第一流的天文观测仪器。宋代苏颂(1020～1101)建造的“水运仪象台”集观测、计时和表演功能于一身;元代郭守敬(1231～1316)创制的简仪,其设计和制造水平在世界上领先了 300 多年。中国古代天文观测的主要目的在于制定较好的历法,我国天文历法之多为世界第一,前后共制有 100 多种历法。

中国古代数学有着相当长的辉煌时期,对数学的发展作出了重要的贡献。早在春秋战国时期,中国就有了数学研究的萌芽,战国时的《墨经》中提出了点、线、方、圆等几何概念的定义。公元前 1 世纪的《周髀》是我国最早的天文数学著作。成书于公元 1 世纪东汉初年的《九章算术》是中国古代数学体系形成的标志,许多人曾为它做过注释,其中最著名的有刘徽(公元 263 年),他在注释《九章算术》时创造了割圆术,提出初步的极限概念。《九章算术》在古代一直作为我国数学的典范,其影响犹如欧几里德的《几何原本》对西方数学的影响。中国古代数学家在圆周率的研究上取得了重大成就。例如,南北朝的祖冲之(429～500)算出圆周率 π 值,比欧洲人早近 1000 年。宋元时期中国古代数学发展到了顶峰。例如,北宋贾宪在公元 1050 年左右提出了求任意高次幂正根的增乘开方法,他还列出了指数为正整数的二项式定理系数表,这两项成果均早于欧洲人 600～700年;南宋秦九韶(约 1202～1261)发展了增乘开方法,他在《数书九章》一书中提出了高次方程的数值解法和一次同余式理论。这些研究都达到了当时的世界先进水平。宋元间的李治(1192～1279)和元代的朱世杰相继在代数学尤其在解高次方程的研究方面作出了突出的贡献。到了明代,我国古代数学发展的势头消失,宋元时期重要的数学典籍几乎全部散失,实为科学史上的憾事。中国古代数学大多致力于对由实际应用产生的具体几何问题和代数方程求解方法的研究,缺少对数学本质的探讨和公理式的逻辑演绎,所以中国古代数学对近代数学的发展影响不大,但是中国古代数学在实际应用中所体现出的构造性、计算性、程序化和机械化的特点,对现代数学的影响正日益扩大,如在计算机的算法理论中就有秦九韶算法。

中国古代医药学著作居各门科技著作之首,现存 8000 多种,不仅文献丰富、分科齐全,而且医理独特,形成了完整的理论体系。春秋战国时成书的《黄帝内经》,是我国第一部最重要的医学著作。此外还有:东汉张仲景(约 150～219)的《伤寒杂病论》;汉代时出现的《神农本草经》;明代李时珍(1518～1593)的《本草纲目》等,《本草纲目》载药 1892种,方剂 11000 个,内容涉及生物、化学矿物、天文等多个学科,是世界科技史上的名著之一。中国古代著名的医学家有:战国时期的名医扁鹊(约公元前 401～前 310)、晋代的皇甫谧(215～282)、汉末的华陀等。

中国古代农业发达,农业技术发展全面,无论是耕作技艺、品种改良、水肥管理,还是各种农具的发明和改进,都达到古代世界的先进水平。在不同的历史时期,都有一些学者和官员重视对农业生产技术的概括和总结,撰写了大量的农学著作。我国古代农学著作之多,为世界各国之冠,共有 370 多种。现存最早的农学著作是公元前 3 世纪后期的吕不韦《吕氏春秋》一书中的《上农》、《任地》、《辨土》和《审时》4 篇。公元 6 世纪北魏贾思勰(约 480～550)所著的《齐民要术》,是世界现存的最早、最完整系统的农学著作。全书共 92 篇,包括农作物栽培育种、果树林木育苗嫁接、家畜饲养和农产品加工等内容。书中所载的一些农学和生物学知识在世界上保持领先地位达 1000 多年。此外,汉代的《氾胜之书》、南宋陈旉(1076～1156)的《农书》、元代王祯(1271～1368)的《王祯农书》和明代徐光启(1562～1633)的《农政全书》等都是我国古代著名的农学著作。

古代中国的三大技术:① 陶瓷技术。据考古发现,早在 1 万年前中国人就已经开始制造陶器,以后逐渐发展成为瓷。瓷器的发明也是我国对世界科技的独特贡献。中国的瓷器早在隋唐时期即远销国外,10 世纪以后制瓷技术陆续传到亚洲一些国家。欧洲人则是在 15 世纪下半叶才学会制瓷。② 丝织技术。中国是最早养蚕和织造丝绸的国家。商代的丝织物已有斜纹、花纹等一些复杂纹样。我国的丝织物在公元前 4 世纪就远销国外,公元 5～6 世纪间波斯曾派专人来我国学习,其后丝织技术才又传到欧洲。③ 建筑与交通。中国古代建筑技术在战国时期以后,逐渐形成了自己的独特风格,留下了许多不朽的杰作。万里长城是世界建筑奇迹之一。唐代长安城,明清两代的北京城,其建筑的宏伟、规划的严整,代表了我国古代都市建设与宫殿建筑的高超水平。我国古代许多桥梁和水利设施的建设形式多样、构思精巧、结构合理,体现出高水平的建筑技术,如隋代工匠李春设计的河北赵州桥、北宋时期的洛阳桥、战国时的四川都江堰等。北宋时李诫编著的《营造法式》是一部重要的建筑技术专著,该书全面地总结了古代建筑经验,对设计和规范、技术和生产管理等都有系统论述,是世界建筑史上的珍贵文献。

古代中国的四大发明:① 造纸术最早出现在西汉时期,12 世纪传至欧洲。纸的发明极大地推动了人类的信息传播和文化交流。② 雕板印刷约发明于 6 世纪的隋唐之际,唐宋时期大量应用于印刷佛经、农书、医书和字帖等。北宋时期(1041～1048)毕升发明了胶泥活字印刷术,使印刷技术产生了一个飞跃。毕升之后活字印刷术不断改进,元代王祯发明了木活字,以后还出现过磁活字、锡活字和铜活字。1450 年欧洲仿照中国活字印刷制成铅合金活字。③ 火药是唐代炼丹术士在炼丹过程中偶然发现的。北宋时火药已开始用于战争,制成了火箭、火球、火羡黎等武器。13 世纪火药和火药兵器传到欧洲,欧洲人于 14 世纪中期制造出了火药兵器。④ 春秋战国时期中国人已记录了磁石吸铁现象,稍后又发明了磁石磨针而制成真正意义上的指南针。11～12 世纪南宋时期中国人已将指南针用于航海,不久又传到欧洲。

古代中国的科学技术在相当长的历史时期中,一直居于世界领先的地位,但是自 16 世纪即中国明代中期起,传统科学技术总体上发展停滞,逐渐衰落了。而且随着时间的推移,与世界先进水平的差距越来越大。

第二节　近代世界科技强国——意大利、英国、法国、德国

16 世纪,随着欧洲文艺复兴运动的兴起,意大利的科学技术迅速崛起,导致近代科学技术有了第一次飞跃性的发展,同时,意大利也成为近代欧洲的第一个科技强国。紧接着,17 世纪的英国、18 世纪的法国、19 世纪的德国,借鉴前人经验大力发展教育,促进了科学技术的发展,陆续崛起成为世界科技强国。

一、16 世纪以意大利为中心的欧洲科学技术的发展

从 11 世纪开始,东方文化和科学技术陆续传入欧洲,对欧洲的社会发展和科学技术进步产生了巨大的推动作用。13 世纪,在古希腊学术思想的渗透下,欧洲的一些学校逐

步发展为面向社会、以讲授知识为主的大学,著名的有:意大利的波伦亚大学(1158 年)和英国的牛津大学(1168 年)、剑桥大学(1209 年)、法国的巴黎大学(1200 年)等。在大学里,出现了一批具有新思想的学者,他们在欧洲各国开展科学研究活动。14 世纪欧洲人用中国发明的火药造出了火炮;14～15 世纪建起了造纸厂;15 世纪模仿中国的活字印刷术发明了铅字印刷术。经过几百年的发展,欧洲人掌握了相当多的当时世界上最先进的技术,逐步改变了落后的面貌,为近代科学技术的诞生打下了基础。

16 世纪,受古希腊文化的影响,欧洲爆发了文艺复兴运动,导致了欧洲历史转折、思想解放、学术发达、巨人辈出,开创了人类历史长河中的一个光辉时期。欧洲的文艺复兴运动首先是从位于罗马中心地带的意大利开始的。在意大利,最早萌发了资本主义生产方式,资产阶级最早夺取了政权,新的统治者重视人才、不讲究门第资历,并给予科技人才优厚的待遇、崇高的地位,为意大利科学技术的发展创造了得天独厚的条件。意大利也是近代大学的发祥地,于 1158 年建立了波伦亚大学,接着又建立了帕多瓦大学等。近代自然科学的两个奠基人哥白尼和伽利略,都在这两所大学学习或任教过,每一个大学都是学术活动的中心。

1543 年在科学史上是极为重要的一年,哥白尼的《天体运行论》和维萨留斯的《人体的构造》同于此年出版。哥白尼的《天体运行论》勇敢地提出"日心说"的观点,使天文学从宗教神学的束缚下解放出来,自然科学从此获得了新生,这在近代科学的发展史上具有划时代的意义。哥白尼的日心说后来又得到了科学家布鲁诺和开普勒的进一步发展和完善。布鲁诺因宣传"日心说"被教会活活烧死,伽利略由于发表《两大世界体系的对话》,支持哥白尼的日心说而受到审讯,被判终身监禁,伽利略的许多科学研究成果都是在监狱中完成的。意大利的达·芬奇是早期文艺复兴运动最杰出的代表,他既是一位伟大的思想家、哲学家、艺术家,又是出色的工程师和科学家。为了确定人体的正确比例和结构,他亲自解剖尸体,画出了许多精细的解剖图。1543 年,比利时医生维萨留斯发表了《人体的结构》。他的理论动摇了天主教会的教条,被以盗尸和巫师罪判处死刑。西班牙医生塞尔维亚于 1553 年提出了血液小循环理论,也因此被处以死刑。

意大利科学技术昌盛的时间大约为 70 年(1540～1610)。在这期间,以意大利为中心的欧洲出现了一批杰出的科学家。但后来,由于反动教会对科学家的残酷镇压,意大利的科学技术从此走向衰退。

二、17 世纪英国科学技术的发展

17 世纪,先进的欧洲大陆促使落后的英国加速发展,英国资产阶级在取得统治地位后,十分重视科学技术的发展,大规模地进行技术引进活动。英国较意大利更为先进的是,科学家们经常以某些大学为中心进行学术交流活动,极大地促进了近代科学的发展。英国科学活动中心主要分布在伦敦大学、牛津大学和剑桥大学,而格拉斯哥大学是工业革命的中心之一。1662年英王命名成立皇家学会,使英国学术交流活动达到顶峰。当时著名的科学家牛顿、胡克、波义耳等人,都是皇家学会的代表人物。波义耳是皇家学会的创始人之一,胡克是皇家学会的干事,牛顿当了25年的皇家学会会长。牛顿是世界上公认的在近代科学发展史上最伟大的科学家,他不仅是物理学家、天文学家、光学家,而且还是机械师、化学家和数学家。牛顿一生做了三件大事:① 创立了牛顿力学,把物体的运动规律归结为牛顿运动三定律和万有引力定律;② 发明了微积分;③ 发明了能够放大四五十倍的望远镜。英国人对牛顿非常崇拜,英国的统治者也给予了牛顿极大的荣誉,请他当金币厂的厂长、国会议员。牛顿在临终时有句名言:"若我比别人更有远见,是因为我站在巨人的肩上。"他说的巨人是指伽利略、开普勒、惠更斯、胡克等人。科学史证明了一条真理:没有借鉴和交流,就没有提高;没有学习和继承,就没有发展。

科学的发展推动了技术的进步,英国爆发了以蒸汽机的发明为主要标志的第一次产业革命,迎来了"蒸气时代",获得了"世界工厂"的称号,使英国在经济上迅速居于世界领先地位。英国的工业革命主要体现在三个领域:①纺织技术——工业革命的源头。英国的产业革命开始于纺织业的机械化。1733年英国钟表匠凯伊(J. Kay,1704~1774)发明的飞梭,经过一系列的技术改造,极大地提高了生产效率。纺织业的机械化引起了技术的一系列连锁反应,净棉机、梳棉机、漂白机先后被发明出来,而且很快影响到毛纺、化工、染料、冶金、采煤、机械制造等各部门,出现了机械化的浪潮。② 钢铁产业的进步。工业发展需要大量的钢铁。1750年钟表匠亨茨曼发明了坩埚法炼钢(铸钢)。1784年,科特取得"搅拌式炼铁法"专利,产量增加了15倍。同时轧钢技术开始出现。1789年,科特的专利被公布于世。从此钢板、型钢和钢轨开始大量生产。③ 蒸汽机的发明和改进。工业发展的需要促使了早期蒸汽机的问世,格拉斯哥大学的仪器修理工瓦特对改进蒸汽机产生了兴趣。瓦特蒸汽机的发明,第一次大规模地把热能转变为机械能,这就直接推动了科学、热力学和能量转化方面的基础理论的研究,同时也直接推动了纺织、采矿、冶金、机械等各类技术科学的发展。瓦特被誉为第一次工业革命的英雄。英国科学技术的发展进入辉煌时期。

英国成为世界科学技术活动中心大约有70年之久(1660~1730),在此期间,英国有60多名世界一流的科学家,约占当时全世界科学家总数的36%以上,他们的科研成果占全世界的40%以上。但在牛顿去世之后,由于优秀的科技人才严重缺乏,英国科学技术发展的速度大大减缓。

三、18 世纪法国科学技术的发展

1789 年,法国爆发了资产阶级革命,1799 年建立了拿破仑统治的政权。社会革命促进了科学发展,再加上英国的产业革命对法国的影响,法国最大限度地借鉴了英国的经验,通过留学办学,大力发展教育事业,很快赶上并超过英国,从 18 世纪后半叶到 19 世纪中期,法国成为世界科学技术发展的中心。

法国之所以能超过英国成为近代科学技术的中心,有两个方面的原因:首先受欧洲大陆的影响,在理论思维特别是数学方面,法国长期处于领先位置。同时由于法国的启蒙运动和"百科全书派"的影响,法国虚心向英国学习。其次,与政府对科学研究高度重视。拿破仑十分重视发展科学文化教育事业,采取了一系列措施改革和发展高等教育,并创办了一批工程学院。同时,法国政府还通过政府拨款等措施,积极支持大学的科研活动。由于重视科学与教育,法国形成了浓厚的学术研究和交流气氛,涌现出一大批优秀的科学家和工程师,如库仑、安培、卡诺、毕奥、沙伐尔、拉普拉斯等,他们中的许多人既是数学家又是物理学家。1772 年,化学家拉瓦锡向巴黎科学院提交了名为《燃烧理论》的研究报告,创立了科学的氧化燃烧理论,批判了统治化学界百年之久的"燃素说",完成了划时代的"化学革命";1785 年,物理学家库仑用自己发明的扭秤建立了静电学中著名的库仑定律,使电学进入定量阶段;1796 年,天文学家、数学家、物理学家拉普拉斯发表《宇宙体系论》,建立了太阳系起源理论,还预言了黑洞的存在,他因研究太阳系稳定性的动力学问题被誉为法国的牛顿和天体力学之父。法国是数学王国,大数学家达朗贝尔、柯西、蒙日、拉格朗日、傅里叶、泊松、伽罗华等都是法国人。同时,法国人进一步用数学解决力学问题,创立了分析力学,建立了一般动力学方程——拉格朗日方程。19 世纪中叶的法国达到了物理学的顶峰。

法国在大革命后,认识到技术发明在富国强民中具有重要作用,努力促进科学向实用技术的转移。一方面,加强实验科学的研究,使这一领域很快跃入世界的前列,卡诺关于热机的研究是这一时期最出色的物理成果,另一方面,积极引进先进的技术和优秀技术人才。尽管英国有严格的技术保护,但英国的技术秘密和技术工人还是源源不断地流向包括法国在内的其他国家。1747 年,发明飞梭的凯伊移居法国,并把提高织布效率的新技术带到法国。来自曼彻斯特的霍尔克于 18 世纪 50 年代定居法国,把珍妮机带到法国。1779 年,法国人又购得在法国生产瓦特式蒸汽机的特许权。走锭精纺机、水力织布机也在大革命前就传到法国。英国人贝塞麦于 1855 年发明的转炉炼钢法也于 1858 年传到了法国。1845 年以后,法国因输入英国的铁路建筑技术而进入了铁路时代。1848～1870 是法国工业化历史上最为辉煌的 20 年,全国的铁路建设热带动了煤炭工业的发

展,金融网络的形成为工商业和运输业的发展创造了稳定的资本源泉。在这种情况下,法国的经济实现了高速增长。

1791 年法国颁布了全世界第一部专利法。该法规定给发明者以专利产品及其制造方法的独占权。这在保护发明创造,促进科学技术发展方面作出了极为重要的贡献。

但随着拿破仑的失败,法国的许多学校解体了,科学界"人员老化",没有后继之人,法国的科学也开始从顶峰跌落下来。

四、19 世纪德国科学技术的发展

由于有大天文学家开普勒的理论基础,有矿业发达的经济基础,在经历了 19 世纪前 50 年的基础科学的全面发展,60、70 年代的技术科学的兴盛之后,德国已经在理论科学、技术科学、工业生产以及社会经济各个方面迅速崛起,德国的科学技术与经济发展速度很快超过了英国和法国。从 1851 年到 1900 年,基础科学与技术科学所取得的重大成果数量,英国为 106 项,法国为 75 项,美国为 33 项,德国为 202 项。从 19 世纪初到 20 世纪初,德国当之无愧地成为世界科技强国,其兴盛期长达 110 年。

在科学研究领域,德国吸取了法国办教育的成功经验之后,采取了更为先进的措施,教育部长明确提出:高等教育要实行"教学和研究相结合"的原则,并首次提出了要发挥大学的三大功能:育人功能、科研功能、服务功能。柏林大学就是按照这一原则创立的。柏林大学充分发挥高等院校人才和设备的有利条件,积极开展科学研究。德国在科学发展过程中创立了不少独特的组织方法,研究院校、研究所、大量的实验室技术、专业科学刊物的出版等主要都是由德国首创的。到 1914 年,德国的科学成就在质量上和数量上已经大大超过其他国家。德国科学史上最光辉的一页是普朗克提出量子论、爱因斯坦提出相对论,掀起了 20 世纪物理学史上的一次大革命。这两大理论成为现代科学技术发展的两大基石。到 1920 年为止,获得诺贝尔奖的人数,英国为 8 人,法国为 11 人,美国为 2 人,德国则为 20 人。

在技术应用领域,德国吸取了英国办工业的成功经验,使得德国的工业技术迅速发展。首先是德国化学工业的崛起。1824 年,已获得博士学位在法国深造的 21 岁的李比希被任命为德国吉森大学的教授。为了振兴德国的化学教育,李比希加强了对实验室建设和化学教学法的研究,在吉森大学建立了一个完善的实验教学系统。吉森实验室培养的诺贝尔化学奖获得者,人数之多、比例之大在世界上首屈一指。从 1901 年到 1910 年的 10 年中,70%的诺贝尔奖获得者为吉森学派的学者。李比希对无机化学、有机化学、生物化学、农业化学都作出了卓越的贡献,被称为"有机化学之父"。有机化学的发展推动了化肥工业以及农业化学的研究,因此他又被农学界称为"农业化学之父"。化工工业

的发展,带动了化学合成工业等发展。1871 年德国煤化学工业技术居世界首位。1873年,德国染料工业的产量、质量都超过了盛极一时的英国。1913 年德国生产的染料已经占世界产量的 80%。合成染料带动了纺织工业(合成纤维)、制药业(阿斯匹林等)、油漆工业和合成橡胶工业的发展,迅速形成了几十亿马克的煤化学工业。第二,德国电气工业的发展。以内燃机和电力技术应用为标志的第二次产业革命,在人类历史上第一次真正显示了科学技术理论研究、技术发明对生产力的直接的、有意识的推动作用,体现了科学技术作为生产力的重要性。电力技术革命是第二次工业革命的核心之一。内燃机和电力技术的许多重大发明都是德国人的成就。真正具有普遍应用价值的发电机是德国著名电学工程师西门子(W. Simens,1816~1892)于 1867 年发明的。西门子电机对电力技术的发展具有划时代的历史意义。随着供电方式的解决,电力技术迅速推广,电梯、电铲、电拖斗、电照明、电泵、电镀、电焊、电热、电力拖动等技术,推动着人类文明的进步,使人类进入"电气化时代"。

　　1920 年希特勒上台之后,德国的科学技术兴盛期即告结束。

第三节　现代世界科技强国——美国、日本

　　当今世界,政治多极化,经济全球化,科学技术中心也呈现出多元化发展的态势。一方面,美国在 20~21 世纪依然保持世界科技强国势头的同时,德国、英国的科学技术正恢复元气、加速发展,另一方面,日本、欧盟、中国、俄罗斯、印度、荷兰、以色列等国家和地区也都迅速发展,21 世纪的日本已经成为世界科技强国,而上述其他国家和地区也正向着科技强国的方向发展。

一、20 世纪美国科学技术的发展

　　18 世纪欧洲的移民给美国奠定了科学技术的基础,第二次世界大战中大批流亡到美国的科学家又提高了美国的科学技术水平。如,相对论的创立者爱因斯坦,是由德国移民到美国的;美国的电视工业发展很快,而电视机中的显像管,是移民到美国的俄国人罗森克发明的。

　　美国人与诺贝尔奖的关系,反映出美国的综合国力的强盛。根据诺贝尔获奖名单统计,在 1901 年至 1979 年的 79 年之间,美国的诺贝尔奖获得者就有 108 位,占全世界同期获奖的 35%。而从 1985 年到 2005 年的 21 年间,在 52 位诺贝尔物理学奖获奖人中,有31 位为美国人,占 59.6%;48 位化学奖获奖者中有 28 位为美国人,占 58.3%;生理学奖或医学奖的 45 位获奖者中,有 28 位美国人,占 62.2%。美国人不但"垄断"了近 20 年来

的诺贝尔奖,而且进入 21 世纪以来的 6 年中,除 2005 年的生物或医学奖为 2 名澳大利亚学者获得外,其他历年的所有奖项中,都有美国人分享或独享。2006 年,美国的 6 位科学家再次囊括了全部科学类和经济学的奖项。在如此长的时期里,美国不仅几乎垄断了最具有权威性和影响力的科学、经济学奖项,而且,显示出越来越强盛的发展态势。

20 世纪有 29 项重大发明,其中 19 项是属于美国的。19 世纪至 20 世纪,美国的一些重要发明是:1844 年莫尔斯发明电报;1858 年 H•E•史密斯发明了世界上第一台机械式洗衣机;1876 年贝尔发明了电话;1879 年爱迪生发明白炽灯;1903 年莱特兄弟的动力滑翔机试飞成功;1906 年福雷斯特发明了真空三极管;1910 年美国建成第一个无线电广播电台,收音机进入家庭;1914 年美国凯尔维纳特公司研制了世界上第一台电冰箱并投放市场;1947 年利用微波通讯技术实现了电视电话的中继与多路传送;1948 年,美国贝尔电话实验室的肖克利、巴丁和布拉顿发明了晶体管,导致了 20 世纪集成电路的大规模发展;1960 年,梅曼发明了激光器,等等。美国的迅速崛起,使其名副其实地成为世界科学技术发展的中心。

科学技术的进步,促进了经济的腾飞,1787 年美国通过了宪法,以法律形式规定国会要促进科学和有用的工艺的进步,在有限时间内给予作者、发明者以专有权;1790 年国会又通过了专利法,奖励有用的科学发明和技术创新。在这一系列措施的激励下,到 19 世纪末,美国的工业生产已跃居世界首位,成为世界第一经济大国。1889 年美国的一流技术使钢铁产量超过了欧洲,达到 400 多万吨,占世界第一。美国的汽车工业和航空工业的发展促使石油工业得到空前的发展,化学工业超过了德国。1927~1934 年,美国的纤维、塑料和橡胶三大合成工业发展迅速,使美国除了化肥工业以外,全部夺得冠军的宝座。其黄金储量占 70%,成为世界经济的霸主。

美国的科学技术能如此迅速地达到世界领先地位,其成功的经验,概括为如下几点:

(1)充分发挥高等院校特别是著名大学在发展科学技术上的作用。美国的基础科学研究绝大部分是在大学里进行的。在今天的世界上,国力优势以技术优势为前提,技术优势以科学优势为基础,而基础科学的发展又得力于高等院校。

(2)重视发展科学教育,将科学研究、发明创造与教育紧密结合,注重人才的培养和引进。① 把科学研究和研究生教育结合起来,是一条成功的经验。② 重视青少年的科普教育和发明创造。1958 年,美国国会通过了《国防教育法》,用法令的形式保证教育的发展,目前,美国有大学 3000 多所。每年高中毕业生有 50%升入大学。美国十分重视科学普及工作,在美国,所有的博物馆、科技展览馆都是免费开放的。③ 积极引进人才是美国的又一特点,第二次世界大战结束前,美国政府组织了一个由科技专家参加的"阿尔索斯突击队",目的是到战败国收集科技情报,网罗有用人才。德国著名的原子能专家哈恩和火箭专家布劳恩都是这样来到美国的。

　　（3）重视各门学科的交叉与渗透，注意发展边缘学科。科学往往在几个学科的交叉点上出现重大进展，控制论、系统论和信息论就是主要由美国不同学科的科学家和工程技术专家共同研究的结果。由政府组织科学技术人员进行综合性重大课题的研究，是美国科学技术活动的一大特色。例如，1939 年爱因斯坦向美国总统建议实施制造原子弹的"曼哈顿计划"，由政府牵头组织各学科的科学家和工程技术专家共同研究，并投资 20 亿美元，1943 年美国成功制造出了三颗原子弹；美国政府投资 300 亿美元的"阿波罗登月计划"，也是这样研究成功的。

　　（4）积极引进科学技术，密切关注其他国家的科技发展动态。例如，英国开始研究蒸汽机车还未成功时，美国已成功试制出蒸汽轮船；英国发明了真空二极管，两年后美国就发明了三极管，并实现了无线电通讯，使美国最早进入电讯时代。

　　科学技术的进步促进了经济的发展，美国的经济腾飞，归功于：

　　（1）重视农业，工业和农业紧密联系

　　重点发展农业和轻纺工业。这是美国的优势，也是欧洲的成功经验。特别是美国人少地多，重视发展农业机械就成为美国农业迅速发展的一个基本方面。大多数欧洲国家是在第一次世界大战之后才在较广泛的范围内用简易的农业机械来实现农业机械化的，而美国在 18 世纪末就开始了。

　　1793 年惠特尼发明了轧花机，这个发明使清除棉籽效率提高了 1000 倍，从而使美国超过印度成为最大的棉花出口国。1798 年惠特尼发展了大批量生产方法，奠定了现代大工业生产的基础。这成为美国发动产业革命的标志。

　　1797 年，美国第一次颁发了犁的专利权，促进了新式犁的生产。1869 年仅犁的改进专利就有 255 件。

　　19 世纪初，美国人制造出第一台收割机。1831 年，麦考密克和赫西成功地制造出工作效率颇高的马拉收割机。19 世纪 30 年代美国还出现了播种机、割草机、脱粒机、钢犁等一系列农业机械。1907 年履带式拖拉机的发明更是给农业带来了重大的变化。1915 年，美国首次出售了 25000 台拖拉机。从 1860 年到 1916 年，美国农场数目从 200 万个增加到 640 万个，可耕地面积从近 25 亿亩发展到 53 亿亩。

　　在美国农业革命的过程中，政府起了重要的作用，这在世界历史上是没有先例的。1862 年美国就通过立法，由政府拨款在各州建立大学，以促进农业和机械技术的发展，并决定建立农业部，加强对农业科学研究的领导。1887 年国会立法又在各州立大学设立农业实验站。

　　（2）重视基础设施建设

　　1830 年，美国开始铺设自己的铁路：巴尔的摩—俄亥俄铁路。虽然该铁路比英国的第一条铁路晚了 5 年，但到 1860 年，美国的铁路总长已达 5×10^4 km，超过了其他国家铁路里程的总和。到 1915 年,铁轨全部改造成钢轨。

美国的汽车工业起始于 19 世纪 90 年代。1893 年,第一辆汽车试车。1902 年以后,美国开始了汽车的批量生产。1913 年福特发展起来的流水生产线直接导致了美国汽车制造业的一场革命,使汽车价格猛然大幅下降,到 1926 年甚至降到了每辆 260 美元,从而使汽车开始进入千家万户,最终导致美国成为一个"在汽车轮子上的国家"。1913 年起,美国开始建设公路网,汽车运输开始在美国运输系统中发挥越来越大的作用,到 20 世纪 20 年代末,全国公路网形成。

（3）加强科技与经济的结合

科技与经济的结合是多方面的,建立工业实验室是其中一个重要的方面。

美国的第一个工业实验室是"发明大王"爱迪生创办的。1876 年,爱迪生在美国新泽西州投资 2 万美元兴建了一个实验室,这是美国第一个有组织地进行工业研究的实验室。该实验室平均 11 天取得一项发明,被称为发明工厂。该实验室后来成为美国通用电气公司的研究所。爱迪生创办的工业实验室被誉为他一生中最大的发明成果。爱迪生是美国人的骄傲,他一生共取得了 2000 多项专利,1382 项重要发明。之后,美国的其他大公司纷纷开始仿效。1889 年贝尔创立了"贝尔电话实验室"。19 世纪 80 年代,美国的钢铁工业、化工、电气、汽车制造、精密仪器、光学和其他大型工业企业也都先后创办了工业实验室。到 1930 年,美国的工业实验室已发展到 1650 个,拥有科研人员 7 万人,对美国的高新技术转变为生产力起到了直接的作用。

同时,美国的生产企业还通过订立合同的方式委托大学的实验室进行所需课题的研究。到 20 世纪 50 年代以后,又发展起"工业园",把大学的科技专家、高级技术研究和生产更紧密地结合起来。再加上有的资本家直接创办的私立研究所、私人基金会等,有力地促进了实验室成果向工业生产的转移,大大缩短了科研成果转化为生产力的周期。

二、21 世纪日本科学技术的发展

日本在第二次世界大战后几乎是一片废墟,仅用 40 年时间日本就发展成为举世瞩目的第三经济大国。日本经济之所以发展很快,主要是得力于教育和科技的发展。

（一）首先是教育治国

科技进步,教育要走在前面,第二次世界大战后的日本埋头大力抓教育,当时,许多地方官员因筹措不到教育经费而以身殉职。在 1910 年日本劳动力人口总数中,未入学人数占 50%,到 1950 年已降至为零。1979 年日本高等院校就发展到 1016 所,高中毕业生升入大学的比率已超过 1/3。目前,日本已成为全世界受教育程度最高的国家。许多大型企业的一流生产线上全部是本科毕业生,教育为日本科技的发展储备了大量的优秀人才。

(二) 后来是科技兴国

日本原是非常封建的国家,它的锁国政策比我国要长得多,在唐朝时日本是全盘中化,全靠通过朝鲜引进中国的技术,明治维新之后又全盘西化。日本 1868 年的明治维新是一个历史的转折点,如果说明治维新之前,中国和日本在对待西方科学技术的态度上有许多相似之处,但在明治维新之后就完全不同了。当时,西方的近代科学技术在中国的传播和发展受到严重挫折,而日本明治政权建立后,便开始大规模引进西方近代科学技术,并逐步开始了日本科学技术的革命和改造,创造出适合日本国情的新的科学技术和生产管理方法,直接引进欧美先进的产业技术,聘请外国技师、教育家,设立科学技术研究机构。学习外国的先进技术之后进行综合,在综合的基础之上再发明创造,这就是日本成功的一大秘密。明治初期日本各个工业技术部门均有外国专家指导,但后来都逐步由留学回国的学生和东京大学的毕业生取而代之。由于一开始就注意培养自己的科学技术人才,因此在很短的时期内日本的科学家就开始获得了创造性的研究成果。日本的松下电视机闻名全世界,组成电视的 300 多项技术包括线路全部是从外国引进的,但综合后组成的电视机却是世界一流的,它综合了世界上最先进的技术。

日本每年大量派人出国搜集技术情报,如三菱商业公司,在全世界各国设立了 115 处海外办事处,3000 多人搜集情报;三井物产公司设立的"三井全球通讯网",设专线 40 万公里,可绕地球 10 圈,仅东京的总公司每天就要处理 30000 份技术情报,比美国的中央情报局、日本的外务省还快。有人说美国是靠进口人才、苏联是靠进口设备、日本是靠进口技术发家的,不能说没有道理。

日本始终坚持把科技和经济发展结合在一起。20 世纪全世界有 29 项重大发明,其中 19 项是美国人发明的,但是大批产品都是日本生产出来的。美国发明了数控机床,日本从美国科学杂志上看到了,便派人去参观访问,发现了机床的基本原理是用脉冲控制进给量,后来,日本数控机床的性能超过了美国,而美国后来也从日本进口数控机床。

现在日本已成为世界上的科学主导国家,在工业化国家的科学家中,有 1/4 是日本人,超过了英、法、德、意四国科学家人数的总和。现在世界上有 10 万个机器人,其中有 7 万个是日本人制造的,日本已制造出世界上最小的机器人,只有 1 厘米见方大小。现在日本已成为科技强国、经济大国,它的目标要成为政治大国、军事大国、联合国常任理事国。

在资本主义条件下,经济落后的国家重视科学和教育,就能在短时间内赶上或超过先进的国家,比如,英国用了 100 多年、德国用了 50 多年、美国用了 30 多年、日本用了 20 多年。中国改革开放以来的发展是全世界瞩目的。拿破仑说过:中国,那是一个沉睡的巨人,当他醒来时,他将震撼世界。法国著名物理学家朗之万说过:中国人聪明勇敢,世界科学的希望不在欧洲,也不在美洲,而是在中国。有人说,21 世纪是中国人重新走向辉煌的世纪,是中国腾飞的世纪,21 世纪将是一个属于中国人的世纪!

知 识 点 归 纳

1. 在奴隶社会,世界科学技术发展的高峰在古希腊,公元前 6 世纪至公元前 1 世纪,是古希腊科学技术最辉煌的时期。

2. 亚里士多德是古希腊最博学的科学家,他的著作被当做古代世界学术的百科全书,古希腊著名的科学家还有欧几里德、阿基米德、毕达哥拉斯等。

3. 欧几里德所著的《几何原本》是古希腊数学的最高成就,《几何原本》和丢番图的《算术》是古代数学的两本经典著作。

4. 从公元前 3 世纪至公元 15 世纪,在长达近 2000 年的历史时期中,中国一直处于世界科技强国的位置。中国古代的科学技术成就主要体现在:天文学、数学、医药学、农学四大学科;陶瓷、丝织、建筑三大技术;造纸、印刷术、火药、指南针四大发明。

5. 16 世纪,欧洲的文艺复兴运动,使意大利率先崛起,成为近代欧洲的第一个科技强国。意大利也是近代大学的发祥地。

6. 17 世纪,英国成为世界科技强国。英国著名的大学有:伦敦大学、牛津大学、剑桥大学、格拉斯哥大学等。英国最著名的科学家有牛顿、胡克、波义耳等。

7. 牛顿的三大贡献:(1) 创立了牛顿力学;(2) 发明了微积分;(3) 研制出能够放大 40~50 倍的望远镜。

8. 18 世纪,法国赶上并超过英国,成为世界科学技术的中心。法国优秀的科学家有:库仑、安培、卡诺、毕奥、沙伐尔、拉普拉斯等。

9. 从 19 世纪初到 20 世纪初,德国成为世界上科学技术最发达的国家,兴盛期长达 100 多年。德国科学史上最光辉的一页是:普朗克提出量子论、爱因斯坦提出相对论。这两大理论不仅是现代物理学,也是整个现代科学技术发展的两大基石。

10. 20 世纪全世界有 29 项重大发明,其中 19 项是属于美国的。爱迪生是美国人的骄傲,他一生中取得 2000 多项专利、1382 项重要发明。

11. 战后 50 多年来,日本经济之所以发展很快,主要是得力于教育和科技的发展。开始是教育治国,后来是科技兴国。

思考与探索

1. 中国古代数学和西方古代数学的区别是什么？

2. 通过实例说明教育对一个国家科学技术、经济的发展所发挥的作用。

3. 美国成为世界科技强国的成功经验主要有哪些？美国的经济腾飞主要归功于哪些措施？

4. 总结历史上世界科技强国的发展经验，谈谈如何实现中华民族的伟大复兴？

第二篇　当代自然科学基础与前沿

　　当代自然科学是一个庞大的知识体系,其基础理论和前沿热点十分丰富,不可能在一本书中穷尽。这里只能就当代自然科学中人们普遍关注的几个重大基本问题和前沿热点做一简单的介绍。

　　该篇介绍的内容：相对论与量子论是整个现代科学的两大基石;物质的基本结构、天体的起源与演化是现代科学在微观和宇观领域的前沿理论;生命的本质是现代科学的核心问题,也是 21 世纪的热点;系统科学与探索复杂性则给现代自然科学、技术科学、工程技术和社会科学提供了一种跨学科的,从整体上分析问题和处理问题的新方法。

第三章　相对论与量子论

本　章　导　读

相对论与量子论创立于 20 世纪初期。从相对论和量子论的建立到发展，无论是时间上，还是在实践的应用中，都充分证实它们不仅是现代物理学的两大理论支柱，而且也是整个现代科学的两大基石。

19 世纪末的三大发现，拉开了现代物理学发展的序幕；进入 20 世纪，物理学取得了突破性进展，特别是相对论和量子论的诞生，彻底改变了人类的时空观，改变了人们头脑中对客观世界的认识图景，不仅使物理学的分支学科，如原子分子物理、凝聚态物理、原子核物理、光物理等得到了充分发展，同时带动了一大批相关学科的共同发展，对整个科学技术的进步产生巨大的推动作用。

物理学作为自然科学的一门重要基础学科，历来是人类物质文明发展的基础和动力；而作为人类追求真理、探索未知世界奥秘的有力工具，物理学又是一种哲学观和方法论。在人类文明发展的历程中，物理学始终走在科学技术发展的最前沿。

第一节　揭开现代物理学序幕的三大发现

整个物理学的发展经历了两大阶段：第一阶段，从 1687 年牛顿发表《自然哲学的数学原理》到 19 世纪末，是经典物理学的发展时期，牛顿力学、电磁学和统计力学是其三大支柱；第二阶段，从 1900 年普朗克提出"量子假说"至今，是现代物理学的发展时期，相对论和量子论是其两大支柱。

19 世纪末，物理学经过 300 年的发展，牛顿力学、统计力学和电磁学等都已建立了完整、系统、成熟的理论体系，并在应用上取得了辉煌的成就。物理学的理论极其完美地解释并预言了几乎所有宏观低速的物理现象，因此，被誉为"经典物理学"。当时许多物理学家都认为,整个物理世界的重要规律都已发现,物理学理论的框架已经完成,今后的工作只是如何应用这些理论提高实验精度问题。在 1900 年跨入新世纪的第一天,英国著名物理学家开尔文在欧洲著名科学家新年聚会上所作的新年贺词中说:"19 世纪物理学大厦已经全部建成,今后物理学家的任务只要做一些零碎的修补和完善工作就行了。"同时,他也指出:"但是在物理学晴朗天空的远处,还存在两朵小小的令人不安的乌云。"这两朵乌云,一朵是在研究热辐射实验时所出现的"紫外灾难"问题;一朵是迈克尔逊-莫雷实验所研究的"以太"问题。

随着实验科学的进步,正是这两朵小小的乌云,引发了物理学上的一场暴风骤雨,导致了相对论和量子论的诞生。相对论和量子论的建立,使人类的目光由能够看得见、摸得着的宏观低速区域进入微观领域和宇观领域,物理学本身也由经典物理学进入现代物理学的发展时期。

19 世纪末,物理学实验上的三大发现,拉开了现代物理学发展的序幕。

1859 年法拉第的学生、德国物理学家普吕克尔(1801~1868)在进行真空放电实验时发现,当电流经过低压气体放电管时,阴极一端出现放射现象,在正对着阴极的管壁上出现绿色辉光。1876 年德国物理学家戈尔茨坦(1850~1931)认为,这种辉光是由阴极上产生的某种射线引起的,故将其命名为"阴极射线"。

阴极射线的本质是什么? 戈尔茨坦和许多德国物理学家认为它是类似于紫外线的以太波,也就是一种电磁辐射;英国物理学家克鲁克斯(1832~1919)等人则认为它是某种粒子流。关于阴极射线本性的争论持续了 20 多年,吸引了许多科学家投入研究。正是在围绕阴极射线的争论与研究中,导致了物理实验上的三大发现,X 射线和电子的发现是研究阴极射线的直接结果,而由 X 射线的研究又发现了放射性。

一、X 射线的发现

X 射线的发现起源于对阴极射线的研究。1895 年,德国维尔茨堡大学校长兼物理所所长、物理学教授伦琴(1845~1923)在重复阴极射线实验时发现了 X 射线。

伦琴是一位治学严谨、造诣高深的实验物理学家,热衷于对阴极射线的实验研究。1895 年 11 月 8 日,他像往常一样来到实验室。当时,房间一片漆黑,为了防止外界对放电管的影响,也为了不使放电管内的可见光露出管外,他用黑色硬纸板做了一个密封套,将放电管严密地套封起来,并确信没有漏光。实验时,他意外地发现在 1 m 以外工作台的荧光屏上出现闪光。这使他感到十分惊奇,继续实验发现,即使在 2 m 以外仍可在屏上产生荧光,而阴极射线在空气中只能穿过几厘米,伦琴确信这不是阴极射线,而是一种新的射线,接下来,他一连 6 个星期吃住在实验室,废寝忘食地反复研究新射线的性质,发现这种新射线不仅能使荧光物质发光,而且穿透能力极强,能穿过千页的书、2～3 cm厚的木板、12 cm 厚的橡胶板、15 cm 厚的铝板等,对不同物质其穿透能力不同。伦琴当时还无法确定这种新射线的本质,因此将它命名为"X 射线"。

　　X 射线可透过密封的黑纸使照相底片感光。一天,伦琴的夫人来到实验室,伦琴就让她把手放在用黑纸包裹的照相底片上,然后用 X 射线照射 15 min,显影后的底片上呈现出伦琴夫人的手骨像和清晰的结婚戒指像。这是人类第一张 X 光照片,它表明人类可以借助 X 射线透视骨骼。

　　1895 年 12 月 28 日,伦琴将他一个多月来对新射线的研究成果写入论文《论一种新的射线》中,论文指出这种新射线具有的性质:① 新射线来自于被阴极射线击中的固体,固体元素越重,产生出来的新射线就越强;② 新射线沿直线传播,不能被棱镜反射和折射,也不被磁场偏转;③ 所有物体对新射线几乎都是透明的;④ 新射线可使荧光物质发光,使照相底片感光,能显示出装在盒子里的砝码、猎枪的弹膛和人手指骨的轮廓。

　　X 射线的实验报告和这张透视骨骼的照片引起了世界范围的轰动,许多报纸以特快消息加以报道,科学界、社会公众都作出了快速反映,人们将这种新射线称为"伦琴射线"。

　　X 射线一经发现,就以极快的速度向其他领域普及。一个多月后便应用于骨骼疾病的医疗诊断上,第二年,人们就制作出 30 多种不同类型的 X 光管,接着 X 射线又应用于冶金学。许多物理学家和实验机构都转向对 X 射线的本质和成因的研究,仅 1896 年的一年之内,关于 X 射线的研究论文多达 1000 多篇。1912 年德国物理学家劳厄通过实验证明,X 射线实质上是一种波长很短的电磁波。X 射线的发现重新燃起了人们对于物理学研究的兴趣与热情,使人们意识到物理学的研究并没有走到尽头,还存在需进一步探索的未知空间。伦琴对物理学作出的突出贡献,使他于 1901 年获得诺贝尔奖开始颁发的第一个物理学奖。

二、天然放射性的发现

　　X 射线产生的原因是什么?科学家们对 X 射线的本质和成因的研究直接导致了放射性的发现。所谓"放射性"是指物质能自发放射出某种射线的性质。

　　1896 年初,法国科学院院士、著名物理学家彭加勒收到伦琴寄给他的《论一种新的射线》的论文和一些用 X 射线拍摄的照片。法国科学院每周有一个例会,会上科学家进行科研成果的交流和讨论。在 1896 年 1 月 20 日的例会上,彭加勒展示了伦琴的照片,引起了法国物理学家贝克勒尔的注意,他问这种射线是怎样产生的?彭加勒回答:也许是从阴极对面发荧光的那部分管壁发出的,荧光和 X 射线可能是出于同一机理。

　　第二天,贝克勒尔便投入实验,观察荧光物质在发出荧光的同时能否发出 X 射线,结果实验一无所获,正当贝克勒尔准备放弃实验时,1 月 30 日,他看到了彭加勒发表的一篇关于 X 射线的论文,文章中再一次提出荧光和 X 射线可能同时产生的的看法。这篇文章坚定了贝克勒尔继续实验下去的信心,于是,他选择了铀盐为实验材料,再次投入了实验。他用两张厚黑纸包了一张照相底片,在厚纸上面放一层磷光物质——铀盐,放在太阳光下暴晒几小时,显影之后,底片上出现了磷光物质的黑影。实验结果表明:铀盐在受到阳光照射后能产生 X 射线使底片感光。

　　接下来一连几天阴天,贝克勒尔将铀盐和底片放进抽屉。几天后,贝克勒尔拿出底片冲洗出来,准备检查一下底片的质量继续实验,但这时他惊奇地发现底片上出现铀盐清晰的影像,说明这一现象在黑暗中也能进行,进一步的实验证实,这种使照相底片感光的射线与磷光、X 射线没有因果关系,而是铀盐本身自动发出的一种具有很强穿透力的新的神秘射线。这种射线不仅能使底片感光,还能使气体电离变成导体。贝克勒尔意识到这是一个非常重要的发现。

　　贝克勒尔搞清楚了铀盐辐射的性质后,于同年 5 月 18 日的科学院例会上公布:这种贯穿辐射是自发现象,只要有铀盐存在,就会产生这种辐射。后来,人们将这种辐射称为贝克勒尔射线。放射性的发现虽然没有 X 射线的发现那样轰动一时,但意义更为深远,因为这是人类第一次接触到核现象,为后来核物理的发展开辟了道路。

　　贝克勒尔关于放射性现象研究成果的公布,激起了世界各国物理学家的研究兴趣。1897 年,著名女科学家居里夫人和她的丈夫居里很快投入到寻找新的放射性元素的实验研究中。1898 年 7 月 18 日,他们首先找到了放射性元素钋,钋的名字是居里夫人为了纪念她的祖国波兰而命名的。接着到 11 月又宣布发现了放射性元素镭。这个发现再次轰动了物理学界。为了证实镭的存在,从 1899 年到 1902 年,居里夫妇在十分艰苦的条件下,历时 45 个月,从 30 多吨沥青矿中提炼出了 0.12 克镭,并测出镭的原子量为 225。镭的射线比铀强 200 多万倍。实验证实,镭、铀等元素放射出的射线与 X 射线不同,X 射线不能被磁场偏转,而放射性元素的射线在磁场作用下则分为两部分。居里夫妇为科学献出了毕生的精力,由于长期从事放射性研究又缺乏防护居里夫人的健康受到损害,他们为人类作出了伟大的贡献。1903 年,贝克勒尔、居里和居里夫人共同荣获诺贝尔物理学奖。居里夫人于 1911 年又获得诺贝尔化学奖,成为第一个在不同学科两次获得诺贝尔奖的科学家。

　　放射性分为天然放射性和人工放射性。天然放射性元素(如镭、铀等)自发放射的特性,称为天然放射性。通过核反应,利用反应堆、加速器造出来的放射性物质,称为人工放射性。这些射线的本质是什么? 英国物理学家卢瑟福经过 14 年对镭的研究,发现当射线穿过磁场时分成两束,一束偏转小而带正电的叫 α 射线,是氦核流;另一束偏转大而

带负电的叫 β 射线,是电子流。1900 年,法国化学家维拉德(1860～1934)发现镭还有第三条射线,在磁场中不会发生偏转且穿透力最强,叫 γ 射线,是光子流。放射性的发现表明原子是可变的。放射性又称为"核辐射"。当今的核武器、核电站等,都是利用了放射性。

三、电子的发现

阴极射线究竟是以太波还是粒子流？最终对阴极射线的本性作出正确答案的是英国剑桥大学卡文迪什实验室的教授 J·J·汤姆逊(1856～1940)。1897 年,汤姆逊向科学界宣布他发现了第一种基本粒子——电子。

J·J·汤姆逊 1856 年出生于英国曼彻斯特,由于家境贫寒,靠助学金维持生计和学业。1876 年他获得奖学金进入英国剑桥大学学习。1880 年获得剑桥大学数学荣誉学位。在剑桥大学卡文迪什实验室教授瑞利爵士的指导下,从事电磁理论方面的研究。1884 年,不到 27 岁的汤姆逊通过竞选担任了卡文迪什实验室教授职务,他领导这个物理研究机构长达 34 年之久,受到了大家的敬佩和赞许。在汤姆逊的卓越领导下,卡文迪什实验室成为全世界现代物理研究的中心之一,并培养出一大批科学精英,其中获诺贝尔奖的科学家有威尔逊、阿斯顿、布拉格、卢瑟福、查德威克等。1916 年汤姆逊当选为英国皇家学会会长,1918 年,又出任剑桥三一学院院长。

汤姆逊从 1890 年起,就带领他的学生研究阴极射线。他认为克鲁克斯等人的微粒说的观点可能更接近真实,于是决心通过周密的实验研究加以证实。1897 年,汤姆逊发现阴极射线不但为磁场所偏转,也为电场所偏转,他测量了这两种偏转度,得到了粒子速度与它的荷质比(e/m,即粒子电荷量与质量之比)之间的关系,首先证实了阴极射线是由比原子小得多的带负电微粒组成的粒子流。

汤姆逊用两种彼此不相关的实验方法测量了阴极射线的荷质比。两种方法测得的结果相近。接着,汤姆逊又给放电管充以各种不同的气体,并以不同的金属做电极进行实验,所得的荷质比都大致相同。于是,他得出结论:阴极射线是由同样的带电"微粒"所组成的,这种微粒是各种原子的组成部分。汤姆逊称其为电子。

为了证明基本电荷的存在,在测定荷质比 e/m 之后,还要测出 e 值。1909 年,美国物理学家密立根通过极其巧妙的密立根油滴实验,测得了电子电荷的精确值 $e=1.6021\times10^{-19}$C,算出电子的质量 $m=9.11\times10^{-31}$kg,而且证明了一个电子所带的电荷量是电荷的最基本单位。

汤姆逊关于电子的实验发现,对物理学的研究与今后的发展起到了极为重要的作用。第一,他宣告原子是可分的。电子的发现对了解原子的内部结构起到了重要的作用；第二，他为实验物理学家进行电子和原子领域的研究开创了新的实验技术和方法，即高真空技术和电磁偏转技术；第三，他的电子荷质比测定仪器直接发展出三项新技术，即：示波器、质谱仪、电子显微镜。1906 年，汤姆逊由于发现电子而荣获诺贝尔物理学奖。他被誉为"一位最先打开通向基本粒子物理学大门的伟人"。

三大发现在物理学史上具有重要的意义，由此打开了原子世界的大门，否定了原子不可分、元素不可变的传统观念，把人们的视野由宏观领域引向微观领域，开辟了人类认识自然奥秘的新纪元。

第二节　相对论与现代时空观

相对论有"狭义"和"广义"之分。1905 年爱因斯坦发表了狭义相对论，1916 年提出了广义相对论。"狭义相对论"是在惯性系（相对于地球静止或做匀速直线运动的参考系）中讨论问题，是一种新的时空理论；"广义相对论"是在非惯性系中讨论问题，是一种新的引力理论。

一、狭义相对论

1905 年 9 月德国的《物理学年鉴》发表了年仅 26 岁的物理学家爱因斯坦的《关于运动媒质的电动力学》一文，文章分析了麦克斯韦电磁场理论，以全新的时空观代替旧的时空观，建立起接近于光速的高速运动物体的运动规律，这就是狭义相对论。

（一）狭义相对论的创立

牛顿在经典力学中引入了绝对静止的时间和绝对不变的空间两个概念，人们习惯于用经典力学的观点去看待麦克斯韦的电磁场理论，认为电磁波是一种机械波，其传播以"以太"为媒质。

19 世纪，人们通过对电磁现象的研究发现下列四种结果与经典力学的概念相抵触：① 运动物体的电磁感应现象表现出相对性——无论是磁体运动还是导体运动其效果一样；② 麦克斯韦电磁场方程不能满足伽利略相对性原理，即用伽利略变换去套麦克斯韦方程，遇到了困难；③ 迈克尔逊和莫雷所做的寻找"以太"的实验给出了否定的结论，说明"以太"根本就不存在；④ 实验发现，电子的惯性质量随电子运动速度的增加而变大。

为了解决这些矛盾，荷兰著名理论物理学家洛仑兹提出了电子论，推出了洛仑兹变换——不同参考系中时空坐标之间的数学变换，这实际上已经到达了相对论的大门口。

法国著名物理学家彭加勒已经接近狭义相对论的关键性内容,即指出光速的有限性和光速的作用。法国的数学家庞卡莱甚至已经跨入了相对论的门槛,他怀疑以太的真实存在,认为物理学定律对于洛仑兹变换具有不变的形式。这些观点都已具有相对论的雏形,但最终他们都没有真正从牛顿绝对时空的框架中解脱出来,没有意识到必须变革经典物理学的基础,因此,也就不能成为相对论的创立者。

爱因斯坦不赞成人们用绝对静止的观念去解释麦克斯韦方程,从根本上抛弃了绝对静止的参照系和绝对时空的概念,并抓住了问题的实质——同时性的定义,以洛仑兹变换为核心,创立了狭义相对论。

(二)狭义相对论的两个基本原理

狭义相对论是以爱因斯坦相对性原理和光速不变原理为理论基础的。

爱因斯坦相对性原理,又称为狭义相对性原理,内容如下:一切物理定律(包括力学和电磁学)在所有惯性系中均成立。

光速不变原理的内容是:光在真空中总是以确定的速度 $c=3\times10^8$ m/s 传播,这个速度的大小与光源的运动状态无关。

爱因斯坦狭义相对性原理只是推广了伽利略相对性原理,因为伽利略相对性原理只涉及力学规律。光速不变原理是经典力学中所没有的,光速的不变性同牛顿速度相加定理相抵触,但是同新的爱因斯坦速度相加定理是协调的。光速的这种绝对不变性的假定为同时性定义提供了一种手段。所以,光速不变原理是狭义相对论与经典力学之间的根本差别所在。

(三)狭义相对论的关键思想——爱因斯坦同时性定义

校准时钟的问题称为同时性的定义问题。

在经典力学中,同时性被定义成瞬时的,即传播信号是在瞬间完成的,不需花费时间(或所需的时间可以忽略不计),用这种瞬时传播的信号来使坐标系中的所有时钟同原点的时钟校准。如图 3-1 所示,当位于原点 O 的时钟指示零点时,向 P 点方向发射一个信号。该信号传播到 P 点将不需花费时间(即瞬时),所以 P 点收到这个信号时应将时钟调为零点。这就是经典物理学中的瞬时同时性。

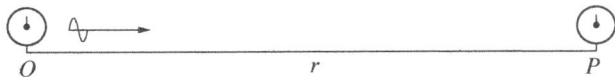

图 3-1　经典物理学的瞬时同时性

在狭义相对论中，又是如何校准时钟的呢？

同样，在一个惯性系中的坐标原点 O 放有一只时钟（见图 3-2），在任意空间点 P 放有一只时钟 P，P 点到 O 点的距离为 r，现在我们通过光信号将 P 点的时钟同坐标原点的时钟对准。当 O 点时钟的指针指在零点时，从 O 点向 P 点发射一个光信号，这个光信号达到 P 点所需的时间为 r/c，因此，当 P 点的时钟接收到这个光信号的时刻，应将 P 点时钟的指针调到 $t_P = r/c$ 的数值，这样，P 点的时钟与 O 点的时钟的时间就对准了。这就是爱因斯坦同时性的定义。

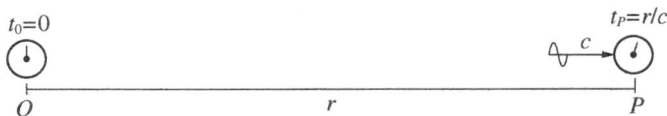

图 3-2　爱因斯坦同时性的定义

在狭义相对论中，所有惯性系中的全部时钟都是用这种方法对准的。也就是说，在高速运动中，光信号的传播所用的时间不能忽略不计。

（四）狭义相对论的核心方法——洛仑兹变换

设有两个惯性系 K 和 K′（见图 3-3），K 系的三个坐标轴分别与 K′ 系的三个坐标轴平行；K′ 相对于 K 以不变的速度 v 沿 x 轴的正方向运动，并且 $t = 0$ 时，K 系的原点与 K′ 系的原点重合。

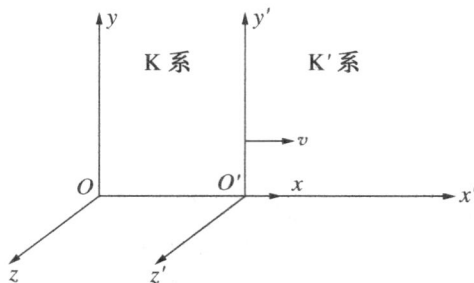

图 3-3　惯性系 K′ 相对于惯性系 K 以不变的速度 v 沿 x 轴的正方向运动

我们需要两个惯性系的空间坐标和时间坐标的变换关系。

根据伽利略变换，变换关系为：

$$\begin{cases} x' = x - vt, \\ y' = y, \\ z' = z, \\ t' = t. \end{cases}$$

伽利略变换表明,时间和空间是相互分离的、绝对的,它与运动无关。

根据洛仑兹变换,变换关系为:

$$\begin{cases} x' = \dfrac{x - vt}{\sqrt{1 - \dfrac{v^2}{c^2}}}, \\ y' = y, \\ z' = z, \\ t' = \dfrac{t - \dfrac{v}{c^2}x}{\sqrt{1 - \dfrac{v^2}{c^2}}}. \end{cases}$$

洛仑兹变换可以由光速不变原理和狭义相对性原理推导而出。洛仑兹变换表明,时间和空间是不可分的、相对的,与物体的运动有关。

在洛仑兹变换中:① 当 $v \ll c$ 时,则 $\sqrt{1 - \dfrac{v^2}{c^2}} \to 1$,同时 $\dfrac{v}{c^2}x \to 0$,于是洛仑兹变换自动就变成伽利略变换。也就是说,伽利略变换是洛仑兹变换在低速运动下的近似,而洛仑兹变换既适用于高速运动也适用于低速运动。所以,经典物理学可以近似地描述宏观低速的力学现象;而高速的物理现象(例如,电磁现象)必须由相对论理论来描述。

② 洛仑兹变换中的 $1 - \dfrac{v^2}{c^2}$ 只能取不为零的实数,因此,只能 $v < c$,表明真空中的光速 c 是物质运动的上限速度。

（五）狭义相对论的主要结论

爱因斯坦的狭义相对论是在两个基本原理的基础上,通过严密的逻辑推理建立起来的。要详细而准确地掌握相对论需要一定的数学基础,下面我们通过简单的逻辑推理介绍相对论的一些主要的基本结论。

1. 同时的相对性

同时的相对性是指在一个惯性系中同时发生在不同地点的两个事件,在其他惯性系中观察,它们不再是同时发生的了。

在惯性系 K 系中同时发生,则 $\Delta t=0$;发生在不同地点,则 $\Delta x\neq0$,在另一相对于 K 系以速度 v 沿 x 轴做匀速直线运动的惯性系 K' 系中观察,这两个事件是否还是同时发生的呢?

根据洛仑兹变换,则

$$\Delta t' = \frac{\Delta t - \frac{v}{c^2}\Delta x}{\sqrt{1-\frac{v^2}{c^2}}},$$

则 $\Delta t' \neq 0$,所以,在 K' 系中观察,它们不再是同时发生的了。

例如,东西方同时出现闪电时,站在中间的观察者认为是同时发生的,但是坐在由东向西以高速匀速行驶的火车上的第二个观察者则认为不是同时发生的,因为第二个观察者正在趋近西方的闪电而远离东方的闪电,因此他认为西方的闪电早于东方的闪电。这说明"同时"是相对的。

2. 时间的相对性——动钟变慢

在传统的时空观中,人们认为时间是绝对的,不同参照系中时间的流逝速度是一样的。也就是说,在地面上的时钟与列车、飞机上的时钟走速一样。既然现在同时性是相对的,时间还会是绝对的吗?

假设在列车上发生的一个事件用时 Δt_0,同样的这个事件在地面上看来用时 Δt,若能证明 $\Delta t_0 = \Delta t$,说明时间与参照系(列车)的相对速度无关,即时间是绝对的;否则就说明时间与参照系的相对速度有关,即时间是相对的。

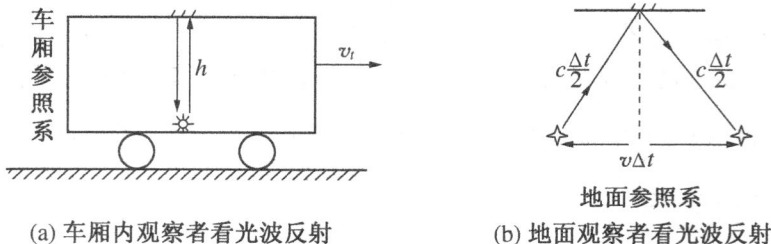

(a) 车厢内观察者看光波反射　　　　(b) 地面观察者看光波反射

图 3 - 4　动钟变慢效应

如图 3 - 4(a)所示,在列车顶部放置一个反射镜,一束光垂直入射到反射镜并反射回光源,所用时间为 Δt_0,光源到反射镜的高度为 h,则有:$c\Delta t_0 = 2h$。

在地面上看同样的事件,光所走过的路程如图 3 - 4(b)所示,由于垂直方向没有相对运动,因此,列车的高度不变,仍为 $h = \frac{1}{2}c\Delta t_0$。设此事件在地面观察者看来所用时间为 Δt,由于光速不变,则三角形的斜边长为 $l = \frac{1}{2}c\Delta t_0$。三角形的斜边大于其直角边,所以 Δt

大于 Δt_0。光源的运动距离为 $v\Delta t$，由勾股定理可得：

$$\left(\frac{1}{2}c\Delta t\right)^2 = \left(\frac{1}{2}c\Delta t_0\right)^2 + \left(\frac{1}{2}v\Delta t\right)^2,$$

即

$$\Delta t = \frac{\Delta t_0}{\sqrt{1-\dfrac{v^2}{c^2}}}。$$

上式表明，运动的时钟变慢，运动速度越快，时钟走得越慢。俗话说，"天上一日人间一年"，根据相对论，这完全是可能的，只要乘坐以 0.99996247 倍光速飞行的宇宙飞船航行，则航天员的一天，在我们地球上的人们看来就相当于一年。这里所说的时钟是广义的，包括生物钟在内，宇宙飞船上的时钟走得慢了，航天员的生命节律也慢了。在地球人看来，航天员的动作都是慢动作，他在宇宙飞船上一天（地球人看来，相当于一年）所能干的事情与地球上的人一天所能干的事情是一样多的。

3. 空间的相对性——运动物体长度收缩

在经典力学中，空间位置是相对的，但物体的长度却是绝对的。例如，在行驶的列车车厢内，当一个乒乓球在车厢的地板上弹起后将落回原地点，在地面上的人看来，乒乓球弹起的地点与落回的地点并不相同，这表明空间位置是相对的，但车厢的长度在列车和地面上看是一样的，即物体的长度是绝对的。而在相对论力学中，同时性是相对的，时间也是相对的，那么长度是否也是相对的呢？

设列车以速度 v 做匀速直线运动（见图 3-5），在车厢的一端放置一反射镜，在车厢的观察者看来，从车厢另一端发出的光经反射镜反射后回到光源处所需时间为 Δt_0，车厢长度为 l_0，则有 $\Delta t_0 = \dfrac{2l_0}{c}$。在地面上的观察者看来，发生同样事件所用的时间为 Δt，车厢的长度为 l，则在地面上看，光从光源发出后向前传播，同时反射镜也在向前运动。设光从光源到反射镜所需的时间为 Δt_1，则其经过的距离为 $c\Delta t_1$，等于车厢的长度 l 加上反射镜运动的距离 $v\Delta t_1$，即 $l + v\Delta t_1 = c\Delta t_1$，可得

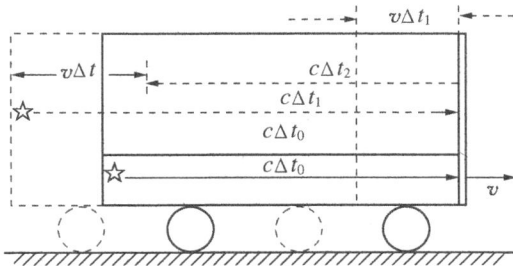

图 3-5　运动物体长度收缩

$$\Delta t_1 = \frac{l}{c-v}。$$

设光从反射镜到光源所需的时间为 Δt_2，同理有：$l - v\Delta t_2 = c\Delta t_2$，则

$$\Delta t_2 = \frac{l}{c+v},$$

因此有

$$\Delta t = \Delta t_1 + \Delta t_2 = \frac{2cl}{c^2 - v^2} = \frac{2l}{c} \times \frac{1}{1 - v^2/c^2}。$$

前面已知 $\Delta t = \dfrac{\Delta t_0}{\sqrt{1 - v^2/c^2}} = \dfrac{2l_0}{c} \times \dfrac{1}{\sqrt{1 - v^2/c^2}}$，所以有

$$l = l_0\sqrt{1 - v^2/c^2}。$$

上式表明，运动物体的长度会收缩，速度越快收缩越明显。

由此可见，在狭义相对论中，由于光速不变，而光传播所需的时间不能忽略不计，因此时间和空间都是相对的。

值得注意的是，爱因斯坦的相对论与没有是非标准的相对主义完全是两回事。相对论寻求的是不同的参照系中各观测量之间的联系，重点是不同的参照系中的共性，即所谓的"不变性"。相对论的基本原理都是关于不变性的。例如，真空中的光速在不同的惯性系中是不变的，物理规律的数学形式在不同的参照系中是一样的。

让我们来看一个有趣的例子：设有一列高速列车，它的静止长度比一个隧道的静止长度要长。当它高速通过该隧道时，有两道闪电同时打在隧道的两端，由于相对论效应，列车长度收缩到短于隧道的长度，即该列车可以完全躲进隧道，因此使得站在列车两端的两个人都躲过了闪电的伤害。但运动是相对的，在列车上的人看来，隧道在向反方向运动，根据相对论，隧道将收缩以致隧道比列车更短。那么，在列车上的人看来，列车两端上的人能躲过闪电的伤害吗？

答案是肯定的！因为物理规律是不变的，人是否被伤害是不变的。原因是在地面上看闪电是同时发生的，而在列车上看两道闪电是有先后的，车前的隧道口先闪电，此时车头还没有露出隧道，当车尾进入隧道后，后面的隧道口才闪电。因此，两端都不会被闪电所伤害。

4. 相对论质量

在相对论中物体的质量随着运动速度的增加而增加。设 v 为物体的速度，m_0 为物体的静止质量，m 为物体的总质量，又称为相对论质量。

相对论质量为：

$$m = \frac{m_0}{\sqrt{1 - v^2/c^2}}。$$

上述公式称为质量速度关系，简称质速关系。质速关系表明：物体的质量与运动速

度有关,速度越大,质量就越大;当速度接近于光速时,质量会增加到无穷大,其对应的能量也就达到无穷大。也就是说,要想把一个物体加速到光速所需要的能量为无穷大,因此,要将一个静止质量不为零的物体加速到光速是不可能的。任何物体都以光速为运动速度的极限。至少在目前,要使宇宙飞船达到 0.99996247 倍光速(此时航天员的体重将增加 365 倍)是极其困难的,即要做到"天上一日人间一年"是极不容易的。

5. 质能关系

在相对论出现之前,人们认为能量和质量是分开的,并且独立守恒。在相对论中,爱因斯坦对物体的运动定律重新做了综合考虑。他既要求运动定律满足相对性原理,又要求它在低速情况下与经典力学相一致,从而发现了一个令人意外的结果:物体的质量与能量不再像经典力学中那样是相互独立的量,而是可以相互转换的,即物质可以转化为能量,能量也可以转化为物质。进而得到了著名的质能关系式:

$$E = mc^2,$$

式中 E 称为物体的总能量。

质能关系表明:一个具有质量为 m 的物体,具有 mc^2 的能量;反过来,一个具有能量 E 的物体拥有 E/c^2 的质量,即物质的质量和能量是密切联系的。按质能关系计算,1 kg 物质包含的能量为 $9×10^{16}$ J,而 1 kg 汽油的燃烧值只有 $4.6×10^7$ J。仅 1 g 质量的物质全部转化为能量可以将 $1×10^7$ t 水升温 2℃。而 50 g 的物质全部转化为能量,它就可以将面积为 5.6 km² 、平均水深为 1.8 m 的西湖里的所有的水加热到沸腾。1 kg 核物质反应放出的能量相当于 1000 t 以上的 TNT 炸药爆炸放出的能量。核能的释放是质能关系的重大应用。

二、广义相对论

狭义相对论是运动速度接近于光速的高速物质世界中仅限于惯性系的时空理论。然而在宇宙中并不存在一个真正的惯性系,只存在近似的惯性系。因此,建立一个在非惯性系中也成立的理论是十分必要的。1916 年,爱因斯坦把狭义相对论原理推广到非惯性系领域,建立了以广义协变原理和等效原理为基础的广义相对论。

(一)广义相对论的两个基本原理

1. 广义协变原理

由于宇宙中不存在严格意义上的惯性系,因此要使这个世界是可认识的,必定要求所有的自然规律在不同的参照系中全部是等价的,即广义协变原理:自然规律对于任何参照系而言都应具有相同的数学形式。

如果自然规律仅满足狭义相对论的相对性原理,即仅仅在惯性系中成立,就会出现同一个自然规律在不同地点、不同时刻形式不同的情况,那么科学研究就会失去意义。因此,广义协变原理是狭义相对论的相对性原理的自然推广。

2. 等效原理

爱因斯坦在设法了解重力与加速度之间的关系时,设想了一个著名的思维实验——电梯实验。即当人站在静止的电梯内时,会感觉到重力的存在,这时,如果一串钥匙从手中脱落,在重力作用下它将以重力加速度 g 加速向电梯底板落去,这是由于存在地球引力的缘故。而当电梯加速上升时,我们会感觉到超重;反之,加速下降时,会有失重之感,即可抵消地球引力对我们的作用。因此,我们可以设想如果电梯处在万有引力几乎为零的外层空间中,正以一定的加速度加速"向上"运动,而加速度刚好等于地球表面的重力加速度 g(如图 3-6),这时你会有什么样的感觉? 你的感觉将与站在静止于地球表面上的电梯里的感觉一样。而手中的钥匙一旦脱落,钥匙也会同样"加速向下"落去。因为根据惯性定律,钥匙在不受外力作用的情况下,将做匀速直线运动,而电梯底板却向它加速"飞来",若电梯完全封闭,你将认为是钥匙在"加速落下"。也就是说,无论你是在地面上处于静止状态的电梯中,还是在外层空间正在以 g 加速"上升"的电梯中,你的经历和感受是一样的,你不能区分加速体系与引力的效应。由此,爱因斯坦提出了广义相对论的第二个基本原理——等效原理。

等效原理:匀加速参照系与引力场中静止的参照系等效,即非惯性系与某一引力场等效。

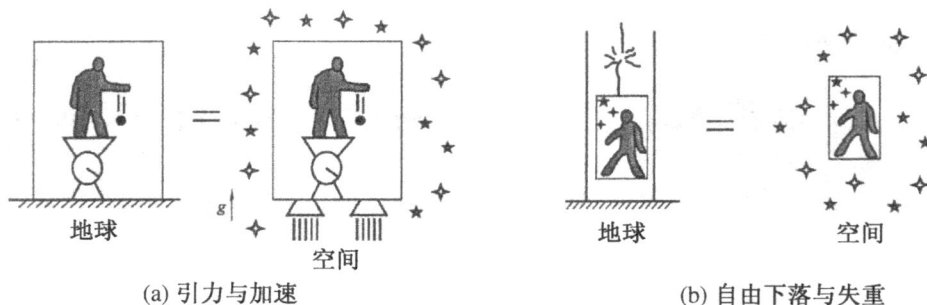

(a) 引力与加速　　　　　　　　　　　　　　(b) 自由下落与失重

图 3-6　等效原理

等效原理的基础是物质的引力质量(表征引力大小)等于其惯性质量(表征惯性大小)。在经典力学中,惯性质量和引力质量从概念上讲是本质不同的物理量:一个反映物体反抗速度改变的特征或能力,一个反映物体产生和接受引力场作用的特征或能力。但如果两种质量之比对一切物体都相同,实际上就可以把它们当成同一个量来对待。精密实验表明,物体的引力质量和惯性质量最多相差(10^{-11})一千亿分之一。

(二)广义相对论的主要结论

爱因斯坦以广义相对论的两个基本原理为基础,建立了广义相对论,并得到了许多奇妙的结论。考虑到广义相对论应用了新的数学工具——黎曼几何,因此,我们不可能做严格的推导,只能对广义相对论的主要结论做简单介绍。

1. 引力大的地方时钟走得慢

根据爱因斯坦理想旋转圆盘(见图3-7所示)模型,设在外层空间一圆盘绕其中心高速旋转,圆盘上除圆心 A 点外,都会受到一个离心力 $m\omega^2 r$ 的作用。在地面上的观察者看来,圆盘上各点在做加速运动,离开 A 点越远处加速度越大。而盘上各点相对于圆盘来说是静止的,它们仅感受到一个离开圆心的"引力"作用。根据等效原理,除 A 点外,盘上各点离 A 点越远,"引力"越大。由于圆盘上离圆心越远处,速度越大,根据狭义相对论,速度大的地方时钟走得慢,即 A' 点的时钟比 A 点的时钟走得慢。这表明引力大的地方时钟走得慢。

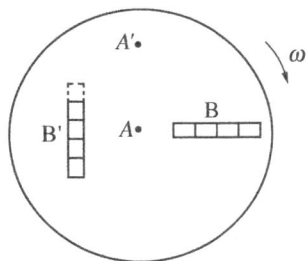

图3-7　爱因斯坦理想旋转圆盘

地球表面的引力比月球表面的引力大,因此,地球表面的时钟(包括生物钟)比在月球表面的时钟走得慢,这意味着一个人在不考虑其他所有因素的情况下,在地球表面生活的寿命比在月球表面生活的寿命长些,只不过这个差异非常小,相差约(10^{-9})十亿分之一。

2. 引力导致空间弯曲

如图3-7所示,尺 B 沿圆盘的径向放置,而 B'沿圆盘径向的垂直方向放置。由于尺 B 垂直于运动方向,没有相对速度,因此长度不变。而尺 B'平行于运动方向,根据狭义相对论的结论,长度会收缩,这样,我们可以发现圆盘的半径不收缩,而任一圆环的周长都会收缩,而且,半径越大的圆环,由于速度越大,收缩的比例也就越大。因此,原本平直的圆盘在高速旋转后,会弯曲而成帽子状。根据等效原理,这就表明引力的存在会导致空间的弯曲,引力越大空间弯曲越厉害。

爱因斯坦的广义相对论是一个"四维弯曲"时空中的引力理论,它论证了"空间的结构和性质取决于物质的分布,现实存在的空间不是平坦的欧几里德空间,而是弯曲的黎曼空间,空间的曲率体现着引力场的强度"。

（三）广义相对论的一些预言

广义相对论最终能够得到广泛承认,而且爱因斯坦被誉为 20 世纪最伟大的科学家,就在于相对论不仅解释了许多已有的现象,而且给出了一些看似不可思议,但却得到大量实验证实的预言。

1. 光的引力偏转

爱因斯坦在建立广义相对论后给出了光的引力偏转预言。虽然光子的静止质量为零,但它具有能量,根据相对论原理,它就具有运动质量,在引力场中就会受到引力的作用,从而使光线发生偏转。因此,在引力场中,光线只能沿着弯曲的路径传播。

1919 年 5 月 29 日发生日全食时,英国同时派出两支观测队分赴西非和巴西,这次观测成功地证实了爱因斯坦关于光线经过引力场要发生偏转的预言。这一成果宣布后,引起了世界性的轰动,爱因斯坦的名字一下子传遍了世界。

2. 水星轨道近日点的进动

广义相对论是牛顿万有引力定律的相对论推广,它成功地解释了牛顿万有引力所不能解释的引力现象——水星轨道近日点的进动。

水星是太阳系八大行星中最靠近太阳的一颗行星。根据牛顿万有引力,水星将在一条严格的椭圆轨道上运动。然而,实际的天文观测显示,水星并不是在一个固定的椭圆轨道上运动,该椭圆轨道也在做整体的微小转动。在牛顿力学范围内,理论与实际值相差 43.11″。这个问题在 19 世纪就引起了天文学家的注意,但得不到满意的解释。1916 年,爱因斯坦从广义相对论出发,成功地解释了水星近日点的进动应有每世纪 43.03″ 的附加值。

广义相对论中还有许多预言,其中有的预言已被实验观测所证实,如引力辐射效应等;而有的预言也有了许多直接或间接的证据,如中子星、引力透镜、黑洞等天体的存在。广义相对论对现代宇宙学中的大爆炸宇宙模型给出了宇宙演化的一种图像。

20 世纪的各种科学理论中,没有一种理论能有像广义相对论那样强大的生命力,就是量子论也相形见绌。广义相对论的逻辑结构之完美、实验预言之精确、理论容量之深广,在人类思想史和科学史上是空前的。

第三节　量子理论与现代高科技

1900 年 10 月,德国物理学家普朗克(Max. K. E. L. Planck,1858~1947)提出了能量量子化这一革命性的假设,从此打开了 20 世纪物理学通向微观领域的大门。量子理论的建立,在解决原子、分子等微观问题中显示出无比的优越性,取得了辉煌的成果。量子力学与相对论一起,构成了现代物理学的两大理论支柱,在20世纪引发并导致了一个又一个划时代的重大发明,正是这些发明创造把人类文明推向了一个崭新的阶段。

一、量子论的创立

(一)创立的时代背景

19世纪中期,人们开始了对热辐射的研究。在这种研究中,人们把能够全部吸收辐射而无任何反射或透射的物体叫"理想黑体"。例如,一个只有微孔的中空金属球几乎可以完全吸收由微孔射入的电磁辐射,这种空腔辐射可以看成是"黑体辐射"。

1893年德国物理学家维恩(W. Wien,1864～1928)、1900～1905年英国物理学家瑞利(J. W. S. Rayleigh,1842～1919)和金斯(J. H. Jeans,1877～1946)都对此进行了研究,发表了维恩公式和瑞利-金斯定律,维恩公式在高频部分与实验相吻合,而在低频部分与实验显著不同;瑞利-金斯公式与维恩公式相反,在低频部分与实验相符,而在高频部分,即紫外部分不仅与实验相差甚大,甚至导致荒谬的结论——当辐射的频率增大时,能量无限增大,在高频的紫外一端呈发散状,而实验结果是收敛的。值得注意的是,瑞利、金斯的数学计算是准确的、逻辑推理是严密的,难道是经典物理学的基本原理有问题? 这就是闻名于世的"紫外灾难"。

(二)量子论的诞生

在这种条件下,原来从事热力学研究的普朗克从1894年开始,为了试图解除"紫外灾难",转而从事黑体辐射的探讨。普朗克研究了上述两个公式,运用数学技巧拼凑出一个新公式,这个新公式在各个不同的频率部分都与实验结果相吻合,但没有明确的物理意义。为了寻求新公式的合理解释和物理意义,在反复尝试许多路都走不通的情况下,普朗克大胆地提出了一个与经典物理学的能量连续性观点完全不同的假设:物体在发射辐射和吸收辐射时,能量不是连续变化的,而是以一定数值的整数倍跳跃式地变化。正像物质由一个个原子组成一样,能量也是由一份份构成的。他把每一份能量叫"能量子"或"量子",其数学表达式为:ε(量子)$= h\nu$,h为普朗克常数,ν为频率。普朗克从量子假说出发满意地解释了他的新公式,解决了"紫外灾难"的问题。1900年10月,普朗克在德国物理学会上宣读了他的论文《关于正常光谱能量分布定律的理论》,报告了黑体辐射定律的推导和他的假设,宣告了量子论的诞生。普朗克由于提出量子假说于1918年获得诺贝尔物理学奖。

（三）爱因斯坦的光量子理论

19 世纪中期，人们热衷于光辐射的研究，当时，光的波动性得到了证实（电磁波理论研究取得了成果），而光的粒子性受到了忽视。能量的连续性自然地成为经典物理学的固有观点。然而，光电效应的实验事实却使经典物理学的观点遇到了根本性的困难，波动说受到了挑战。

在对普朗克的能量量子化假说思考了 5 年的基础上，1905 年爱因斯坦发表了著名论文《关于光的产生和转化的一个试探性观点》。文中阐述了他在对辐射强度的探索中得到光量子的概念，爱因斯坦假设，光是以速度 c 在真空中运动着的粒子流，这些粒子称为"光量子"或"光子"，每个光子具有能量 $\varepsilon = h\nu$，h 为普朗克常数，ν 为光的频率。光子是光辐射的基本量子，它在运动中只能整个地被吸收或产生。同时，文中还揭示出光既具有波动性又具有粒子性，即光具有波粒二象性。

根据爱因斯坦的光量子假说，当光照射到物体表面时，光子的能量 $h\nu$ 被电子吸收，电子把这份能量中的一部分用来克服物体表面对它的束缚力（也称为物体的逸出功，用 W_0 表示），另一部分则变为它离开物体表面的动能，由能量守恒定律，可得：

$$\frac{1}{2}mv_0^2 = h\nu - W_0。$$

这就是爱因斯坦光电效应方程，以此可以完满地解释光电效应产生的机制。

1914 年，在经历了 10 年的艰苦实验之后，美国物理学家密立根第一次用实验证明了爱因斯坦光电效应方程是精确成立的；1923 年美国物理学家康普顿用康普顿效应验证了爱因斯坦的光量子假说。

爱因斯坦因对理论物理学的贡献特别是发现光电效应方程而获得 1921 年的诺贝尔物理学奖；密立根因在基本电荷和光电效应方面的工作而获得 1923 年的诺贝尔物理学奖；康普顿因发现康普顿效应而获得 1927 年诺贝尔物理学奖。

（四）德布罗意物质波理论

1924 年，法国年轻的物理学家德布罗意受光具有波粒二象性的启发，提出了物质波的假说。他认为自然界的一切粒子运动时，都具有波动性，这种波称为物质波，它既不同于机械波，也不同于电磁波。

德布罗意物质波假说：一切实物粒子都具有波粒二象性。实物粒子是指静止质量不为零的微观粒子,实物粒子的波称为德布罗意波,其波长为德布罗意波长。

对于运动的宏观物体,由于动量很大,其波动性极为微弱,可不予考虑,因此,用经典的粒子运动规律描述宏观物体的运动是相当准确的。

德布罗意在 1924 年提出物质波假设时才 32 岁,并于 1929 年荣获诺贝尔物理学奖,1933 年当选为法国科学院院士。

二、量子力学的创立

量子力学是沿着两条完全不同的路线,由不同的物理学家所创立的。

一条路线是以德国物理学家海森堡为主,在 1925 年 7 月提出矩阵力学,即用数学中的矩阵方式,创立了量子力学。1927 年海森堡又从量子力学中推导出著名的"不确定关系",并第一次提出基本粒子中的同位旋概念。1932 年,海森堡因创立量子力学、提出不确定关系而荣获诺贝尔物理学奖。

一条路线是以奥地利物理学家薛定谔为代表,提出描述微观粒子波动性的波动方程——薛定谔方程,即以数学中微分方程的形式,建立了量子力学。薛定谔由于创立了波动力学而荣获 1933 年诺贝尔物理学奖。

海森堡方程是高等代数中的矩阵,而薛定谔方程却是微分方程。这是两门完全不同的数学,英国青年物理学家狄拉克用严格的证明显示,这两种量子力学(矩阵力学和波动力学)在数学上是等价的,就像两个人用不同的语言讲述同一个故事,他们都是以微观粒子波粒二象性的实验事实为基础的。

三、量子力学是现代高科技发展的重要基石

量子力学的创立,揭示了微观物质世界的基本规律,为原子物理学、固体物理学、核物理学、粒子物理学等学科的发展奠定了理论基础。量子能带理论的建立,为半导体物理学的发展提供了理论基础,导致了晶体管和集成电路的诞生,引导了 20 世纪微电子技术的空前发展。没有量子力学,今天的电脑、电视及信息时代就无从谈起,也就没有通信技术、激光技术等现代高新技术的发展,同时,量子力学也为超导电性的研究、液晶研究和介观物理研究打开了一扇大门。

20 世纪的 100 年,无论是时间上还是在实践的应用中,都可以说,相对论和量子论从建立到发展,不仅是现代物理学的两大理论支柱,而且也是整个自然科学的两大基石。

知 识 点 归 纳

1. 现代物理学起始于 19 世纪末、20 世纪初,揭开现代物理学序幕的三大发现是:X 射线的发现、放射性的发现和电子的发现。

2. X 射线实质上是一种波长很短的电磁波。

3. 放射性是指物质能自发放射出某种射线的性质。放射性的发现表明原子是可变的。α 射线,是氦核流;β 射线,是电子流;γ 射线,是光子流。

4. 牛顿力学、电磁学和统计力学是经典物理学的三大支柱;相对论和量子论是现代物理学的两大支柱。

5. 狭义相对论提出:真空中的光速是一切物体运动的极限速度。

6. 相对论有狭义和广义之分,狭义相对论是一种新的时空理论,广义相对论是一种新的引力理论。

7. 狭义相对论的两个基本原理:相对性原理和光速不变原理。狭义相对论的关键思想:爱因斯坦同时性定义。狭义相对论的核心方法:洛仑兹变换。

8. 狭义相对论时空观的主要内容:① 同时的相对性;② 时间的相对性——动钟变慢;③ 空间的相对性——动尺变短。

9. 质速关系表明:① 物体的质量与运动速度有关,速度越大,质量就越大;② 静止质量不为零的物体,运动速度不可能达到光速。

10. 世界著名的爱因斯坦质能关系式 $E = mc^2$ 表明,物质的质量和能量是密切联系的,质量为 m 的物体具有 mc^2 的能量,这个能量是巨大的。

11. 广义相对论的两个基本原理:广义协变原理和等效原理。

12. 广义相对论的主要结论:① 引力大的地方时钟走得慢;② 引力导致空间弯曲。

13. 爱因斯坦于 1916 年提出了一个四维弯曲时空中的引力理论——广义相对论,广义相对论是牛顿万有引力定律的相对论推广。它成功地解释了水星轨道近日点的进动,它所预言的中子星、引力透镜、黑洞等天体已有了许多证据,它对大爆炸宇宙模型给出了宇宙演化的一种图像。

14. 量子理论的主要内容:① 光的波粒二象性;② 德布罗意物质波理论;③ 海森堡测不准原理;④ 波函数和薛定谔方程。

15. 相对论和量子论不仅是现代物理学,而且是整个自然科学的两个基石。

思考与探索

1. 说明伦琴射线的性质。

2. 阐述电子的发现,对物理学研究与发展的作用。

3. 谈谈贝克勒尔、居里夫人对天然放射性的发现与研究过程,他们的事迹给我们的启示是什么?

4. 简要论述量子力学的创立对当代科学技术发展的重要意义。

第四章　物质的基本结构

本　章　导　读

　　世界是物质的。物质的结构层次是怎样的？构成物质的基本单元是什么？这是自然科学研究的重大基本问题,也是从古到今,人类一直不断探索的问题。

　　从微观角度,物质的基本结构分为三个层次:分子和原子层次、原子核层次、基本粒子层次。它们分别是原子物理和化学、原子核物理学和粒子物理学研究的内容。目前,人们对微观世界的认识尺度已经达到 10^{-19} m,已发现的基本粒子有 400 多种,构成物质的基本单元是夸克、轻子和传播子。基本粒子研究的内容:四种基本相互作用力及粒子的物理性质、粒子的分类、粒子的波粒二象性。

　　对基本粒子的研究离不开大型现代化的实验设备:高能加速器和粒子探测器。

第一节　物质的基本结构

　　人类对物质组成的最小结构的不断探索,推进了人类对微观世界的认识。所谓的微观世界是指 10^{-10} m(原子的直径为 10^{-10} m)以下的物质世界。微观世界的研究可分为三个层次。

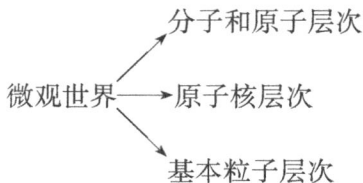

$$微观世界 \begin{cases} 分子和原子层次 \\ 原子核层次 \\ 基本粒子层次 \end{cases}$$

它们分别是原子物理和化学、原子核物理学和粒子物理学研究的内容。

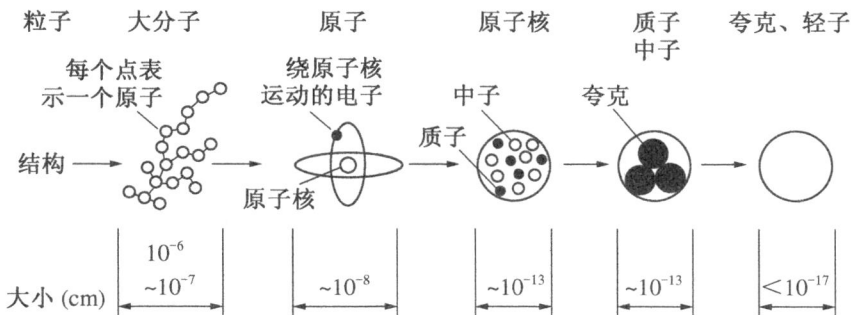

图 4-1 从分子到夸克和轻子

一、对分子、原子层次的认识过程

从古代开始,人类在探索自然奥秘的过程中,就不断探求物质的最小结构单元。但运用实验和数学分析等手段和方法,真正对物质的基本结构进行科学的研究和解释,是从 17 世纪开始的。

1661 年,英国科学家玻义耳提出了化学元素的概念,为科学地研究化学奠定了基础。1803 年,被誉为近代化学之父的英国化学家和物理学家道尔顿提出了原子论。他认为:元素的最小单元——原子是不可再分割的物质粒子。1811 年,意大利科学家阿伏加德罗提出了分子学说,弥补了道尔顿原子论中忽视了分子和原子区别的缺陷,两者结合形成了"原子-分子学说",使化学有了惊人的发展,许多新的化学元素不断被发现。1871 年,俄国化学家门捷列夫研究了原子量与元素性质之间的关系,提出了较完整的化学元素周期表。周期表揭示出元素性质的规律性变化与物质结构有关,启示人们对物质更高层次的探索。

二、对原子核层次的认识过程

19 世纪,物理学家通过光谱分析技术,发现不同元素的原子都有不同的光谱结构,而同种元素的原子其光谱结构也相当复杂。这表明原子有内部结构。于是,探索物质基本结构的任务就落到了物理学家的肩上。

（一）电子的发现

1897 年,英国物理学家汤姆逊通过阴极射线实验的研究发现了电子,电子带一个单位的负电荷,重量只有氢原子的 1/1840,并推算出原子直径约为 10^{-10} m。1913 年,美国科学家密立根完成了著名的油滴实验,首次测得电子所带的电荷为 $e=1.6\times10^{-19}$ C,并由此算出每个电子的质量为 9.1×10^{-31} kg。可见,电子是极其微小的。它的体积小到无法测量;若用 200 V 的电压,点亮一个约 36 W 的灯泡,导线中的电流为 0.16 A,则每秒钟通过导线横截面的电子数为 1 亿亿个;电子是质量很轻的粒子,属于轻子。

由于汤姆逊打破了统治人们思想多年的"原子是物质不可再分的最小单元"的禁锢,勇敢地提出了"有比原子小得多的粒子存在"的正确观点,他于 1906 年荣获诺贝尔物理学奖,被誉为"最先打开通向基本粒子物理学大门的伟人"。

（二）质子的发现

1911 年,卢瑟福用 α 粒子轰击金属箔发现了原子核,并提出了原子行星模型:原子是由带正电的、占有原子质量的大部分的原子核和围绕它运动的电子构成的,其结构与太阳系类似。

1914 年,卢瑟福用阴极射线轰击氢,结果使氢原子的电子被打掉,变成了带正电的阳离子,实际上就是氢原子核。卢瑟福将之命名为质子。1919 年,卢瑟福用加速了的高能 α 粒子轰击氮原子,有一个质子从氮原子核中被打出来,证实了质子的存在。质子带一个单位的正电荷,其电荷量为 1.6×10^{-19} C,静止质量为 1.673×10^{-27} kg。质子比电子重得多,属于强子类中的重子。

（三）中子的发现

原子核被发现之后,原子核的构成又是怎样的? 如果原子核仅由质子组成,则在解释原子核的电荷、质量等问题时将出现困难。于是早在 1920 年卢瑟福就猜测在原子核内可能存在一种电中性的粒子。

卢瑟福的学生查德威克在实验室中开始了寻找这种电中性粒子的实验。与此同时,德国物理学家波特和他的学生贝克尔在做用 α 粒子对铍原子核的轰击实验时,发现了一种穿透力极强的、呈电中性的射线,他们断定这是一种特殊的 γ 射线。同时,在法国居里夫人的女婿约里奥和女儿伊雷娜·居里也在做类似的实验,同样,他们也认为新射线是一种 γ 射线。1932 年,查德威克获知了上述同行的实验结果后,立刻意识到这种新射线很可能就是卢瑟福猜测的"在粒子家族中可能存在由质子和电子'做成'的,其质量与质子差不多的"中子,于是,他立即动手实验,仅用了不到 1 个月的时间,就发表了"中子可能存在"的论文。论文指出:γ 射线没有质量,根本就不可能用 α 粒子将它从原子核中撞出来，只有那些与 α 粒子质量相当的粒子才有这种可能。并且，查德威克还测量了中子的质量，证实了中子是电中性的。约里奥和居里后来谈到，如果他们在 1932 年去听了卢瑟福在法国的一次关于"中子可能存在"的演讲，就不至于失去这次重大发现的良机。查德威克因发现中子于 1935 年获得诺贝尔物理学奖。中子不带电，其静止质量与质子大体相同，为 $1.675×10^{-27}$kg。

中子的出现立刻受到了所有粒子物理学家的欢迎，因为这一粒子的引进，自动解决了当时在解释原子核的电荷、质量等问题时遇到的困难。按照苏联科学家依万宁柯和德国物理学家海森堡所提出的原子核的质子、中子模型，原子核将由 Z 个质子和 N 个中子组成，原子核的质量数是 $A = Z + N$，即原子核由 A 个核子（质子和中子的通称）所组成，任何一种原子核可表示为：

$$_Z^A 元素，$$

如 $_1^1$H，$_{92}^{238}$U 等等。实验上发现有电荷相同但质量不同的原子核，称为同位素，例如，氢有 $_1^1$H（氢），$_1^2$H（氘）和 $_1^3$H（氚）三种同位素；铀有 $_{92}^{235}$U，$_{92}^{238}$U 等等同位素。

质子和中子的发现，不仅使原子核模型得到了确立，同时，也使人们对物质结构的认识进入更高层次——基本粒子层次。但新的问题也随之而来：原子核中的质子同带正电，它们之间应该存在相当大的斥力，那么，核子又是如何组成原子核并保持稳定的呢？

三、对基本粒子的认识过程

（一）正电子的发现

中子发现不久，美国物理学家安德森通过观测云室照片，发现了正电子，正电子与电子质量相同，但带正电荷。正电子的发现具有十分重要的意义，它是人类认识反粒子的开端。物质与反物质相遇会产生湮灭，并放出高能光子。

（二）μ 介子、π 介子等一系列粒子的发现

1935 年，日本物理学家汤川秀树为了解释核子之间的相互作用，预言了 π 介子的存在。1937 年，安德森在宇宙射线的研究中发现了一种质量为电子 207 倍的粒子，被命名为 μ 介子，属于轻子类。1947 年，英国物理学家鲍威尔在研究宇宙射线时终于发现了汤川秀树所预言的粒子——π 介子，其质量为电子的 273 倍。到 20 世纪 40 年代末，人们又发现了 μ 介子、质子、中子的反粒子以及大量的奇异粒子，并发现了自然界存在的四种相

互作用力。这使物理学家认识到：组成原子核的质子和中子，是由一种强度极大、独立于电荷、作用距离和时间都极短的作用力，即强相互作用结合成原子核的。质子与中子都属于强子。

1956年，人们借助于大型加速器第一次发现了一种质量几乎为零、不带电的粒子——中微子，随后在60年代又发现了另外两种中微子。同年，杨振宁、李政道提出了宇称不守恒律，并得到吴健雄的实验验证。

（三）强子的夸克模型

20世纪60年代，已发现的粒子达到几十种，多数为强子。实验证实，强子是有结构的，不能称为基本粒子。那么，强子的组成和结构又是怎样的呢？

1964年，盖尔曼提出强子是由三种不同的夸克组成的强子结构模型。这三种夸克为：上夸克、下夸克和奇异夸克。

1974年美籍华裔物理学家丁肇中和美国物理学家里克特等人分别独立地发现了J/Ψ粒子，由于该粒子质量很重，已知的三个夸克不能解释它的产生，必须引入一种新夸克才能组成它。这种新夸克命名为粲夸克，为此，他们两人于1976年共享诺贝尔物理学奖。

1977年莱德曼等人又发现了Υ粒子，它不能由前四种夸克组成，必须引入第五种夸克，称为底夸克。

人们从夸克-轻子对称性等理论推论，有6种轻子则需要有6种夸克与之对应，应该还存在第六种夸克，取名为顶夸克。1995年3月2日，美国费米国家实验室宣布找到了顶夸克。

从夸克模型的提出到顶夸克的发现，科学家们经过了长达31年耐心细致的探索。

夸克模型虽然已提出多年，但至今尚未在实验室中观察到单独的自由夸克，它们只能被囚禁在强子中，这就是人们常说的"夸克禁闭"。为什么实验总是发现不了自由的夸克？这6种夸克究竟是些什么东西？这是目前还没有搞清楚的问题。

目前，人们对物质基本结构的最新认识：原子由原子核和核外电子所组成，原子核由质子和中子组成，质子和中子分别由三种夸克所组成，传递夸克之间相互作用的是胶子。物质的最小构成单元是夸克、轻子和传播子。人们对微观世界的认识尺度已经达到10^{-19}m，已发现的基本粒子有400多种。它们绝大多数在自然界中不存在，是在高能实验室中被轰击出来的。这属于粒子物理学的研究范畴。粒子物理学的实验研究需要很高的能量才能轰击出粒子并进行探测。因此，粒子物理学又被称为高能物理。

第二节 物质基本结构的研究内容

20 世纪 60 年代以来,人们在对已发现的几百种微观粒子的研究中,对表征微观粒子基本性质的物理量——粒子的大小、质量、寿命等有了一定的了解,并且在对粒子分类的过程中认识到:所有粒子的运动都遵循四种相互作用力,所有粒子都具有波粒二象性等特征。

一、微观粒子的物理性质

(一)粒子很小

粒子要比原子、分子小得多,用现有的最高倍的电子显微镜也观察不到,必须用大型粒子探测器来观测。原子的直径为 10^{-10} m,质子、中子的直径为 10^{-15} m,只有原子的十万分之一。而夸克和轻子的尺寸更小,都小于 10^{-19} m,即不到质子、中子的万分之一。

(二)粒子的质量都很小

粒子的质量是粒子的主要特征量。但粒子的质量太小,如电子的静止质量为 9.11×10^{-31} kg,质子的静止质量为 1.673×10^{-27} kg。常用的质量单位表达不方便。根据相对论的质能关系($E = mc^2$),粒子的质量常常用能量的单位兆电子伏特(MeV)和吉电子伏特(GeV)表示。一个电子伏特(1eV)表示:一个电子在电势增加 1 V 时所增加的能量。兆电子伏特(MeV)表示百万个电子伏特,吉电子伏特表示 10 亿个电子伏特。即:$1eV = 1.602 \times 10^{-19}$ J ,1 MeV $= 10^6$ eV,1 GeV$= 10^9$ eV。通过换算,1 MeV$= 1.783 \times 10^{-30}$ kg,1 GeV$= 1.783 \times 10^{-27}$ kg。例如:电子的质量为 0.5 MeV,质子的质量为 1 GeV。

目前已发现的粒子的质量范围很大,从 0 到 90 GeV。光子和胶子无静止质量;π 介子质量为电子质量的 280 倍;质子、中子都很重,约为电子质量的 2000 倍。已知最重的粒子是 Z^0,其质量为 90 GeV。

目前已确认的 6 种夸克的质量有轻有重。下夸克质量只有 0.3 GeV,而底夸克质量重达 5 GeV,顶夸克质量超过 170 GeV。质量的大小不能判断粒子是否基本。例如,底夸克是基本的,但其质量为质子(不是基本的)的 5 倍,为 π 介子(也不是基本的)的 30 多倍。

中微子有无静止质量?这是粒子物理学正在研究的热点问题,不仅对粒子物理而且对宇宙学和天体物理都有很大影响。目前给出的三种中微子质量的上限越来越小。例如,已测得电中微子的质量小于 7 eV,即为电子质量的七万分之一,已非常接近于零。实验物理学家仍在继续努力,提高测量精度,希望最终能够测出三种中微子的质量。

(三)粒子的寿命不同

粒子的寿命是不同的。在已发现的几百种粒子当中,只有质子、电子、中微子和光子及其各自的反粒子是稳定的,被称为"长寿粒子"。其中最稳定的是:质子寿命大于 10^{33} 年和光子寿命无限长。绝大部分粒子是不稳定的,不稳定的意思是指这些粒子在很短的时间($10^{-5} \sim 10^{-23}$ s)内将衰变为其他粒子。例如,一个自由的中子衰变成一个质子、一个电子和一个中微子;一个 π 介子衰变成一个 μ 介子和一个中微子。粒子寿命的短促程度,以作用力的形式而定。以一个小质量强子为例,其典型的寿命是:弱力衰变为 10^{-10} s 左右,电磁力衰变为 10^{-20} s 左右,强力衰变则是 10^{-23} s。可见,要在这短暂的一瞬间去"抓住"它们进行研究,是非常不容易的。

(四)粒子具有自旋

自旋是粒子的一种属性。粒子如一个陀螺一样绕轴自转,称为自旋。自旋是描述粒子绕自轴旋转的快慢。任何微观粒子都有固定不变的自旋。例如,光子的自旋是 $h/2\pi$。在量子力学中,以光子的自旋 $h/2\pi$ 作为各种粒子自旋的量度单位,则基本粒子分为两大类:自旋为 $h/2\pi$ 的半整数倍的称为费米子,如质子、中子、电子等,所有的轻子都是费米子,自旋都是 $1/2$;自旋为 $h/2\pi$ 的整数倍的称为玻色子,如光子、π 介子等。

(五)粒子具有对称性

有一个粒子必有一个反粒子。这是大量实验测量和理论分析的结果。1928 年狄拉克从理论上预言了反粒子的存在,1932 年首先发现了电子的反粒子为正电子,1995 年甚至发现了原子的反粒子——反原子。质子、中子、电子有反粒子,夸克和轻子也有反粒子。

正粒子与反粒子具有相同的质量,相同的寿命,相同的自旋量子数,带有等量异号电荷或磁矩方向相反。有些电中性的粒子,如光子,是它们自己的反粒子。

一对正反粒子相碰可以湮灭,释放出高能光子,即粒子的质量转变为能量。反过来,两个高能粒子碰撞时可能产生一对新的正、反粒子,即能量也可以转变成具有质量的粒子。

二、粒子间的四种基本相互作用

自然界所有粒子的运动都遵循四种基本力的相互作用规律，即引力、电磁力、强力和弱力。

（一）引力

这里说的引力即万有引力。万有引力是一切质量不为零的粒子之间都存在的一种长程吸引力，最初是牛顿在万有引力定律中提出的，两个质量为 m_1 和 m_2，间隔距离为 r 的粒子之间的引力为 $F = G\dfrac{m_1 m_2}{r^2}$，其中 G 为引力常数（$G = 6.67 \times 10^{-11}$ N·m²/kg²）。引力的作用范围很大，按平方反比关系可以一直延伸至极远处。在宇观和宏观领域，引力主宰着天体的运动，决定着日月经天、江河行地的自然状态。但在微观粒子的研究中，由于粒子的质量太小，引力与其他三种作用力相比较微不足道，只有强力的约 $1/10^{38}$，因此，一般不考虑引力的作用。

（二）电磁力

一切带电粒子或虽不带电但具有磁矩的粒子之间都存在电磁力。电磁力的作用范围和引力一样，可以延伸至极远处，是长程力。电磁力的强度是强力的 $1/100$。

电磁力是 19 世纪英国物理学家麦克斯韦在他的电磁理论中提出的，原子得以构成并保持稳定性、分子的形成、化学反应中的一切化学力、晶体的形成过程以及所有生物的存在形式等，全靠电磁力起作用。

（三）强力

强力是由日本物理学家汤川秀树在 20 世纪 30 年代提出来的。它包括强子之间的相互作用和组成强子的夸克之间的色作用。其强度最大，这种力使夸克组成强子。但它的作用范围极小，约小于 10^{-15} m，只有在微观世界中粒子间相互作用时才显示出来。

人们最初认识强力是一种能使原子核形成并保持稳定的力，故又称为核力。在原子核内部，同带正电的质子之间的斥力是相当大的，如果没有一种强大的力来聚拢质子的话，原子核必然四分五裂。可见，这种核力应该是一种力度很强、力程像核的尺度一样短的吸引力,并且核力与电荷无关,从而能将质子和中子束缚在一起。从 20 世纪 40 年代开始,第一颗原子弹的爆炸、核裂变反应、核能发电站、氢弹实验等,足以让人们感受到这种自然力的巨大威力。

(四)弱力

弱力是由意大利物理学家费米在 20 世纪 30 年代提出来的。它在中子及其他粒子的衰变过程中出现,强度比引力强,但比电磁力小得多。作用范围比强力更小,仅有 10^{-19} m,也只有在微观世界中粒子相互作用时才显示出来。

四种力的强度比较:强力>电磁力>弱力>引力。

四种力的作用范围比较:引力>电磁力>强力>弱力。

由此可见,强力和弱力在宏观世界中不可能直接观察到,只有在微观世界,即粒子间的相互作用中才显示出来。

1961 年,格拉肖把弱力和电磁力当做同一种力来处理,提出了一个弱电统一模型。后经其他科学家的努力这一模型趋于完善。迄今,在所有的实验中都没有发现与这一模型不相符的实验证据。因此,弱电统一理论被公认为 20 世纪物理学最辉煌的成就之一。

三、粒子的分类

(一)基本粒子的种类

基本粒子这一名称是 20 世纪 30 年代提出来的,是指构成物质的最小结构单元。随着人们对物质基本结构认识的不断深化,许多以往被认为是基本粒子的粒子,按照现代的观点已不再"基本"。但很多人由于方便或习惯仍然将许多粒子称为基本粒子。

按照当前最新的概念,已发现的基本粒子只有 3 种:轻子、夸克、传播子(亦称传递子)。此外,还有希格斯粒子,但由于至今尚未发现,因此,在许多书中暂时不提。见表 4-1 基本粒子的种类和属性。

1. 轻子有 6 种

轻子有电子、电中微子、μ 子、μ 中微子、τ 子和 τ 中微子,再加上它们的反粒子,共计有 12 个轻子。

2. 夸克有 6 种

夸克有上夸克、下夸克、粲夸克、奇异夸克、顶夸克和底夸克。

6 种夸克被形象地称为 6 种"味道",而每一种味道的夸克又分为三种不同的状态,分别形象地用红、黄、蓝三种"颜色"表示。这里所说的"味",并不是指真正的味道,"色"也不是真正的颜色,只是用来作一种隐喻。这样,夸克有 6 种味,每一种味有 3 种色,再加上其反粒子,故总共应有 36 个夸克。

表 4-1　基本粒子的种类和属性

基本粒子	粒子名称		质量/MeV	电荷/e	自旋
夸　克	上夸克		300	2/3	1/2, 费米子
	下夸克		300	$-1/3$	
	粲夸克		1500	2/3	
	奇异夸克		450	$-1/3$	
	顶夸克		1.76×10^5	2/3	
	底夸克		5.0×10^3	$-1/3$	
轻　子	电　子		0.511	-1	1/2, 费米子
	电中微子		小于 2×10^{-6}	0	
	μ 子		16	-1	
	μ 中微子		小于 0.27	0	
	τ 子		1784	-1	
	τ 中微子		小于 31	0	
传播子	光　子		0	0	1, 玻色子
	中间玻色子	$W^{\pm}$	8.1×10^4	± 1(带电)	
		Z^0	9.1×10^4	0(不带电)	
	胶　子		0	0	
	引力子		0	0	2
希格斯粒子			$(5.2 \sim 100) \times 10^4$	0	0

3. 传播子有 4 种

传播子有光子、中间玻色子、胶子和引力子。光子是它自己的反粒子。中间玻色子有 3 种:2 个带电中间玻色子 W^+、W^- 和一个中性中间玻色子 Z^0。胶子有 8 种。引力子目前尚未发现。因此,传播子共计有 12 个。

在目前的层次上,已发现的基本粒子(严格定义上的,不包括强子)究竟有多少? 仔细算起来,轻子 12 个、夸克 36 个、已发现的传播子 12 个,共约 60 个,再加上尚未发现的引力子和希格斯粒子,总共 62 个。

（二）粒子的分类

由于夸克不单独出现，它们只能被囚禁在强子中，以强子类粒子出现。若根据粒子所参与的相互作用力的性质来分类，则分为强子类、轻子类和传播子类。

1. 强子类

强子是所有参与强力作用的粒子的总称。它们是由夸克及其反粒子组成的一个庞大的家族，目前已有 300 多种，占全部粒子的 80% 以上。强子包括介子和重子两大类。重子又可分为核子和超子。

根据夸克模型，介子是由一个夸克和一个反夸克组成，而重子由 3 种不同的夸克组成。一般来说，重子的质量大于介子，而超子的质量大于核子（个别特殊粒子除外）。按照粒子质量的大小，可以将强子分类，见表 4-2 常见的强子及属性。

表 4-2 常见的强子及属性

分类			名称（符号）		电荷/$|e|$	静止质量/MeV	自旋	平均寿命/s
			正粒子	反粒子				
强子	介子		π^+	(π^-)	$+1$	136	0	约 10^{-8}
			π^0	—	0	135	0	约 10^{-16}
			K^+	(K^-)	$+1$	494	0	约 10^{-8}
			K_S^0	—	0	498	0	约 10^{-10}
			η^0	—	0	549	0	约 10^{-19}
			J/ψ	—	0	3097	1	约 10^{-19}
			Υ	—	0	9458	1	
	重子	核子	p	$(\bar{p})$	$+1$	938	1/2	约大于 10^{37}
			n	$(\bar{n})$	0	940	1/2	约 918
		超子	Λ^0	$(\overline{\Lambda^0})$	0	1116	1/2	约 10^{-10}
			Σ^+	$(\overline{\Sigma^-})$	$+1$	1190	1/2	约 10^{-11}
			Σ^0	$(\overline{\Sigma^0})$	0	1192	1/2	约 10^{-20}
			Σ^-	$(\overline{\Sigma^+})$	-1	1197	1/2	约 10^{-10}
			Ξ^2	$(\overline{\Xi^0})$	0	1315	1/2	约 10^{-10}
			Ξ^-	$(\overline{\Xi^+})$	-1	1321	1/2	约 10^{-10}
			Ω^-	$(\overline{\Omega^+})$	-1	1672	3/2	约 10^{-10}

（数据取自 Phy. Rev. Lett.，222，1980）

介子的质量一般介于重子和电子(轻子类)之间,它们的自旋都是 0 或整数,属于玻色子,具有强力、弱力、电磁力和引力四种相互作用,不能稳定存在。

除个别粒子外,重子的质量一般要比其他粒子重。重子的自旋全部是半整数,属于费米子。它们具有强力、弱力、电磁力、引力四种相互作用。除质子和中子外,其他重子的寿命都是极短的。重子又分为核子和超子。核子有质子、中子和共振子,其中共振子是短命粒子,实际上它们是核子的激发态。超子的质量比核子更大。超子包括 Λ(兰姆达)超子、Σ(西格玛)超子、Ξ(克西)超子等。

2. 轻子类

轻子是指不直接参与强力作用,只参与弱力、电磁力和引力作用的粒子,有 6 种轻子:电子、电中微子、μ 子、μ 中微子、τ 子、τ 中微子。其中,电子、μ 子和 τ 子都是带负电的,所有的中微子不带电。除了 τ 子以外,其他轻子的质量都很轻,比强子要轻,如电子为 0.5 MeV,μ 子为 100 MeV,中微子质量几乎为零。τ 子是 1975 年发现的,特殊之处是质量较大,其质量为电子的 3600 倍、质子的 2 倍,故又称为重轻子。

3. 传播子

物体之间的作用力本质上都是通过交换某种粒子来实现的,起这种交换作用的粒子就是传播子。传播子是传递粒子间相互作用并能够独立存在的粒子。它属于基本粒子。自然界有四种作用力,因此存在四类传播子:胶子、中间玻色子、光子和引力子。

强力的传播子是胶子。胶子之间存在强力作用。胶子共有 8 种,质量为零且不带电荷。胶子不能单个出现,只能以胶子球的形式显示出来。1979 年在三喷注现象中被间接发现,但至今未直接观测到。

弱力的传播子是中间玻色子 W^+、W^- 和 Z^0,它们是 1983 年被发现的,质量是已知粒子中最重的,是质子质量的 80～90 倍。

电磁力的传播子是光子。光子没有强力和弱力,但具有电磁力和引力。光子的静止质量为零,寿命无限长,自旋为 1,属于玻色子。

引力的传播子是引力子。引力子不带电荷,没有质量,自旋为 2。由于粒子间的引力太小,极难探测到,所以至今尚未发现引力子。

表 4-3 传播子与四种基本力

传播子	粒子质量	传递的作用力	力的强度	作用距离
胶 子	假定为 0	强力	1	小于 10^{-15} m
光 子	0	电磁力	1/100	长程力
中间玻色子	约 90 GeV	弱力		小于 10^{-19} m
引力子(未发现)	不知道	引力		长程力

四、微观粒子的基本特征

现代物质结构理论是建立在量子理论基础之上的。量子力学的基本观点是：微观领域的自然作用是不连续的、分立的，即量子化的。这一观点得到所有现代物理实验的一致支持。从这一观点出发，人们发现微观粒子具有与宏观物体不同的一些基本特征。

（一）波粒二象性

现代理论与实验证实，微观粒子具有波动性和粒子性双重性质，称为波粒二象性。即它的存在形式既像粒子又像波。它的粒子性表现在它具有某些实体颗粒的特性，如质量、荷电数等；而它的波动性则表现在该粒子出现在一定的时间和空间的几率。

1924 年，年仅 32 岁的法国青年物理学家德布罗意提出了物质波的假设，即一切运动的粒子都具有波动性。这一假设已被后来的实验所证实。德布罗意因此荣获 1929 年诺贝尔物理学奖，并于 1933 年当选为法国科学院院士。

（二）不确定原理

不确定原理说明：由于微观粒子具有波粒二象性，因此不可能同时了解它的全部活动信息。例如，在运动中的粒子不可能同时具有确定的位置和动量。

不确定原理又称为测不准关系，是德国物理学家海森堡在 1927 年提出的。海森堡因创立量子力学、提出不确定原理而荣获 1932 年诺贝尔物理学奖。

（三）不相容原理

不相容原理阐述的是：在某些微观粒子组成的系统中，不可能有 2 个粒子处于完全相同的状态中。

不相容原理是奥地利著名物理学家泡利在 25 岁时提出的，故又称为泡利不相容原理。泡利 20 岁就发表相对论专著，21 岁在慕尼黑大学获得博士学位。

（四）量子化

量子化即微观粒子的存在状态不能连续变化，只能是分立的，表征微观粒子的所有参数,如能量分布、自旋、重子数、轻子数、荷电数等都是分立的。

1900 年,德国著名物理学家普朗克在德国物理学会上宣读了题为《关于正常光谱能量分布定律的理论》的论文,报告了对黑体辐射实验的研究结果,宣告了量子论的诞生。普朗克因提出量子假说而荣获 1918 年诺贝尔物理学奖。

五、粒子物理研究的前沿课题

20 世纪 60 年代以来,粒子物理学的研究取得了很大的进展,人们对物质基本结构的认识在不断深化,但至今仍然有许多基本问题还未解决。目前,粒子物理学研究的前沿课题有:为什么在高能实验室中从未发现一个夸克? 夸克和轻子有没有内部结构? 它们能否再继续"分"下去? 夸克和轻子为什么会有不同的质量? 其质量的来源是什么? 弱相互作用下的宇称不守恒的原因是什么? 夸克、轻子是否只有三代? 代的基源是什么? 标准模型预言的希格斯粒子 H 为什么至今尚未发现? 等等,这些都是粒子物理学需要解决的问题。

为了窥探更深层次的物质结构,需要超高能量的加速器,欧洲筹建的大型强子对撞机设计能量高达 1.4×10^4 GeV,其主要任务就是寻找希格斯粒子 H。希格斯粒子的存在与否是最终检验标准模型的试金石,人们已经寻找了 20 年,但一无所获。除此之外,粒子物理学还有许多根本性的问题需要解决,如真空的性质、破缺对称性、夸克禁闭及基本相互作用的统一等,所有这些问题的解决都离不开超高能的加速器、对撞机及大型粒子探测器等现代化实验设备的进步和实验手段的创新,所以粒子物理学的发展不仅大大丰富了人们对物质世界的认识,同时也促进了许多新兴学科的发展,并推动着高新技术的进步。我们相信在 21 世纪,随着现代科学技术的进步,也必将促进人类对微观物质的认识。

第三节　粒子物理研究的实验设备

粒子物理学的研究离不开高能物理实验,实验的主要设备是粒子加速器和粒子探测器,本节主要介绍这些实验设备的基本原理、功能及最新发展状况。

一、粒子加速器

在微观粒子中,有许多粒子是带电的,如电子、质子、α 粒子等等,这些带电粒子可以经过电磁场加速后获得很高的能量。这种能够使带电粒子在电磁场作用下加速并获得很高能量的装置,称为粒子加速器。

粒子加速器的基本原理：使带电粒子在电场中获得能量而加速，用磁场来控制其运动轨道。20 世纪 60 年代的粒子加速器只产生一束高能粒子，作为"炮弹"轰击固定的"靶子"而产生出新的粒子。随着粒子加速器中产生出的粒子的能量不断提高，大批的粒子相继被发现。

粒子加速器的种类很多。

按照粒子最终获得的能量来分，有低能加速器、中能加速器和高能加速器，以及当前最先进的超高能加速器。通常把能量在 100 MeV 以下的称为低能加速器，能量在 100 MeV(0.1 GeV)至 3 GeV 的称为中能加速器，能量在 3 GeV 以上的称为高能加速器。为了探测深层次的物质结构，所需要的能量越来越高。要了解原子和分子的结构，只需要不超过几个电子伏特能量的探测粒子，而要探测核子乃至夸克的结构，则需要具有 100 GeV 以上能量的探测粒子，即需要超高能量的加速器。目前，美国费米实验室的加速器的能量已达到 2000 GeV。布鲁海文国家实验室刚刚建成的相对论性重离子对撞机，能将整个金核的能量提高到 2×10^4 GeV；欧洲筹建的大型强子对撞机的设计能量高达 1.4×10^4 GeV。加速器越来越大，建造的费用也越来越昂贵，达到了任何一个国家都难以单独承担的地步。美国原计划建造的超级超导对撞机，因预算高达 200 亿美元而被迫中途停止。

按照粒子加速时的运动轨迹来分，有直线型、圆型和螺旋型；按照加速器所利用的电场分类，有直流高压电场加速、高频谐振电场加速和感应电场加速等；按照被加速的带电粒子的种类来分，有电子、质子、氘核以及各种重元素离子加速器。各种粒子加速器都有自己适用的粒子种类、能量范围及性能。

粒子加速器的研制是在 20 世纪 30 年代初开始发展起来的。1932 年世界上第一台静电加速器、第一台高压倍加速器和第一台回旋加速器几乎同时问世。研制这些加速器的先驱者范德格喇夫、考克饶夫、瓦尔顿和劳伦斯先后分别获得了诺贝尔物理学奖。

原子核物理、粒子物理以及各种科学技术研究的不断深入，促进了粒子加速器的不断发展、完善和更新。1940 年克斯特研制成功电子感应加速器，利用电磁感应产生的涡旋电场将带电粒子加速到很高的能量。在此基础上，高能加速器迅速发展起来。

1956 年克斯特又提出了一种通过高能粒子束的对撞来提高粒子能量的新建议，从而导致了高能粒子对撞机的产生。对撞机同时加速两种粒子，使它们沿相反方向运动并得到加速，然后在固定位置上发生碰撞。这样可以得到很高的有效作用能，弥补了以往高能加速器存在很大能量损失的缺陷。目前的高能加速器正向对撞机发展，正在建造的高能加速器几乎都是对撞机。对撞机的出现，推动了粒子物理学研究的进展。例如，西欧核子研究中心在 1982 年建成了质子-反质子对撞机，能量为 2.7×10^2 GeV＋2.7×10^2 GeV，有效能量为 5.4×10^2 GeV。1983 年在此对撞机上成功地发现了中间玻色子 W^+、

W^- 和 Z^0，有力支持了弱电统一理论，具有划时代的意义，该成果于 1984 年获得诺贝尔物理学奖。我国于 1988 年在北京建成的正负电子对撞机能量为 2.8 GeV＋2.8 GeV，主要工作在 τ 轻子和 c 夸克能量区域，在这台机器上我国科学家取得了重要成果，精确测量了 τ 子的质量，获得了国际上最精确的数据，将测量精度提高了 10 倍。

粒子加速器的发展，也促进了高科技的应用。20 世纪 40 年代，电子加速器开始应用于癌症的治疗。随着加速器技术的提高和应用的推广，目前，已将粒子加速器产生的电子束、质子束、π 束、X 射线、中子束应用于治疗癌症，还应用于医用放射性同位素的生产等领域。

二、粒子探测器

由于微观粒子很小且绝大部分寿命极短，高能加速器或对撞机产生的新粒子必须靠大型粒子探测器来观测。将探测器安装在对撞机的粒子对撞区，尽可能将对撞点包围起来，以获得最大的接收立体角。

探测器的基本原理是：使带电粒子在穿过物质时，由于电离效应、辐射效应等留下径迹，再通过电子学方法和计算机手段捕捉这些信息，并加以放大、分析处理，以得到粒子的能量、速度、动量等。

大型探测器都是多种探测器的组合体，原理相似，结构各不相同，规模不等。常用的粒子探测器有：威尔逊云室、照相乳胶、多丝正比室和硅微条探测器等。

威尔逊云室的原理是：使带电粒子通过过饱和的湿空气，这时在粒子经过的路上产生了离子，过饱和的汽就以离子为核心凝结成液滴从而留下一条可见的由水滴组成的径迹。威尔逊曾经用他发明的云室拍摄下许多珍贵的照片。1932 年美国加州理工学院的物理学家安德逊利用威尔逊云室发现了正电子，宇宙射线中的 μ 子和带"V"子形径迹的粒子也都是在威尔逊云室被发现的。

照相乳胶是物理学家用来研究宇宙射线的有力工具，其原理和方法是：将照相乳胶密封在一个盒子中，送上高空用来探测宇宙射线。当宇宙射线穿过后，将照相乳胶冲洗出来，在照相乳胶上可见宇宙射线留下的径迹。根据径迹的长度、曲率和黑度等，就可以计算出粒子的质量、电荷和速度。科学家们利用照相乳胶发现了许多宇宙射线中的新粒子，如 1947 年莱蒂斯发现的 π 介子；1949 年鲍威尔发现的 K 介子；1953 年伯尼特发现的 Σ 粒子等。

气泡室是美国物理学家格拉泽在 1952 年发明的，因此，他于 1960 年获得诺贝尔物理学奖。气泡室的工作原理是：在气泡室中充以某种压缩的透明液体，当带电粒子通过时，液体沿带电粒子的运动轨迹沸腾，产生气泡，从而显示轨迹。反质子和反 λ 子都是在气泡室的照片中被发现的。

多丝正比室是 1968 年夏帕克研制成功的。其特点是将多丝正比室与电子学线路、计算机组成一个系统,当带电粒子进入多丝正比室时,多丝正比室将带电粒子运动轨迹的信息记录下来,通过电子学线路,输入计算机,在计算机屏幕上呈现带电粒子的径迹。在此基础上又研制出漂移室,使探测器的空间分辨率和时间分辨率大大提高。1974 年丁肇中和里希特发现的 J/ψ 粒子(获取 1976 年诺贝尔物理学奖)、1982 年鲁比亚和范德梅尔发现的中间玻色子 W^+、W^- 和 Z^0(获取 1984 年诺贝尔物理学奖)都是在多丝正比室和漂移室发现的。

硅微条探测器是 20 世纪 80 年代初研制成功的一种基于硅 PN 结二极管的径迹探测器。其空间分辨率是多丝正比室的 $1/10 \sim 1/20$,是漂移室的 $1/5 \sim 1/10$,能够更加精确地显示粒子的轨迹。自 20 世纪 80 年代以来,硅微条探测器已广泛应用于粒子物理实验中。

从以上的例子可以看到,许多新的粒子都是首先在宇宙射线中被发现的。因此,在 21 世纪粒子物理的研究中,可以充分利用宇宙这个天然实验室,因为宇宙中存在大量超高能的宇宙射线。并且,人们可以利用宇宙大爆炸起始时遗留下来的信号检验粒子物理理论。同时反过来,粒子物理理论和实验的发展也将促进宇宙学问题的解决。我国在宇宙射线的研究方面具有得天独厚的天然优势,如云南高山站、西藏羊八井宇宙线观测站等海拔高、大气遮挡少,并且已有多年的研究基础和国际合作经验,有望在 21 世纪取得突破性的进展。

知 识 点 归 纳

1. 微观世界是指 10^{-10} m(原子的直径为 10^{-10} m)以下的物质世界。微观世界的研究可分为三个层次:① 分子和原子层次;② 原子核层次;③ 基本粒子层次。

2. 目前,人们对物质基本结构的最新认识:原子由原子核和核外电子所组成,原子核由质子和中子组成,质子和中子分别由三种夸克所组成,传递夸克之间相互作用的是胶子。物质的最小构成单元是夸克、轻子和传播子。

3. 人类对微观世界的认识尺度已经达到 10^{-19} m,已发现的基本粒子有 400 多种。它们绝大多数在自然界中不存在,是在高能实验室中被轰击出来的。

4. 粒子物理学的实验研究需要很高的能量才能轰击出粒子并进行探测,因此,粒子物理学又称为高能物理。

5. 粒子的对称性是指:有一个粒子必有一个反粒子。

6. 自然界所有粒子的运动都遵循四种力的相互作用规律,即引力、电磁力、强力和弱力。

7. 强力和弱力在宏观世界中不可能直接观察到,只有在微观世界,即粒子间的相互作用中才显示出来。

8. 严格地说,基本粒子是指构成物质的最小结构单元。目前已发现的基本粒子只有 3 种:轻子、夸克、传播子。但习惯上,仍然将许多粒子称为基本粒子。

9. 传播子分为:光子、中间玻色子、胶子和引力子(目前尚未发现)四种。

10. 粒子按照其相互作用力的性质,可分为强子类、轻子类和传播子三大类。

11. 强子是所有参与强力作用的粒子的总称。它们是由夸克及其反粒子组成。目前已发现的强子有 300 多种,占全部粒子数的 80% 以上。

12. 轻子是指不直接参与强力作用,只参与弱力、电磁力和引力作用的粒子。

13. 传播子是指传播粒子间相互作用并能够独立存在的粒子。传播子与四种相互作用力:

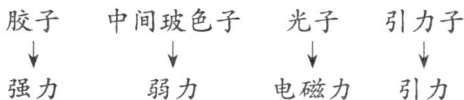

$$
\begin{array}{cccc}
\text{胶子} & \text{中间玻色子} & \text{光子} & \text{引力子} \\
\downarrow & \downarrow & \downarrow & \downarrow \\
\text{强力} & \text{弱力} & \text{电磁力} & \text{引力}
\end{array}
$$

14. 粒子物理学研究的主要实验设备是:粒子加速器和粒子探测器。粒子能量在 3 GeV 以上的称为高能粒子加速器。

思考与探索

1. 一个个基本粒子的被发现,凝聚了科学家们的智慧和不懈的努力。质子和中子是如何被发现的?谈谈你对查德威克发现中子的感想。

2. 简述目前人们对物质基本结构的最新认识。物质的最小结构单元是什么?人们对微观世界的认识尺度最小为多少?

3. 自然界的基本相互作用有哪几种?其中哪几种是微观世界独有的?

4. 根据粒子间相互作用的性质,可将粒子分为哪几大类?目前已发现的基本粒子有几种?举例说明。

5. 微观粒子的物理性质、基本特征有哪些?

6. 什么是强子的夸克模型?什么是"夸克禁闭"?

第五章 天体的起源与演化

本 章 导 读

天体的起源与演化是当代自然科学的重大基本问题之一,也是现代天文学研究的重要内容。从古到今,生活在宇宙中的人们不断探索、寻找答案。随着天文观测手段的进步和完善,以及现代天文学的不断发展,人们逐渐认识到宇宙是由各种天体、天体系统所构成的总星系。宇宙、恒星以及太阳系都有形成、发展和消亡的演化过程。目前,人类的目光已经由地球进入太阳系,由银河系扩展到河外星系。天文学研究的范围,从距离上已达约 150 亿光年的空间尺度,从时间上可追溯到约 150 亿年前发生的事件。现代宇宙学所面临的黑洞、类星体、暗物质、正反物质不对称、微观与宇观的统一等等一系列的问题还有待于 21 世纪去解决。

第一节 宇宙概貌

天文学是研究宇宙中天体的位置、分布、运动、结构、物理状态、化学组成和演化规律的科学,是自然科学六大基础学科之一。现代天文学的进展依赖于天文探测技术的不断提高和基础科学水平的新成就,特别是物理学的发展为天文学的观测和天文现象的解释提供了理论基础。

现代天文学有以下三大特点:① 进入了全电磁波段观测的时代。以地面为基地的大型光学望远镜、射电望远镜和以太空为基地的 X 射线、γ 射线、紫外、红外望远镜相结合的全波段观测体系已经建成,各个波段望远镜采用现代最先进的尖端技术,成为天文学家探索宇宙奥秘的强有力的工具。② 天文空间探测已经有了令人瞩目的进展,不仅将望远镜送入太空,而且实现了航天员进入月球,探测器在火星、金星表面登陆和考察,众多的宇宙飞船到各大行星附近观测。③ 已进入天文学和物理学紧密结合、相互促进的时代。17 世纪,牛顿以经典力学为基础创立了天体力学;19 世纪的量子力学、相对论和高能物理学奠定了现代宇宙学的基础。从 20 世纪 70 年代开始,天文学的巨大成就已使 9 个天文项目 12 名天文学家荣获诺贝尔物理学奖。

一、人类对宇宙结构的认识

天文学的研究对象是宇宙中的所有天体,包括宇宙本身。

(一) 天体

天体是指宇宙间各种物质客体的总称。宇宙间的各种星体和星际物质都叫天体。天体包括:

1. 星云

星云是由气体和尘埃物质组成的云雾状天体,是星际弥漫物质的聚集状态。它的特点是体积和质量巨大、密度极小、温度极低。星云中平均每立方厘米只有几百个原子,但整个星云的质量可以比太阳大几千倍,直径由几十光年到几百光年,温度在 $-173℃ \sim$ 263℃之间。

2. 恒星

恒星是宇宙中普遍存在的天体。恒星质量很大、温度很高,自身能发光。太阳是一颗中等大小的恒星,其质量为 1.989×10^{30} kg,半径为 6.95990×10^5 km,表面温度为 $6 \times 10^3℃$,中心温度约 $1.5 \times 10^7℃$ 以上,太阳的巨大能量主要来自于其内部的氢核聚变反应。

3. 行星

行星是围绕恒星运转的天体,自身不发光,只能反射太阳光。行星目前只能在太阳系中观测到。

4. 卫星

卫星是围绕行星运转的天体,自身不发光,只能反射太阳光。目前在太阳系中已经发现 40 多颗卫星,木星的卫星最多。木星和土星还具有美丽的光环,这是由围绕行星运转的大量小的星际物质构成的物质环,因反射太阳光而发亮。

5. 彗星

彗星是沿椭圆轨道绕太阳运转的天体,一般由冰粒、尘埃和气体组成,比行星体积大。目前已发现的彗星有 1000 多颗,哈雷彗星、波普-海尔彗星、白武彗星就是其中的几个。彗星在接近太阳时,由于太阳的高温影响,形成明亮的彗核、彗发和彗尾,人们据此将其称之为"扫帚星"。

6. 流星

流星是闯入地球的极小天体,在与地球大气层摩擦后燃烧发光,形成一闪而过的流星。流星有单个的,也有大量流星形成的壮观的流星雨。

（二）天体系统

各种天体按照一定的规律围绕中心天体旋转运动,组成有一定从属关系的系统,称为天体系统,也称为星系。天体系统有地月系、太阳系、银河系、河外星系和总星系。

1. 地月系

由卫星围绕行星运转而形成的星系。地球和月亮是其中之一,地月系是天体系统中最小的星系。

2. 太阳系

太阳系是由太阳、八大行星、40 多颗卫星、2000 多颗小行星、流星、彗星等组成的天体系统。太阳是这个系统的中心天体,八大行星围绕太阳运转,它们离太阳由近及远依次是水星、金星、地球、火星、木星、土星、天王星和海王星。2006 年 8 月 24 日的国际天文学联合会大会经过激烈的讨论之后公布了行星定义决议草案的最终版本,确认太阳系只有 8 颗行星,冥王星被排除在行星行列之外,而将其列入"矮行星"。

太阳系有以下特征：① 太阳系的直径为 1.20×10^{10} km,太阳的质量为太阳系总质量的 99.86%,角动量却只占太阳系总角动量的 0.6% 不到,这是目前各种起源学说最难解释的一个事实。② 八大行星的公转轨道都是椭圆,其运动规律满足开普勒行星运动三大定律。同向性、近圆性和共面性是八大行星运动的特征。③ 八大行星分为三类。类地行星包括水星、金星、地球和火星,它们的特点是体积小、密度大、中心铁镍等金属含量高;巨行星包括木星和土星,特点是体积大、密度小,主要由氢、氦等组成,是无固体表面的流体行星;远日行星包括天王星和海王星,它们的体积和密度介于上述两者之间,主要由氢、氦、甲烷和氨等组成,表面温度很低。④ 在火星和木星之间有一条由大量小行星组成的小行星带。

太阳只是一颗非常普通的恒星,属于银河系庞大家族中的一员,太阳系是银河系中的一个星系。

3. 银河系

银河系是由 2000 多亿颗恒星和大量星云组成的一个庞大天体系统。晴朗的夜空中我们看到的横跨天空、像云雾一样明亮的光带(俗称天河)就是银河系。

银河系的形状像一个旋转的铁饼,又称为银盘,直径为 1×10^5 光年,中心最大厚度约

为 $1.6×10^4$ 光年(光年即光在真空中 1 年所传播的距离)。银河系中心呈椭球状的核心称为银核,直径约 30 光年,是恒星密集的区域。银盘外围有一个由恒星组成、范围更大、近于球型的银晕,其恒星的密度比银盘小得多。

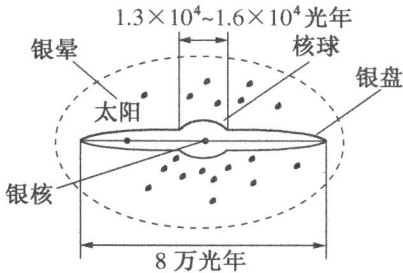

图 5-1　银河系侧视图　　　　　　　图 5-2　银河系俯视图

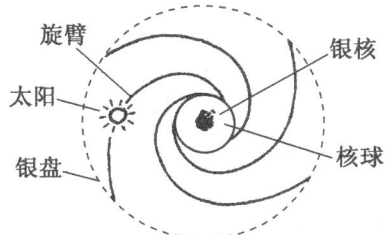

俯视银盘,银河系呈旋涡状,它有四条从银核向外延伸呈螺旋状的旋臂,即英仙座臂、天鹅座臂、盾牌-南十字座臂和人马座臂,太阳位于人马座臂上距银心约 $3.3×10^4$ 光年的位置,以 250 km/s 的速度运动,约 $2.4×10^8$ 年绕银心旋转一周。银河系中还有大量的星云,常常是恒星生成的场所。

银河系的恒星不仅有各自的运动,还围绕银河系的中心旋转,构成了银河系整体的自转运动。银河系除自转外,还作为一个整体以 200 km/s 的速度在茫茫太空中朝着麒麟座的方向飞奔。

4. 河外星系

目前,已观测到在银河系之外还有数十亿类似于银河系的庞大天体系统,称为河外星系,简称星系。星系是由几十亿到几千亿颗恒星及大量的星际物质组成,占据几千光年至几十万光年的空间,质量约为太阳质量的几千亿倍。仙女座星系是肉眼可见的离银河系最近的河外星系,距离地球 200 多万光年;目前已观测到的最远的河外星系距离地球 150 多亿光年。天文学研究的范围扩展到以百亿光年为尺度的广阔空间,并可追溯到百亿年以前发生的事件。

美国年轻的天文学家哈勃在分析研究了大量的观测资料之后,于 1926 年提出了给星系分类的方案,这个方案称为哈勃星系分类法,并且一直沿用至今。按照哈勃星系分类法,星系按其形态的不同,分为椭圆星系、旋涡星系和不规则星系三大类。

椭圆星系的形状看起来是圆球形或椭球形,没有旋涡结构,中间部分比较明亮,四周暗淡一些。椭圆星系的数量仅占河外星系总数的 17%。宇宙中质量最大和质量最小的河外星系都是椭圆星系。椭圆星系主要由老年恒星组成。

旋涡星系按形态又分为标准旋涡星系和棒旋星系,标准旋涡星系一般都有一个明亮的、椭球形的中央核区,外部为一薄圆盘,称为星系盘,从核区伸展出几条盘旋着的旋臂加在星系盘上。旋臂上由于物质密度较大,常常成为恒星诞生的场所。棒旋星系的形状像一根棍棒,旋臂从棒的两端伸出。旋涡星系是河外星系中数量最多、形态最美的。如,仙女座大星云 M31(NGC224)、三角座中的 M33(NGC1232)等。河外星系总数中有 50%为标准旋涡星系,30%为棒旋星系。银河系属于标准旋涡星系。

不规则星系用望远镜去观测,只是一些没有一定形状的亮斑,没有核球,也没有旋臂。离银河系最近的大麦哲伦云和小麦哲伦云就属于不规则星系。不规则星系数量极少,只占河外星系总数的 3%。

上述三类星系都属于正常星系,除此之外,宇宙中还存在一些性能上很特殊的星系,统称为特殊星系。特殊星系的名目繁多,表现各异,非常复杂。

星系的分布往往形成大大小小的群体,即星系团。我们银河系和附近的大、小麦哲伦云组成了一个"三重星系",仙女星系和其他 40 多个星系组成一个星系团。有些星系团又聚集成更大的集团,包括几百至几千个星系,称为超星系团。目前,已观测到 2700多个超星系团。

5. 总星系

总星系是指银河系和所观测到的所有河外星系的总称。星系的分布虽然有成群结团的现象,但从大范围宇宙空间的尺度来观测,星系的分布还是均匀的。到目前为止,还没有发现总星系的边缘和核心。

二、人类认识宇宙的三大观测手段

天文观测是天文学研究的主要实验方法。天文观测技术的进步为天文学研究的进展提供了重要的实验依据。目前,天文学的观测手段可以归纳为三种:光学望远镜、射电望远镜和空间望远镜。

光学望远镜所采集的资料主要是恒星发出的光,因为宇宙中发光的天体主要就是恒星。光学望远镜在天文观测中的历史最悠久,从 1609 年伽利略发明了天文望远镜到现在已近 400 年。直到 20 世纪初,光学望远镜几乎一直是天文学家获取天文信息的唯一工具。就是在近几十年射电天文学和空间天文学崛起的时代,现代的光学望远镜技术的发展也是令人瞩目的,科学技术的发展带动了光学望远镜突飞猛进的发展,目前,地面上的望远镜采用了自适应光学系统和干涉等尖端技术后,在许多方面超越了哈勃空间望远镜的观测能力。

20 世纪 30~40 年代,人们发现了来自宇宙的无线电波——射电,从而诞生了一种新的观测工具，即射电天文望远镜。通过射电望远镜，人类发现了不是用光所显现出的宇宙的另一面。射电望远镜出现仅几十年，射电天文学很快便进入鼎盛时期。20 世纪 60 年代射电天文学的"四大发现"，即类星体、脉冲星、微波背景辐射和星际分子的发现，成为 20 世纪天文学中最重要的成就。射电天文已成为重大天文发现的主要领域和天文学家获得诺贝尔奖的摇篮。射电望远镜的观测能力在许多方面已远远超过了光学望远镜。

空间技术的发展，为人类认识宇宙打开了一扇重要的窗口，一门新兴学科——空间天文学迅速地发展起来。人们将探测设备送入太空，从对红外线、紫外线、X 射线和 γ 射线的探测中，获取了大量宇宙天体的信息。当今最先进的爱因斯坦 X 射线天文台、伦琴 X 射线天文卫星和钱德拉 X 射线天文台三项大型空间观测设备由于大幅度地提高了分辨率和灵敏度，其观测成果令人瞩目。2002 年美国天文学家卡尔多·贾科尼由于对 X 射线天文学作出突出贡献而获得该年度诺贝尔物理学奖。康普顿 γ 射线天文台是 20 世纪空间望远镜的代表，它拥有当今最先进的 γ 射线探测设备，其综合探测能力达到了最高峰，不仅使天文学进入了全波段观测研究的阶段，同时还发现了一些特殊的天体，如 X 射线脉冲双星、γ 射线暴源等。另外，红外天文卫星、红外空间天文台、国际紫外探测者等空间探测器也获得了许多重要的新发现。

对月球和行星的空间探测，使人类对它们的认识有了一次巨大的飞跃。目前，八大行星都有宇宙飞船飞过，对其进行近距离的拍摄和探测。并且，已实现探测器登陆火星和金星表面，进行实地考察和取样实验。人们期待在 21 世纪将航天员送上火星亲自做实地科学考察，揭开火星是否存在生命或是否曾经存在生命的谜团。

三、人类对宇宙认识的历程

人类对宇宙概貌的认识，是天文学数千年历史发展的总结，是千千万万天文学家历经艰辛、上下求索的结果。天文学是一门有着 5000 多年悠久历史的古老学科。在相当长的时期内，人们积累了大量丰富的天文观测资料，但由于科学技术的落后、宗教势力的压制以及封建迷信的盛行，天文学的发展非常缓慢。错误的托勒密"地心说"统治了 1500 年之久，正确的哥白尼"日心说"被禁锢了 2 个多世纪。直到 17 世纪牛顿应用力学定律研究行星的运动规律以后，天文学才从单纯研究行星的运行状态进入到理性认识天体运动规律的阶段。现代天文学经历了 17 世纪对行星层次认识的飞跃和 20 世纪先后对恒星层次、星系层次认识的飞跃。到今天，人类第一次能够用纯粹科学的语言来描述宇宙的整体结构。下面介绍天文学史上三次重要的飞跃。

（一）对行星层次的认识——开普勒定律的飞跃

以牛顿的引力理论为基础建立的天体力学是 17 世纪至 19 世纪中叶天文学史上最辉煌的成就,这段历史常常被称为"第谷—开普勒—牛顿"三步曲。

（1）热衷于天文观测的丹麦天文学大师第谷·布拉赫(1546～1601),用自己创造的前所未有的高精确度的天体测量工具,对恒星和行星进行了长期的观测,积累了大量关于行星位置的观测资料。第谷把积累了 21 年的有关行星的观测资料交给了他的助手开普勒,为开普勒建立行星运动三定律准备了条件。

（2）德国著名大天文学家开普勒(1571～1630),在处理、分析第谷的资料中,以惊人的洞察力和坚韧性陆续发现了行星运动的开普勒三定律,为牛顿发现万有引力定律奠定了基础。与开普勒同时代的伽利略还发明了天文望远镜。

（3）开普勒只是从观测数据中发现了行星运动的规律,但他并不知道其物理原因。英国物理学家牛顿(1642～1727)结合地面力学实验和开普勒行星运动三定律,总结出力学定律和万有引力定律。这不仅是经典力学的辉煌成就,同时也使天文学第一次由单纯探讨天体运行的经验关系进入到对天体间相互作用的普遍规律的认识阶段。这是人类几千年来对行星运动的认识由现象到本质的飞跃。在这一历史性飞跃中,我们看到了天文学研究的三个重要过程:① 天文手段和天文观测——感性资料的积累;② 资料的处理和分析——经验模型的建立;③ 经验模型的物理解释——物理模型的建立。

（二）对恒星层次的认识——赫罗图的飞跃

20 世纪初,天文探测技术有了很大的提高,已经能够生产直径达 1 m 的折射望远镜,并配置了光谱仪和照相设备,实测目标的距离已达几千光年的范围。记录有 6 万多颗恒星位置和亮度的波恩星表(BD)已经发表近半个世纪,含有 27 万颗恒星"光谱分类"的哈佛大学 HD 星表已经进行了约 1/3,测量过"视差"并且确定距离的星数约近 1000 个。这些都为恒星的研究提供了宝贵的数据资料。

1905～1907 年丹麦天文学家赫茨普龙、1913 年美国天文学家罗素通过对大量天文探测数据的分析研究分别独立地发现,由光谱分类或由颜色测定所反映的恒星表面温度与恒星光度之间有着内在的关系,并以恒星表面温度的对数为横坐标、恒星光度的对数为纵坐标,建立了著名的"赫罗图"。赫罗图蕴含有恒星结构和演化的关键物理信息,对后来恒星演化的研究和实测起到了引导作用。在此基础上,20 世纪上半叶,科学家建立了恒星演化理论,这个理论成功地把实测所得的各类恒星纷杂的物理现象,纳入一个统一的演化模型,使我们对恒星世界的认识产生了从现象到本质的飞跃。

(三)对星系层次的认识——哈勃定律的飞跃

20 世纪 20 年代初,直径达 1.5~2.5 m 的反射望远镜的产生和照相技术的提高,带来了天文学的巨大进步。天文学家由此而测得了数以千计的星系,实测距离已达几千万光年,积累了大量星系的光谱。

1923~1924 年,美国威尔逊天文台的著名天文学家哈勃通过照相观测发现了仙女座大星云中的造父变星,从而推算出仙女座大星云与我们的距离,这距离在银河系之外,第一次证实了在银河系之外也存在着像银河系一样的星系。从此,人类的视野从恒星世界推向更为广阔的星系世界——河外星系,并开创了对星系团的研究。

1926 年,哈勃和其他天文学家通过对星系的透彻研究,提出了"哈勃分类",即把附近的星系分为椭圆星系、旋涡星系和不规则星系三大类。

1929 年,哈勃又发表了他对 24 个河外星系的视向速度测量和距离估计的结果,视向速度是由星系光谱线的位移测量得到的,这一结果中最大的发现是星系光谱线都向波长长的一端(红光)偏移,这一现象被称为"红移",用多普勒效应解释,表明被测目标正在"退行"。哈勃由此提出了著名的哈勃定律:星系退行速度 V 与星系距离 D 之间存在 $V = HD$ 的关系,其中 H 为哈勃常数。哈勃定律描述了所有已测到谱线的星系在大尺度规模上的退行,距离愈远退行愈快,同时也说明了目前整个宇宙正按哈勃定律在膨胀。哈勃定律的提出为宇宙大爆炸理论打下了基础。

1934 年,哈勃及其同事提出,根据观测到的星系红移资料,可以测量遥远星系的距离。

第二节　宇宙的起源与演化

宇宙是怎样诞生的? 我们所看到的宇宙又是如何形成和演化的? 宇宙未来将向什么方向发展? 这是每一个生活在宇宙中的人都想知道的问题,从古到今人们一直在探索。宇宙学是研究整个宇宙演化的学科,它不仅是天文学家研究的重要领域,也是物理学家大显身手的学术领域。1917 年,爱因斯坦将广义相对论应用于宇宙学的研究,提出了静态宇宙模型,揭开了现代宇宙学的序幕。1924 年,弗里德曼在广义相对论的框架下从理论上论证了宇宙要么膨胀,要么收缩,而不会保持静止。1929 年哈勃发现了哈勃定律,有力地支持了弗里德曼的宇宙学模型。静态宇宙模型被抛弃,随之诞生了一门新的学科——现代宇宙学。当今流行的大爆炸宇宙学由于获得越来越多的观测事实的支持而占据主导地位。

一、宇宙的起源

关于宇宙的起源,即宇宙是怎样诞生的? 目前存在多种看法。

以目前观测到的整个宇宙的膨胀现象为事实依据,美籍俄国物理学家伽莫夫于1948年提出了"大爆炸"宇宙学,这是目前被大多数科学家所承认的理论,后经许多科学家的补充而不断完善。其基本观点是:宇宙产生于距今约150亿年以前一个温度和密度极高的"原始火球"的突然爆炸,从此,宇宙物质飞散,宇宙体积剧烈膨胀,温度逐渐降低,物质形态不断演化,最终形成星球、恒星。根据目前测定的哈勃常数计算出的"约150亿年"也是宇宙的年龄,宇宙中一切天体的年龄都不应超出这个"宇宙龄",目前,用不同方法得到的天体的年龄均与"宇宙龄"相吻合。

宇宙起源于原始火球,而原始火球又是怎样形成的? 它为什么会爆炸呢? 根据大爆炸理论推测,原始火球是由稀疏的弥漫物质经过收缩运动形成的,弥漫物质经历长期收缩运动之后,温度不断升高,密度增大,被压缩在一个极小的体积内,逐步形成一个超高温、超高密的原始火球,随着能量的聚集,最终失去控制,原始火球中的物质迅速向外抛射,发展成巨大的爆炸。所以,原始火球是收缩运动到膨胀运动的转折点。因此,宇宙是在收缩转化为膨胀的过程中诞生的。

根据大爆炸理论,今天的宇宙温度只有绝对温度几度。1965年,在美国贝尔实验室工作的天文学家彭齐亚斯和威尔逊利用射电望远镜,通过对射电源的绝对测量的研究,在《天体物理杂志》上发表了题为"在4080 MHz上额外天线温度的测量"的实验报告,宣布了3.5 K宇宙微波背景辐射的发现,这种辐射被确认是宇宙大爆炸时的辐射残余。彭齐亚斯和威尔逊的这篇仅600字的论文,被认为是继1929年哈勃发现星系红移现象之后天体物理领域的又一重大发现,被誉为20世纪60年代天文学四大发现之一,它是对宇宙大爆炸理论的有力支持。彭齐亚斯和威尔逊因此荣获1978年诺贝尔物理学奖。目前,许多天文观测事实都与大爆炸理论相吻合,并且大爆炸理论所依据的广义相对论和基本粒子物理学,都是相当成熟的理论。因此,大爆炸宇宙学目前已被大多数科学家所认同,并被称为"宇宙大爆炸模型"。

二、宇宙的演化

根据大爆炸宇宙学的描述——大爆炸后,随着宇宙的不断膨胀,温度降低,密度减小,各种物质成分不断增加,宇宙的演化过程大致经历了以下几个阶段。

（一）基本粒子的形成阶段（1 s 内）

在大爆炸瞬间到 1 s 之间，称为宇宙的极早期阶段，也是基本粒子的形成阶段。这一阶段分为四个过程：量子时代、大统一时代、强子时代和轻子时代。

量子时代：在 $0\sim10^{-44}$ s 内，在这段极短的时间内的宇宙状态至今还不清楚。估计宇宙的温度为 5×10^{32} K，物质密度为 10^{94} g/cm³，四种相互作用力（强力、弱力、电磁力、引力）还没有区分。

大统一时代：$10^{-44}\sim10^{-36}$ s 期间，温度降为 10^{28} K，物质密度为 10^{79} g/cm³。引力首先分化出来，强、弱、电磁三种力还没有分开，质子和反质子产生，但质子多于反质子，因此，质子与反质子湮灭后，余下的全部是质子，这就是宇宙是由质子组成的根源。

强子时代：$10^{-36}\sim10^{-4}$ s 期间，在这一时期的前期，宇宙经历了一次暴胀，使得体积猛然增大，温度和密度骤然下降，温度降为 10^{12} K，电磁和弱作用分离，这时，大量的强子产生，其中最活跃的是质子、中子和 π 粒子等。

轻子时代：$10^{-4}\sim1$ s 期间，温度逐步降到 10^{10} K，这时，大量轻子产生，正、负电子湮灭为光子，宇宙中充满了光子和中微子，光辐射逐步占优势。宇宙进入以辐射为主的阶段。

（二）元素的起源阶段（1 s～3 min）

这段时期又称为辐射时代，宇宙中充满了光子和中微子，10 s 时，温度降为 5×10^{9} K，几乎所有的能量均以辐射（光子）形式出现，辐射密度大于物质密度。3 min 时，温度为 10^{9} K，宇宙膨胀为约 1 光年的实体，是原子核合成的时期。质子和中子结合为氦、氢等不同的化学元素，有近 1/3 的物质合成氦，由于氦十分稳定，所以一直维持至今。此时，构造各种物质元素的基本材料已经制备完毕。

（三）天体的演化阶段

宇宙形成约一万年后，温度降为几万度，辐射减弱，宇宙逐渐进入以实物为主的演化阶段，宇宙中弥漫的主要是氢、氦等气状物质。约 30～40 万年后，温度降到 1×10^{4} K 以下，辐射大大减弱，物质分布的不均匀及涨落导致物质的聚集，同时，在万有引力的作用下，巨大的气状物质缓慢转动。约 70 万年后，宇宙的温度降到 3×10^{3} K，电子与原子核结合成稳定的原子，光子不再被自由电子散射，巨大的气状物质逐渐凝结成原始星云，宇宙变得透明。又经过几亿年,辐射温度为 100 K,星际物质温度为 1 K,原始星云在引力的作用下进一步聚集,逐渐凝聚为原星系。几十亿年后,辐射温度逐步降为 12 K,原星系聚在一起形成等级式结构的星系集团(如银河系等)。与此同时,原星系本身又分裂,形成千千万万个恒星,恒星的光和热是靠燃烧自己内部的核燃料提供的(如太阳)。在一些恒星周围,冷的气尘会坍缩成一个旋转的薄盘,这些物质相互吸引碰撞黏合,逐步形成从小行星到大行星(如地球等)的形形色色的天体。最后演化成现在的结果。到目前,宇宙的年龄约近 150 亿年,辐射温度降为 2.7 K,星际物质温度降为 10^{-5} K,已观测到的宇宙大到 100 多亿光年。现在宇宙仍在继续膨胀。

三、对宇宙未来的预测

宇宙从大爆炸至今,已有约近 150 亿年的演化历程,宇宙未来的趋势如何? 目前,根据现代宇宙学推断宇宙未来衰亡的途径有两种可能:开模型、闭模型。

开模型:宇宙将一直膨胀下去,并随着星系和恒星内部核燃料的耗尽而走向衰亡,宇宙变成一个黑暗世界。

闭模型:宇宙膨胀到一定体积后,又开始转化为收缩,在收缩的过程中,温度不断升高,最后又恢复到原来的原始火球状态。在一定条件下,宇宙又一次爆炸,又一次膨胀。如此反复下去,宇宙不断有生有灭、再生再灭,即一个振荡式宇宙。

在开模型中,宇宙中的恒星将最终成为黑矮星或黑洞。整个宇宙的温度趋于绝对零度,宇宙内将没有供给生命的能量而最终导致生命的消亡;在闭模型中,若宇宙膨胀到一定程度后收缩,密度变大,则温度将上升,最终整个宇宙成为一个巨大的火球,它同样不适合生命的存在。因此,可以说宇宙的两种命运最终都将导致人类的消亡。人类的命运似乎非常悲哀,但这毕竟是非常遥远的预测,根据目前宇宙学的推算,整个宇宙适合生命生存的时间大约可持续 2000 亿年以上,与人类在地球上产生至今的几百万年相比,可以说是相当漫长的。人类应该在太阳成为红巨星并毁灭地球之前,同心协力,发展科技,建造出能够将人类移民到外星球的运输工具。

第三节　恒星的起源与演化

恒星是构成星系的基本单元,也是将宇宙原始物质合成各种元素的重要场所。了解恒星的起源与演化是研究银河系的结构和演化的基础。恒星问题是宇宙学中解决得最好的问题之一。恒星有形成、演化和死亡的过程。恒星起源于星际空间存在的由气体和尘埃组成的巨大分子云,即星际物质。而死亡过程中的恒星,会产生爆发,将其外层物质向星际空间抛射,被抛出的气体和物质在宇宙太空变成星际弥漫物质,成为产生新一代恒星的场所。恒星的这种死亡与再生的过程,已经被大量观测资料所证实。

一、恒星的起源

大爆炸发生后,不断向外扩散的由气体和尘埃组成的星际物质在密度上是不均匀的。密度较大的区域就形成许多引力中心,吸引周围的物质形成星云。巨大的星云本身就产生相当大的向内收缩力,同时,在运动过程中由于各部分运动速度不同、密度不同,星云将坍缩碎裂成几百个小碎块,小碎块同样又坍缩分裂,形成成千上万甚至几千万个小星云碎片,这其中有许多就将演化为恒星。

刚诞生的恒星常常和星云在一起,并且往往在一个大星云中成群结队地出现。这一现象可以说明恒星是由大星云碎裂后的小星云碎片形成的。著名的昴星团中有许多7000万年前才从星云中诞生的年轻恒星,现在仍然被星云包围着。

二、恒星的演化

根据近代恒星起源演化理论,恒星的一生从诞生到死亡,经历了以下几个阶段:原始恒星阶段、主序星阶段、红巨星阶段和高密恒星阶段。原始恒星阶段是恒星的形成阶段,主序星阶段是恒星的壮年期,红巨星阶段是恒星的晚年期,高密恒星阶段是恒星的临终期。

(一)原始恒星阶段

原始恒星阶段是星云演化成恒星的最初阶段,由于引力占主导地位,星体始终处于收缩状态,因此这一阶段又称为引力收缩阶段。原始恒星阶段经历了快收缩时期和慢收缩时期两个过程。

在快收缩时期,由于引力占绝对优势,星云快速收缩,一般只需几百万年的时间。刚刚形成的恒星似星非星、似云非云,自身不能发光,只能辐射红外线,又称为红外星。红外星继续收缩,当中心温度达到2000℃～3000℃时,由于气体热运动加剧,内部压力增大,收缩变缓,原始恒星进入慢收缩时期。

在慢收缩时期,引力仍大于内部压力,星体继续收缩,只是收缩的速度要慢得多。类似于太阳的恒星慢收缩时期约7500万年。原始恒星在不断收缩的过程中,引力能转化为热能而使温度不断上升,当中心温度达到700万度以上时,将触发恒星中心氢聚变为氦的热核反应,此时恒星将向外辐射出巨大的能量,星体由辐射红外线变为发出耀眼的光,一颗恒星诞生了。恒星也由原始恒星阶段进入到一个新的发展阶段。

(二)主序星阶段

恒星内部的氢怎样聚变为氦? 这个问题在 1938 年由美国的贝蒂和德国的魏茨泽克首先找到了答案。该聚变反应可通过质子-质子循环链或碳-氮-氧循环链实现,每四个氢核聚变为一个氦核,同时放出 24.7 MeV 的能量,恒星形成后最初阶段的光和热就是该聚变反应提供的能量,这个能量相当于每秒钟爆炸几百万颗氢弹。核聚变反应使恒星内部产生向外的辐射压力,当向外的辐射压力与向内的引力达到平衡时,恒星的体积和温度就不再明显变化,而进入一个相对稳定的阶段,即主序星阶段。

主序星阶段是恒星的壮年期,恒星在这一阶段停留的时间最长,占据恒星一生 90%的时间,是其生命的主要部分。太阳的主序星阶段约为 100 亿年。目前,太阳的年龄为 50 亿年,正处于主序星的中期。迄今发现的恒星(包括太阳在内)有 90% 处于主序星阶段,一个恒星主序星阶段的长短取决于它的质量,质量大于太阳的恒星的这一阶段反而比太阳的短。例如,质量比太阳大 10 倍的恒星的主序星阶段只有 3000 万年。这是因为其核反应比太阳剧烈、产能率高,从而发光发热也快的原因。许多大质量的恒星的主序星阶段仅可维持几千万年。

(三)红巨星阶段

红巨星阶段是恒星的晚年期。由于恒星的核心部分温度最高,因此氢核聚变反应也进行得最快,氢也最先被消耗完,氢聚变反应停止,形成一个氦核区,而在氦核区的外围氢聚变反应仍在继续进行。当氦核区的质量达到恒星总质量的 12% 时,恒星内部将发生新一轮的变化。一方面,恒星的核心部分由于核反应停止,辐射压力下降,在引力的作用下将产生收缩,使核心温度再次升高,另一方面,核心部分的外部壳层由于氢聚变反应仍在继续,同时,又吸收内部收缩释放的热能,从而使恒星外壳发生膨胀,呈现一种"内缩外涨"的现象。随着恒星体积的增大,表面亮度增大,表面温度降低,恒星发出红光,成为红巨星。当太阳演变成红巨星时,其直径将扩大为现在的 250 倍,甚至连地球轨道也全部包含进去。此时的地球早已不适合人类居住。

当核心部分因收缩而使温度上升到 1 亿度时,将引发恒星内部"3 个氦核聚变成一个碳核"的新一轮的核聚变反应,氦核聚变反应释放的巨大能量,使恒星内部向外的辐射压力增大,当向外的压力与向内的引力再一次达到平衡时,恒星进入一个新的稳定期。这个时期虽然较短,却是恒星在红巨星阶段最长的稳定期。太阳将在红巨星阶段停留 10 亿年。

当氢燃料耗尽后,核心部分又开始收缩而导致温度上升。这时质量小的恒星因核心温度达不到更高的温度(碳核聚变需要 6 亿度,氧核聚变需要 10 亿度,硅核聚变需要 30 亿度),核反应停止。大质量的恒星在核心温度达到 6 亿度时,引发新一轮的碳核聚变反应,但碳核聚变反应的时间只有 1 万年。类似的过程继续下去,将合成氧、硅等越来越重的元素,直到合成最稳定的铁为止。这一阶段恒星的核心经历几个不同的核聚变反应,但是反应速度将越来越快,时间也越来越短。恒星处于极不稳定状态,有时膨胀,有时收缩,亮度不断变化。有的变星就是处于这一时期的恒星。例如,1874 年英国的约翰·古德利克在仙王星座中发现的一颗亮星——造父星,其亮度有规律地变化,周期为 5 天,极大亮度是极小亮度的 2.5 倍。此后,人们又发现了很多这样的星,亮变周期约在 1～40 天之间,表面温度约为 5000 多度。它们被命名为造父变星。

（四）高密恒星阶段

高密恒星阶段也称为恒星的临终阶段。当恒星内部的核反应全部结束后,原来由热核反应维持的辐射压力消失,但恒星自身的巨大引力仍然存在,因此恒星的核心部分必定在引力的作用下发生急剧的收缩,称为引力坍缩,最终形成一个具有极高密度的核体;而恒星的外层部分由于核反应未完全结束,会产生膨胀、爆发等复杂变动,最终抛射太空成为星际弥漫物质。而星际物质又是新一轮恒星形成的必需材料。

恒星衰亡后,有的会变成白矮星,有的会变成中子星,有的会变成黑洞。恒星的归宿与它本身的初始质量有密切的关系。恒星的质量一般在 0.1～100 倍太阳质量之间,小于这个质量不足以引发核聚变反应,大于这个质量则会由于产生的辐射压力太大而导致瓦解,而恒星质量的大小则取决于它诞生时的条件。

初始质量为 0.2～8 倍太阳质量的恒星,经过红巨星阶段后,在核心部分急剧收缩的同时,其外层部分由于巨大的能量辐射,造成恒星的爆发,将膨胀的外层物质向宇宙空间抛射,变成星际弥漫物质,而核心部分经过急剧收缩后,成为一个颜色白、光很暗、尺度很小的星体——白矮星。此时恒星的质量小于 1.44 倍太阳质量,称为钱德拉塞卡极限。密度约是水的 1～100 万倍,寿命可达十几亿年。第一颗被发现的白矮星是双星系统天狼星 A 的伴星天狼 B。随着白矮星的渐渐冷却它会越来越暗,最终成为黑矮星。1983 年,73 岁的美籍印度天文学家钱德拉塞卡因创建恒星结构和演化理论,确认白矮星质量上限而荣获诺贝尔物理学奖。

初始质量为 8～50 倍太阳质量的恒星,由于它们的质量巨大,引力巨大,在恒星内部的核燃料耗尽后会发生极猛烈的爆发,在向内的巨大引力作用下,核心部分异常剧烈地坍缩,同时,外层物质迅猛地向宇宙空间抛射,并向外辐射出强烈的冲击波,放出巨大的能量,在短短的几天中,亮度骤增千万倍甚至亿倍,这就是超新星爆发。爆发时核心部分因剧烈的坍缩被压缩到密度极高的状态,强大的压力将电子压进原子核,电子与核内质子结合为中子,爆发后留下的星核的尺度只有同质量一般恒星尺度的百万分之一,密度可达每立方厘米亿吨以上,几乎全部由中子紧紧堆成,称为中子星。脉冲星就是旋转的中子星。中子星的质量约为 1.44～2.4 倍太阳质量,寿命为几亿年,当它们内部的热能消耗完后,它们就演化成不发光的黑矮星,这时它已不是恒星,而是恒星的残骸。我国古代书籍中有大量关于超新星爆发的记载,其中宋史记载宋仁宗至和元年(1054 年)出现的“客星”是资料最详细的,这颗超新星的遗迹就是著名的蟹状星云。1967 年英国天文学家休伊什教授和他的学生贝尔女士一起发现了脉冲星。1974 年美国天文学家泰勒和他的学生赫尔斯发现射电脉冲双星并确认了中子星的引力辐射的存在。休伊什、泰勒和赫尔斯因此而分别获得 1974 年和 1993 年诺贝尔物理学奖。这是天文学上仅有的一个项目两次获得诺贝尔奖。

初始质量为 50～100 倍太阳质量的超巨大恒星,在超巨星阶段的后期,将产生更加猛烈的向内坍缩和向外大喷发,即超新星爆发。爆发后,其核心剩余部分的质量仍大于2.4 倍太阳质量。没有任何力量能够阻止引力坍缩,强大的引力使得包括光在内的任何物质都不可能逃逸出来,这就是黑洞。但到目前为止,黑洞的存在只是理论上的预言和观测上的间接证明,还没有一个天体被确认为黑洞。2007 年 5 月 7 日,美国国家航空航天局发现了一颗正在猛烈爆炸、迄今为止最大最亮的超新星,亮度约为以往发现的数百颗超新星亮度的 5 倍。这颗超新星距地球 2.4 亿光年,质量约为太阳的 150 倍,一般的超新星爆发时至多有两周时间最为明亮,而这颗超新星最辉煌的日子却高达 70 天。

恒星的能源、元素合成和太阳中微子之谜是现代天文学研究领域的热门课题。美国天文学家福勒解决了恒星元素合成问题而获得 1983 年诺贝尔物理学奖。美国的雷蒙德·戴维斯和日本的小柴昌俊因探测太阳中微子取得的成就而获得 2002 年诺贝尔物理学奖。

第四节　太阳系的起源与演化

太阳系是人类最先认识和研究的天体系统,关于太阳系的起源与演化的研究已有200 多年的历史。同恒星起源与演化的研究相比,对太阳系的起源与演化的研究要困难得多。因为宇宙中存在大量处于各个时期的恒星,将这些恒星排列起来,就可能形成恒星一生的演化序列。而可供观测研究的太阳系只有一个。关于太阳系起源和演化问题的研究,经历了一番曲折的发展。目前,现代星云说是被人们普遍接受的观点。它是建立在大量新的观测事实的基础上,并吸收了现代科学的新成果,能够较圆满地说明太阳系的形成过程。

按照现代星云说的观点,太阳系的形成,首先是在银河星云中产生太阳星云,太阳星云再演变成星云盘,最后星云盘的中心收缩形成太阳,周围产生行星。

一、关于原始星云和太阳的形成

大约 60 亿年前,银河系中有一块巨大的弥漫星云,组成星云的物质主要是氢、氦及尘埃。由于质量巨大,星云在自引力的作用下收缩旋转产生漩涡,使星云碎裂成大量碎片,其中有一块后来形成太阳系的星云碎片,就是太阳系的原始星云,即太阳星云。

太阳星云在不断收缩中,自转不断加快,当自转速度足够大时,太阳星云赤道附近由于惯性离心力与引力平衡,物质不再收缩,其余部分继续收缩,于是,球形的太阳星云逐渐变成一个又圆又扁的天体,这就是星云盘。

在进一步的收缩中,星云盘的中心和主要部分变成原始太阳,原始太阳继续收缩,密度增大导致温度急剧上升,当温度达到 700 万度时,触发氢核聚变反应释放出巨大的能量,光芒四射的太阳就诞生了。

二、关于行星的形成

在形成太阳的同时,星云盘的周围部分进行着行星的形成过程。

星云盘主要由三类物质组成:尘粒、冰粒和气体。其化学组成:尘粒主要是铁、硅、镁、硫及其氧化物,占星云盘质量的 0.4%;冰粒主要是碳、氮、氧及其氢化物,占星云盘质量的 1.4%;气体主要是原子氢、分子氢、氦、氖等,占星云盘质量的 98.2%。固态的尘粒、冰粒或尘冰混合颗粒虽然质量较小,但却是形成行星及卫星的主要原料。

星云盘中的固态颗粒在运动中相互碰撞、黏合而由小变大形成团块,团块吸附周围的小颗粒,壮大到不会因碰撞而破碎时,就成为星子。星子继续碰撞吸积,相互兼并后,形成行星胎。行星胎具有相对的稳定性,体积较大,靠引力作用不断成长壮大,最终形成八大行星。离太阳较近的类地行星,由于太阳的辐射,氢、氦等气体被蒸发而减少,星体的主要成分为硅、氧、镁、铁等;而木星和土星则基本保留太阳星云的原来成分,以氢、氦为主,因此,它们体积大、密度小;远日行星又由于离太阳较远,引力较小,氢、氦等轻元素容易逃逸,剩下的以氧、氮、碳为主,氢、氦为次。氧、氮、碳与氢化合生成水、氨、甲烷等化合物,密度又变大了。

行星胎周围的物质类似于行星系统形成的过程,产生围绕行星运转的卫星。在火星和木星轨道间,还有一个小行星带,它们可能是一些未能形成行星的小块物质集团,也可能是一颗大行星碎裂后形成的。土星和天王星的光环,都是由大量细小的碎块组成,也可能有类似的起源。

现代星云说是目前对太阳系起源与演化阐述得较为满意的理论,但它还并不完满,还存在一些有争议之处。随着科学观测手段的进步和科学研究的深入,太阳系起源与演化理论将会逐步完善起来。

第五节 21世纪宇宙学面临的问题

20世纪人类对宇宙的认识取得了巨大的进展,对宇宙的整体结构有了科学的描述,对宇宙的起源与演化有了大致的、较为满意的解释,对一些宇宙现状有了定性的说明,一些定量的预言已被天文观测所证实。20世纪提出的宇宙大爆炸模型已成为科学界普遍接受的科学理论。但是,宇宙中还存在相当大的未知空间等待人类去探索,现代宇宙学还存在许多难以解释的问题有待于21世纪来解决。

一、黑洞与类星体

黑洞和类星体是宇宙中两种完全不同的、特殊的天体。虽然关于黑洞模型的论述已很详尽,但到目前为止,黑洞的存在只是理论上的预言,还没有一个天体被确认为黑洞。类星体虽然已发现了几万个,但它们究竟是什么天体,至今没有明确的答案。揭开黑洞和类星体神秘的面纱,对于人类认识宇宙演化具有十分重要的意义。

（一）搜寻黑洞

早在1795年,著名的天文学家拉普拉斯根据牛顿的引力理论就曾经预言了黑洞的存在。只是在很长的时期内,黑洞假说并未引起天文学家的注意。直到20世纪60年代,由于天文观测上类星体、脉冲星等一系列的重大发现,人们才意识到黑洞研究在天体物理中的价值。1967年美国物理学家约翰·惠勒正式提出"黑洞"这个名词。

黑洞是什么?爱因斯坦的广义相对论对黑洞做了正确的解释:黑洞是引力坍缩的结果。黑洞是一种特殊的、具有许多奇异特性的天体,它有一个边界,称为"视界"。视界外面的任何物体可以向着或离开视界而运动,也可以围绕黑洞运动,但是,一旦落入视界之内,任何物体包括光就再也不能逃出视界(见图5-3)。我们无法获取来自于黑洞的任何信息。在黑洞的视界以内,任何物体都会受到巨大引力以极快的速度落到黑洞中心。除黑洞中心有物质外,其他地方空无一物。黑洞是一个只有质量、电荷和角动量的暗黑而空虚的球体。按质量来划分,有恒星级黑洞和星系级黑洞;按旋转来划分,有不旋转的史瓦西黑洞和旋转的克尔黑洞。

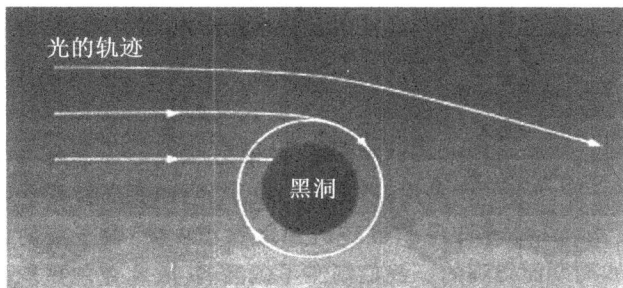

图 5 - 3　黑洞对外界光线的影响

黑洞真的就是漆黑一团吗? 1974 年,英国物理学家史蒂芬·霍金在对黑洞做了大量的理论研究之后,发表了题为《黑洞会爆发吗?》的论文,指出黑洞并不是完全黑的,它以恒定的速率发出辐射和发射粒子,证明黑洞的边界并不是密不可透,黑洞能辐射能量,并损失质量。霍金的辐射理论将引力论、广义相对论、量子论和统计力学统一到一起,突破了爱因斯坦广义相对论的限定,使黑洞理论在观念上有了突破性的进展。1978 年霍金荣获物理学领域的最高奖"爱因斯坦奖"。霍金因在黑洞和宇宙论方面的贡献,成为当代最杰出的物理学家和天文学家之一。黑洞物理也成为一门新的物理学分支。

虽然黑洞是理论研究的产物,可以说是理论家计算出来的,但当今的黑洞研究已越来越多地与天体物理前沿领域众多的热点课题相关联,已经到了采用各种观测手段搜寻黑洞的阶段。

(二)类星体之谜

类星体是 20 世纪 60 年代天文学的四大发现之一,是射电天文观测的又一重大贡献。类星体既非普通恒星也非普通星系,是类似于恒星的天体。目前观测到的类星体已有数万之多,但它究竟是什么天体? 仍然是一个未揭开的奥秘。

类星体的最大特点是它有巨大的光谱红移。一般河外星系的红移量不会超过 0.5,而类星体的红移量可达 2.012 或 2.877 以上,由此引发了一系列的难解之谜。其一,根据哈勃定律,类星体都远在几亿光年或几十亿光年之外,甚至有的距离我们近 150 亿光年。这比许多河外星系要远得多。因此,类星体是我们所观测到的最遥远的天体。离我们如此之远的类星体的辐射能被地球上的光学望远镜和射电望远镜接收到,说明类星体又是已知辐射强度最大的天体。一般类星体的光度可达太阳光度的 10 万亿倍左右,是整个银河系总光度的 100 倍,甚至有些类星体的光度超过银河系的 10 万倍。一个体积不超过太阳系的天体,亮度超过包含 2000 亿颗恒星的银河系。如此小的体积内,产生如此巨大的能量,能源是什么? 这是用热核反应都解释不了的能源之谜。其二,由类星体的红移量,根据哈勃定律,可计算出其退行速度。目前,红移最大的类星体是 SDSS100+0524。其速度达到光速的 96%。一个巨大天体的运动能达到如此高的速度,这是天文学家无法解释的速度之谜。

类星体之谜向天文学和物理学提出了挑战,如果类星体的确离我们很遥远,那么我们应该去探索这一新的能源;如果类星体并不是很遥远,说明类星体红移不属于宇宙学性红移,这种红移就不遵守红移与距离的正比关系,那么我们应该去探索产生这种红移的其他原因。无论哪一种情形,都将导致天文学和物理学上的重大突破。

二、暗物质与宇宙的未来

星系中除了大量的恒星、星团和星云还有别的物质存在吗? 回答是肯定的,而且很多。但是这些物质几乎不辐射电磁波、可见光或红外光,不容易被人们发现,因此称为暗物质。这些暗物质观测不到,但它们的引力却暴露出它们的存在。在过去的数十年中,天文学家的观测结果揭示了一个令人震惊的事实:在一个星系中,没有辐射但有引力作用的暗物质至少占整个星系的 90% 以上,包括我们银河系。毫不夸张地说,宇宙中处处都有暗物质,而且它们超过整个宇宙物质 90% 的比例。

这些暗物质又是由什么构成的呢? 1996 年,一组天文学家根据他们新的观测结果,指出银河系中的暗物质有 50% 以上是大质量致密晕天体,估计是由恒星的残骸构成的。暗物质还可能与中微子有着重要的关系,因为在宇宙中存在大量的中微子,如果中微子存在静止质量,即使是极其微小的质量,它们的总质量也是相当可观的。因此,有的天文学家认为暗物质是诸如黑洞、木星类行星、辐射束没有朝向我们或死亡了的中子星,也有人认为,是由质子和中子组成的宇宙原始物质,或是人类还未发现的新粒子。这些还有待于进一步的实验证实。

对于宇宙的未来,是一直膨胀下去,还是膨胀到速率为零之后,在自引力的作用下又开始收缩,这与宇宙的平均物质密度有着重要的关系。如果平均密度太高,则它必定在膨胀较短的时间后就开始收缩;如果密度太低则将迅速膨胀。按照目前能观测到的物体,宇宙中的平均物质密度是相当低的,宇宙将一直膨胀下去。但是,由于暗物质的存在将会使平均物质密度大大提高,因此,对暗物质的研究成为 21 世纪的一项重大的科学课题。宇宙究竟是开放型的还是封闭型的，目前还没有定论，但多数天文学家倾向于我们的宇宙中拥有足够多的物质，是一个封闭的、有边界的、振荡的宇宙。

三、探索宇宙中的反物质

根据宇宙大爆炸理论，在宇宙的起始阶段，粒子和反粒子在数量上是相等的。那么，为什么现在的宇宙中只见由粒子构成的正物质，而不见由反粒子构成的反物质呢？这些反物质是没有被发现还是已经消亡？为了寻找宇宙中的反物质，以美籍华人丁肇中为首的国际合作组织，于 1998 年用航天飞机发射了核心部件由中国制造的 α 磁谱仪，并计划建立 α 空间站。

为什么要寻找反物质？我们知道，一对正、反粒子相碰可以湮灭，变成携带能量的光子，即粒子质量转变为能量。反之，两个高能粒子碰撞时有可能产生一对新的正、反粒子，即能量也可以转变成具有质量的粒子。根据物质与反物质能全部转化为能量的特性，若能找到反物质，则将给人类解决能源问题带来希望。从理论上计算，1 g 正物质与 1 g 反物质反应释放出的能量相当于数千克的核聚变物质放出的能量，这一能量是巨大的。

宇宙中的反物质肯定是稀少的，否则，宇宙中将时时发生爆炸。对于反物质少于正物质的原因，目前有两种解释。一种观点认为：宇宙的起始阶段，正、反粒子确实几乎相等，只有微小的差别。后来，大部分正、反粒子湮灭后，只剩下微小的多余部分构成现在的宇宙。另一种观点认为：宇宙间正、反物质的不对称是由于反粒子消亡的速度太快，以至于现在宇宙正物质更多。这一观点来源于 1999 年日本科学家对 700 万对正、反 B 介子的实验观测结果。但大部分科学家认为，反粒子种类很多，仅以 B 介子的实验为例，不足为凭，还需要通过大量的实验验证。

四、微观领域与宇观领域的统一

从 20 世纪 70 年代中期开始，宇宙学的研究逐渐依赖于粒子物理学的发展，反过来粒子物理学由于实验条件的限制，寄期望于空间技术的发展，可以利用宇宙的特殊环境和天体中自然存在的高能粒子源为粒子物理学提供天然的实验条件。微观领域与宇观领域的研究自然而然地走到了一起。

物理学家一直在思考一个问题：能否将自然界中的四种相互作用力——强力、弱力、电磁力和引力纳入某种单一的统一理论之中？我们知道，四种相互作用力的作用强度、对象及范围是极不一样的，如何能统一在一起？答案是：自然力的相互作用强度随粒子能量(或环境温度)的变化而变化。理论上预期:在极高能下,即相当于 10^{28} K 的温度以上的情况,四种基本相互作用力有可能统一在一起。这样的高温只有在宇宙诞生后的 10^{-36} s 之前,即量子时代和大统一时代才具备。我们顺着从宇宙大爆炸瞬间到宇宙形成的时刻表反推回去,可以发现随着温度越来越高,四种基本相互作用力逐渐统一。由此可见,粒子物理学的大统一理论可以促进宇宙学的发展,同时,宇宙学的观察结果也可用于检验粒子物理学的理论。粒子物理学与宇宙学在相互促进发展的过程中,必将推动着整个科学技术的进步。

知 识 点 归 纳

1. 天文学是研究宇宙中天体的位置、分布、运动、结构、物理状态、化学组成和演化规律的科学,是自然科学六大基础学科之一。天体的起源与演化是现代天文学研究的重要内容。

2. 天体是指宇宙间各种物质客体的总称。它包括宇宙间各种星际物质,如星云、恒星、行星、卫星、彗星、流星等。

3. 天体系统是指宇宙中的一些天体按照一定的规律围绕某一个中心天体旋转运动,相互之间存在吸引和绕转关系的天体群。例如,地月系、太阳系、银河系、河外星系、总星系。

4. 太阳系是银河系中的一个星系。太阳系的成员:太阳、八大行星、40 多颗卫星、2000 多颗小行星、流星、彗星等。

5. 银河系是由 2000 多亿颗恒星和大量星云组成的一个庞大的天体系统,银盘直径为 10 万光年,中心最大厚度为 1.6 万光年。银河系除自转外,还作为一个整体以每秒200 多公里的速度朝着麒麟座的方向飞奔。

6. 星系是由几十亿到几千亿颗恒星、星际气体和尘埃物质等构成,大小占据几千光年至几十万光年空间的天体系统,如银河系。

7. 银河系以外的星系称为河外星系。目前已观测到的类似于银河系的河外星系有数十亿个。其中最远的河外星系距离地球 150 多亿光年。

8. 总星系是指银河系和所观测到的所有河外星系的总称。到目前为止,还没有发现总星系的边缘和核心。

9. 哈勃星系分类法将星系分为椭圆星系、旋涡星系和不规则星系三大类。银河系属于旋涡星系。

10. 人类对宇宙的认识历程经历了三次重要的飞跃:第一次,对行星层次的认识——开普勒定律的飞跃;第二次,对恒星层次的认识——赫罗图的飞跃;第三次,对星系层次的认识——哈勃定律的飞跃。

11. 哈勃定律描述了星系在大尺度规模上的退行,距离愈远退行愈快。目前整个宇宙正按哈勃定律在膨胀。

12. 目前,太阳的年龄约 50 亿年,银河系的年龄约 100 亿年,宇宙的年龄约 150 亿年。

13. 恒星的一生从诞生到死亡,经历了原始恒星、主序星、红巨星、高密恒星四个阶段。

14. 主序星阶段是恒星的壮年期,这一阶段占据恒星一生 90% 的时间,太阳的主序星阶段约为 100 亿年,目前,太阳的年龄为 50 亿年,正处于主序星的中期。

15. 红巨星阶段是恒星的晚年期。太阳将在红巨星阶段停留 10 亿年。

16. 恒星的质量不同,其晚年的归宿也不一样:

0.2～8 倍太阳质量的恒星→红巨星→行星状星云→白矮星→黑矮星;

8～50 倍太阳质量的恒星→超巨星→超新星爆发→中子星→黑矮星;

50～100 倍太阳质量的恒星→超巨星→超新星爆发→黑洞。

17. 爱因斯坦的广义相对论对黑洞的解释:黑洞是引力坍缩的结果。

思考与探索

1. 大爆炸宇宙学的主要观点是什么? 从宇宙大爆炸到今天,宇宙的演化经历了哪些过程?

2. 什么是类星体? 什么是类星体的能源之谜和速度之谜?

3. 宇宙中的反物质是指什么? 为什么要寻找宇宙中的反物质?

4. 宇宙中的暗物质是什么? 这些暗物质与宇宙的未来有什么关系?

5. 怎样理解微观领域与宏观领域的统一?

第六章　生命的本质

本　章　导　读

什么是生命？生命的物质基础是什么？生命的本质是什么？这是自然科学长期探索的重大基本问题，也是贯串本章内容的一条主线。

生命是一种特殊的物质运动形式。生命的物质基础是蛋白质和核酸，生命的本质特征是具有自我更新、自我复制的遗传机制。

20世纪50年代，沃森-克里克发现了DNA分子的双螺旋结构之后，人们陆续又发现了DNA的自我复制机制、基因与生命遗传密码、基因控制蛋白质合成的转录和翻译过程等，使人们不仅对DNA有了更深刻的认识，而且对生命现象有了更深刻的理解，为揭开生物遗传的奥秘打开了大门。

生命科学以人为本，在21世纪将扮演重要的角色。人们期望通过生命科学理论来指导生物技术，控制生命过程，由生物体去改变世界，同时完善人类本身。

第一节　生命的物质基础

生物体是物质的，物质是由原子构成的。原子的不同排列与组合形成了分子、大分子、大分子体系。生物大分子包括蛋白质、核酸、糖、脂类、维生素和激素等。其中蛋白质和核酸最重要，是任何生命不可缺少的物质基础，是细胞的核心成分。复杂的大分子体系以水为介质，以细胞为结构单位，再组成我们所看到的组织、器官、生物个体乃至整个生物圈。

一、生命的物质基础——蛋白质与核酸

（一）蛋白质

蛋白质是细胞和生物体的重要组成部分，它占细胞干重的一半，肌肉、皮肤、血液、毛发的主要成分都是蛋白质，生物膜中蛋白质的含量约占 60%～70%。植物体内由于有丰富的纤维素，蛋白质含量相对较少。

蛋白质的主要组成成分是氨基酸。氨基酸由三种碱基构成。A-腺嘌呤、U-尿嘧啶、C-胞嘧啶、G-鸟嘌呤这四种碱基中的每三种碱基构成一种氨基酸。组成蛋白质的氨基酸有 20 种。氨基酸的主要成分有碳、氢、氧、氮四种元素，其重量合占 99%，此外还有铁、硫、镁等微量元素。不同种类、不同数量的氨基酸，按不同的排列方式构成不同的蛋白质。仅在人体中的蛋白质就有 10 多万种，而生物界蛋白质的种类估计在 10^{10}～10^{12} 种。有些蛋白质完全由氨基酸组成，称为简单蛋白质，如核糖核酸酶、胰岛素等；有些蛋白质除了蛋白质部分外，还有非蛋白质成分，称为结合蛋白质，如血红蛋白、核蛋白等。

蛋白质分子是由众多的氨基酸通过肽键连接起来的多肽链。其大小十分悬殊，组成蛋白质分子的氨基酸，一般有 30～50 万个。每一种天然的蛋白质都有自己特有的空间结构。蛋白质的一级结构是指蛋白质中氨基酸的排列顺序。蛋白质的结构与蛋白质的活性密切相关。蛋白质可以结晶，但也容易变性，如遇冷、热、酸、碱等都会使之变性。蛋白质的空间结构改变其活性也将随之变化。

蛋白质在生物体的生命活动中具有十分重要的作用。首先，蛋白质是构成生命体的基本材料，生物性状都与蛋白质有关，如细胞中的氧化还原反应、电子传递、神经传递、学习、记忆等多种生命活动都需要有蛋白质。胰岛素、胸腺激素等许多重要的激素也都是蛋白质。植物种子中的蛋白质提供幼苗生长必需的营养。蛋白质还具有储存氨基酸的功能。其二，在生命体中对各种生化反应起催化作用的酶主要是蛋白质。蛋白质还参与基因表达的调节。其三，蛋白质还具有运载功能和调节功能，如红细胞中的血红蛋白具有输送氧气的作用。其四，生命体中的免疫反应主要是通过蛋白质来实现的，等等。

（二）核酸

核酸是最重要的一类生物大分子。它们最先是从细胞核中分离出的一类酸性物质。核酸的主要成分是核苷酸。它是生物体遗传的物质基础。

核酸又可分为脱氧核糖核酸（DNA）和核糖核酸（RNA）两大类。DNA 是遗传信息

的携带者,主要存在于细胞核内的染色质中。DNA 在细胞核内转录产生 RNA,RNA 进入细胞质中,主要指导蛋白质的合成。RNA 主要存在于细胞质中。

核酸是一种庞大而复杂的高分子有机化合物,是单核苷酸的聚合物。组成核酸的核苷酸分子有几十到几百万个。每一个 DNA 和 RNA 分子各由 4 种核苷酸分子,按不同的排列顺序组成。而每一个核苷酸分子含有一个戊糖(核糖或脱氧核糖)分子、一个磷酸分子和一个碱基组成。组成 DNA 的碱基是 A -腺嘌呤、G -鸟嘌呤、T -胸腺嘧啶、C -胞嘧啶四种;组成 RNA 的碱基中没有 A -胸腺嘧啶,而只有 U -尿嘧啶。一个核酸大分子是由大量的核苷酸通过一个核苷酸的戊糖与另一个核苷酸的磷酸聚合串联而成为长链。所以核酸的分子又称为多核苷酸。核酸的一级结构就是指线性长链中 4 种不同的核苷酸的排列顺序。遗传信息就在这些核苷酸序列之中。虽然核酸中只有 4 种核苷酸组成,但核酸的分子巨大。生物体中 DNA 分子最短的约为 4000 个碱基对,最长的约有 40 亿个碱基对,如人的生殖细胞中 DNA 长度约为 1.1 m,其所携带的遗传信息可达天文数字。

核酸的主要作用有两个:一是复制本身;二是指导蛋白质的合成,控制细胞的新陈代谢和生长发育方向。

二、生命的基本结构单位——细胞

1665 年英国学者胡克用显微镜观察软木片,发现了细胞,打开了生命微观世界的窗口。1838 年,德国生物学家施莱登、施旺提出了细胞理论,指出一切动植物都由细胞组成,细胞是生命的结构单元、繁殖单元和功能单元,细胞来源于细胞。细胞理论较好地揭示了生命现象的统一性。

细胞是生命体的基本结构单位。生物个体绝大多数都是由细胞构成的。生命开始于细胞,细胞是生命的基石;细胞是生命体的基本繁殖单位,生命的新陈代谢是细胞中物质的交换和能量的转化构成的,细胞的生长、繁殖和分化导致了生命体的生长和发育;细胞是生命体的基本功能单位,生命活动只有在细胞结构中才能实现,一旦细胞死亡,生命也就停止了。

细胞是由分子构成的。核酸和蛋白质是细胞中两种重要的生物大分子,它们决定了细胞的基本特性。如果我们将细胞放大,再放大,就会发现细胞是一个奇妙的大千世界。

(一)细胞的结构

细胞虽然小得肉眼看不见,但它内部结构精密,运动有序。细胞可分为原核细胞和真核细胞两大类。

原核细胞没有典型的核结构,遗传信息的载体仅为一个裸露在细胞中的环状 DNA。几乎所有的原核生物都由单个原核细胞构成,包括支原体、衣原体、细菌、放线菌、蓝藻等。它们结构简单、适应性强。能侵入到最不适宜一般生物生长的环境,如高温的温泉和几乎干枯的死海盐地。原核细胞的增殖方式一般为无丝分裂。

真核细胞具有完整的细胞核。真核细胞结构复杂,一般在一个细胞中有一个细胞核、一到几百个叶绿体、几千几万个线粒体和高尔基体、几十万个核糖体、无数的溶酶体,内质网布满了整个细胞,使细胞具有高度的程序化与自控性。构成植物王国和动物王国的细胞绝大多数都是真核细胞。

真核细胞的结构分为三大系统:膜系统、颗粒系统和骨架系统。

1. 膜系统

膜系统是指细胞质膜以及细胞内外的膜性结构,又称为生物膜,包括:内质网、高尔基体、溶酶体、过氧化物体、细胞核外膜等。

细胞质膜:细胞表面的一层薄膜。它具有控制物质通透、信息传递等多种功能。

内质网:分布在细胞质中,是由膜围成的管状或扁平囊状的相互连通的网状结构。粗面内质网常分布于细胞核周围,呈同心圆状排列,参与蛋白质的合成与运输。光面内质网多呈网状分布的小管,在一定部位与粗面内质网相连接,参与脂肪、磷脂胆固醇、糖原的合成与分解。肝细胞内的光面内质网还有解毒作用。

高尔基体:是意大利医生高尔基于 1898 年在神经细胞内发现的,位于细胞核附近,由膜围成的扁平囊、大泡和小泡三种结构组成。高尔基体的作用如同一座加工厂,加工、浓缩和运输蛋白质。此外,它还能合成糖类等物质。糖在高尔基体内能与蛋白质结合,形成各种糖蛋白。

溶酶体:是一种泡状结构,内部含有各种水解酶,能分解各种生物大分子,如蛋白质、核酸、脂类和多糖等。主要功能为消化吞入细胞内的大分子营养物质,将消化后的营养物质扩散到细胞质,供细胞生命活动所需的能量,残渣再排出细胞外,起到营养和防御的作用。

内质网是合成膜的主要部位,大多数磷脂和胆固醇都是在这里合成。它们通过内质网表面时,将内质网膜包裹在自己身上,然后就像乘车旅行一样,到高尔基体这辆车便成为高尔基体的一部分,在高尔基体内蛋白质进行再加工,加工完的蛋白质或者到溶酶体,或者到质膜和其他结构中。就这样,通过膜的流动实现物质的运输更新,膜也不断得到再生、流转。可见,内质网、高尔基体、溶酶体在执行各自功能时,互为联系、互为补充,形成膜的流动,组成生命活动的统一体。

2. 颗粒系统

颗粒系统是细胞内部相对独立的颗粒状细胞器,包括线粒体、质体、核蛋白体、细胞核等。与膜系统不同的是,颗粒系统彼此之间在结构和功能上的联系并不十分紧密。

线粒体:是一种呈短线状或颗粒状的细胞器,是细胞内物质氧化、释放能量的场所。由于线粒体内含有少量的 DNA,因此,线粒体具有半遗传自主性。

质体:是植物细胞内特有的细胞器,分为白色体、有色体和叶绿体。叶绿体能吸收、固定太阳能,是生命的基础,也是文明的基础。光合作用就在叶绿体内进行。在光照条件下,白色体可转变为叶绿体,叶绿体在暗处也可退化为白色体。质体中也可积累非光合作用色素而转化为有色体。

核蛋白体:又称为核糖体,是细胞最重要的细胞器之一。几乎所有的细胞都含有核蛋白体。核蛋白体主要由蛋白质和 rRNA 组成,是蛋白合成的场所。在真核生物中,核蛋白体是在细胞核核仁中装配的,然后进入细胞质。

细胞核:是真核细胞内最大、最重要的细胞器。一般呈球形或卵圆形,约为细胞总体积的 10% 左右。一般来说,真核细胞失去细胞核将导致细胞的死亡。细胞核主要是由核膜、核仁和染色质构成,细胞核内的 DNA 和蛋白质结合形成丝状的染色质,染色质盘绕折叠形成染色体,是遗传信息的载体。

一个细胞核内含有该物种的全套遗传信息。人的基因组 DNA 由 30 亿对碱基组成,大约有 3 万多个基因,可记录 50 亿比特的信息量,相当于 2000 万册图书的信息量。DNA 上的遗传信息通过转录、翻译成蛋白质来控制遗传表形。DNA 上数万基因的有序表达组成生命的节奏。

3. 骨架系统

最初,人们认为细胞质内是均匀无结构的。随着电子显微镜技术和蛋白质化学技术的发展,人们发现在细胞内充满着由微丝、微管、中间纤维和微梁构成的骨架系统。它们的功能是共同保持细胞的形状,保障细胞的运动和细胞内的物质运输等。

(二)细胞的增殖

细胞只能来源于细胞,细胞通过分裂来繁殖自己。而生命靠细胞的分裂延续。细胞增殖是生命的重要特征。

细胞的分裂方式有:无丝分裂、有丝分裂和减数分裂等。其中最常见的是有丝分裂和减数分裂。无丝分裂是大多数原核细胞的增殖方式,即简单地由一个分为两个。有丝分裂是高等生物细胞增殖的主要方式。目前,人们虽然对细胞有丝分裂的形态变化有所了解,但对变化机理等问题不甚明了,还有待于进一步研究。减数分裂是高等生物在形成生殖细胞时发生的一种特殊的细胞增殖方式。

高等生物体内不同组织中细胞的增殖情况不完全相同,主要可分为三类:周期细胞、休眠细胞和分化细胞。周期细胞是指始终处于连续不断分裂状态的细胞,如生殖细胞、上皮细胞和造血细胞等;休眠细胞是指暂时不再增殖,但在一定条件下会被激活而再发生分裂的细胞,如大多数的骨髓干细胞,免疫淋巴细胞,肝、肾细胞等;分化细胞是终端分化的细胞,它们不再发生分裂直到死亡。分化细胞都具有特定的功能,因此又称为成熟细胞,如神经细胞、肌纤维细胞等。

（三）细胞社会学

细胞是可以独立生活的单位,但细胞大多是在群体中生活的。细胞在群体之间有分工、有联系,并且相互协作、相互制约,组成细胞社会。

细胞具有识别功能。1907年,维尔森用海绵验证了细胞的识别功能。海绵是最简单的多细胞动物,仅由5～6种细胞构成。用机械的方法可将海绵体游离成单个细胞。当把颜色不同的两种海绵细胞混合时,游离细胞迅速重聚成团,每一个聚合体内只含有一种颜色的细胞。这种相互识别功能还表现在:① 不同的物种上,如将鸟和猴子的肝脏细胞分散重聚时,同物种的细胞相聚。② 同一生物体的肝脏和肾脏细胞分散重聚时,同组织的细胞聚合。③ 植物花粉和柱头的识别,只有同种花粉才会萌发。④ 精子与卵子的识别,只有同物种才能受精等等。细胞间的识别是普遍的,且有物种、器官和发育过程的特异性。细胞之间的特异识别的分子基础是细胞表面附着的跨膜糖蛋白分子。

生物体内的大量细胞通过相互识别,会形成稳定的细胞聚合,然后形成不同形式的固定连接。

生物体的每一个细胞都带有该物种的全套遗传信息。这似乎太浪费了! 其中是否蕴含特殊的生物学意义? 这是许多生物学家在思考的问题。多细胞生物体的每一个细胞都具有自己特殊的职能。并且,在工作中细胞能感知整个生物体的状态,并接受指令完成各项任务。多细胞生物体内各个细胞间的这种独特的联系是靠什么来维持的? 现在多数研究认为,是由生物体内的生物电沟通的,生物电作用的机理要比目前主要进行的生物化学信号之间的联系更为深入。

许多神奇的生物现象乃至生命本质的探索,可能更多地依赖于细胞全息理论的生物物理的研究。细胞之间、细胞与个体之间的信息流通的关系是当今生命科学研究的重点课题。

第二节　生命的本质

　　生命的本质是什么？恩格斯早在《反杜林论》中就指出："生命是蛋白体的存在方式。这种存在方式本质上就在于这些蛋白体的化学组成成分的不断自我更新。" 20 世纪以来，生命科学的研究取得了惊人的进展。一批优秀的生物学家、生物化学家、生物物理学家以分析与综合的研究方法，运用精密的仪器，使生物学从描述阶段进入到精确的实验分析、数学建模和重现重建阶段，使生命科学的研究从细胞层次进入分子层次，取得了一系列激动人心的发现。生物遗传物质 DNA 双螺旋结构的发现，标志着分子生物学的诞生。随着分子生物学研究的进展，又发现了 DNA 分子的自我复制机制、基因控制蛋白质合成的转录和翻译过程等等，使人类对生命的本质有了进一步的认识。

　　生命是由蛋白质和核酸组成的具有自我更新、自我调节、自我复制能力的多分子体系。这是对生命本质的最新阐述。

一、生物遗传的奥秘

　　人们很早就发现，不管是动物还是植物，是高级还是低级，复杂还是简单的生物体，都表现出子代与亲代之间的相似或雷同，这种现象就是遗传。

　　生物体为什么会具有遗传性？遗传物质的结构如何？遗传又是怎样实现的？

（一）遗传物质 DNA 的双螺旋结构

　　1953 年，美国生物学家沃森和英国生物物理学家克里克在前人研究的基础上提出了 DNA 分子的双螺旋结构模型。双螺旋模型是 DNA 大分子的二级结构。

　　DNA 双螺旋模型的主要内容：① DNA 分子是由两条反向平行的多核苷酸链组成，并围绕同一中心"轴"形成右手螺旋。② 双螺旋的螺距为 3.4 nm，每个螺距包含 10 对碱基，双螺旋的直径为 2.0 nm。③ 两条链中的碱基，在双螺旋内侧通过氢键形成严格互补的碱基对：A＝T、G≡C。而遗传信息就在这些碱基的排列顺序中。

　　在 DNA 双螺旋模型中，A -腺嘌呤与 T -胸腺嘧啶配对，碱基之间可以形成 2 个氢键。G -鸟嘌呤与 C -胞嘧啶配对，碱基之间形成 3 个氢键。因而分子很稳定。但在一定的物理、化学条件下，稳定的核酸大分子结构也会被破坏。DNA 双螺旋会被拆开，成为两条单链，这就是核酸分子的变性。在变性因素除去后，DNA 分子可以慢慢恢复双螺旋结构，称为复性。在复性的过程中碱基严格配对。因此，在基因工程操作中，利用核酸分

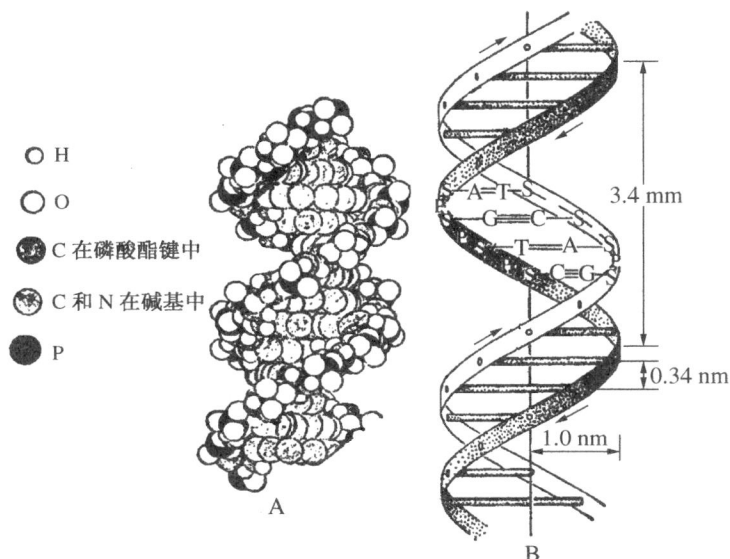

图 6-1　DNA 双螺旋结构模型

子的变性和复性,发展了一项新的实验技术——分子杂交,并在个体识别、亲子鉴定等研究中得到了广泛应用。

　　DNA 双螺旋结构的提出,开创了生命科学新纪元。在双螺旋基础上,DNA 大分子进一步折叠盘旋形成染色质和染色体,通过 DNA 分子复制,将遗传信息准确地由上代传递至下一代。

　　20 世纪 40 年代,一批优秀的化学家、物理学家进入生命科学的研究领域,为生命科学的发展作出了重要的贡献,也为沃森、克里克建立 DNA 双螺旋模型铺平了道路。其中英国的物理学家威尔金斯和富兰克林由于拍摄到珍贵的 DNA 晶体的 X 衍射照片(照片是富兰克林女士亲自拍摄到的,她作为银行家的女儿,献身科学终身未婚,在 1958 年死于癌症,年仅 37 岁),对认识 DNA 结构起到了决定性的作用。沃森、克里克和威尔金斯共同获得 1962 年诺贝尔奖。沃森在完成 DNA 双螺旋模型时,年仅 25 岁。现在沃森仍然活跃在生命科学研究的前沿。

（二）DNA 分子的自我复制

　　生物大分子 DNA 的自我复制机制是 20 世纪生命科学最令人振奋的发现之一。

　　生物体在繁衍的过程中,将自己的性状遗传给下一代,依靠的是遗传物质 DNA 的准确无误的复制,即以亲代 DNA 为模板,在一定条件下,按照碱基互补的原则合成子代 DNA。

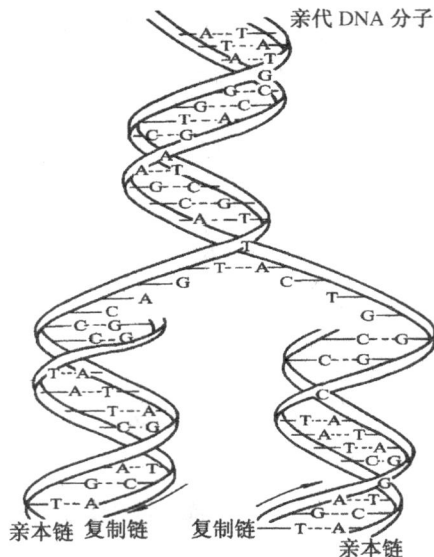

图 6-2　DNA 的自我复制

　　DNA 的复制是一个复杂的过程。DNA 是一条反向平行的互补双螺旋链,如同一条拉链的两条边相互紧紧咬合在一起。复制的过程:首先,在解链酶的作用下,使双螺旋链在局部形成两条单链。第二,以每条单链为模板,按照碱基互补配对的原则,在聚合酶的作用下,复制出两条新链。第三,为了加快速度,一般采用分段合成,最后再由连接酶连接而成为两条完整的子链。

　　由此可见,DNA 的复制并不是产生一个新的 DNA 分子,在子代 DNA 双螺旋结构的两条链中,一条是亲代保留下来的旧链,一条是新复制的新链。因此,DNA 的复制为半保留复制。正是这种"半保留复制",使得 DNA 能将亲代含有遗传信息的碱基的排列顺序准确无误地传递给下一代。这就是生物遗传的奥秘。

（三）DNA 的转录和翻译

　　生物体的形态特征、生理特征等性状,取决于细胞中蛋白质的不同种类。蛋白质存在于细胞质中;而 DNA 的复制是在细胞核内进行的。这两者之间有什么联系? 细胞核中 DNA 的遗传信息是如何传到细胞质中指导和控制蛋白质的合成的? 这个过程经历了

"转录"和"翻译"两个重要的步骤。

1. 转录过程

转录过程是在细胞核内进行的,与 DNA 的复制过程相类似:首先,将 DNA 分解成两条单链。接着,以 DNA 的一条链为模板,按照碱基互补配对的原则,以 U(尿嘧啶)代替 T(胸腺嘧啶),合成 RNA。

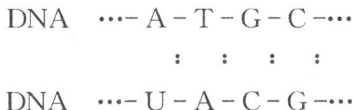

$$DNA \quad \cdots - A - T - G - C - \cdots$$
$$\vdots \quad \vdots \quad \vdots \quad \vdots$$
$$DNA \quad \cdots - U - A - C - G - \cdots$$

通过转录,DNA 的遗传信息就传递到了 RNA 上,这样形成的 RNA 称为信使 RNA(mRNA),信使 RNA 形成后,就可以从细胞核中出来,进入细胞质,与核糖体结合起来。

2. 翻译过程

翻译过程是在细胞质中进行的。核糖体是细胞内将氨基酸合成蛋白质的场所。氨基酸又是怎样被送到核糖体中信使 RNA 上的? 这就需要一种运载工具,即转移 RNA(tRNA)。

每一种 tRNA 的一端有三个碱基,与 mRNA 的碱基相配对,另一端携带氨基酸。当 tRNA 运载氨基酸进入核糖体后,就以 mRNA 为模板,把氨基酸一个个连接起来,合成具有一定氨基酸顺序的蛋白质。

我们可以将 mRNA 分子比作一条磁带,则核糖体就好像是磁头,放出的音乐就是根据 DNA 上所有的信息生成的、由氨基酸构成的蛋白质。

通常 RNA 分子是单链结构,分子量较小,比较灵活,但寿命有限。因此可以从细胞核内进入到细胞质中,当蛋白质合成后,它传递遗传信息的任务完成了,也就自行分解了。

(四)中心法则

综上所述,在细胞核内,子代以 DNA 为模板合成 mRNA,通过转录,DNA 的遗传信息就传递到了 mRNA 上,mRNA 再由细胞核进入细胞质,在细胞质内的核糖体中再以 mRNA 为模板,以 tRNA 为运载工具,使氨基酸在核糖体中按照一定的顺序排列起来,合成与亲代相同的蛋白质,从而显示出与亲代相同的性状,完成了遗传过程。这种将遗传信息从 DNA 传递给 RNA,再从 RNA 传递给蛋白质的转录和翻译的过程,以及遗传信息从亲代 DNA 传递给子代 DNA 的复制过程,叫做"中心法则",该法则包括:DNA 的复制、转录和翻译。

中心法则体现了生物体构造的精致巧妙。DNA 是遗传信息的携带者,存在于细胞核中,一般生物体都有两套,每套又组成稳定的双螺旋结构,由多种蛋白质层层保护。需要时就复印一份指令 RNA,RNA 肩负使命,直接来到细胞质中,指导蛋白质的合成。若 RNA 受损也无碍,因珍本 DNA 仍保留在细胞核中。中心法则说明了遗传性状表达的稳定性和流畅性,同时也说明了获得性不遗传的原理。例如,后天锻炼获得的肌肉发达,肌肉是由蛋白质决定的,因此,它不能回到 DNA 上成为遗传信息。

在后来的研究中发现,有些病毒可以反过来,以 RNA 为模板,合成 DNA。这种现象称为"反转录"或"反中心法则"。例如:1970 年在致癌病毒中发现一种反转录酶,在这种反转录酶的作用下,可以 RNA 为模板,合成 DNA。反中心法则是对中心法则的重要补充。

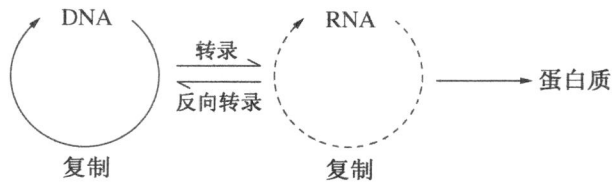

图 6-3　中心法则

由此可见,蛋白质和核酸单独都不表现生命活动,两者结合起来就产生了生命现象。可以说,生命是一种特殊的物质运动形式,表现为核酸和蛋白质中物质的一系列复杂的运动。

(五)遗传密码

遗传密码,又称为遗传信息,是指生物体内合成蛋白质的指令。在遗传密码中含有"生命机器"工作的重要原理,包含生命形成与演化的丰富信息。在 DNA 经转录和翻译,指导蛋白质合成的过程中,我们知道,由 DNA 转录成 RNA,遗传信息的传递是按照严格的碱基互补配对的原则实现的,那么,RNA 又是如何将遗传信息注入蛋白质的合成之中的呢?

蛋白质由 20 种氨基酸组成,氨基酸的不同排列顺序决定了蛋白质的种类。而 RNA 由四种核苷酸组成,可以四种碱基 A(腺嘌呤)、G(鸟嘌呤)、C(胞嘧啶)、U(尿嘧啶)来代表,每三种碱基决定一种氨基酸。例如,GCU 决定丙氨酸、GAG 决定谷氨酸、UUU 决定苯丙氨酸等,核苷酸的这种组合方式,就叫遗传密码,或称为"密码子"和"三联体密码"。1966 年,科学家破译了全部密码子,并编制出"生命密码字典"(见表 6-1)。

表 6 - 1　氨基酸遗传密码

氨基酸（20 种）	遗传密码（64 种）
天冬酰氨	AAU，AAC
天冬氨酸	GAU，GAC
丙氨酸	GCU，GCC，CCG，GCA
精氨酸	AGG，AGA，CGU，CGC，CGG，CGA
半胱氨酸	UGU，UGC
谷氨酸	GAG，GAA
谷酰氨	CAG，CAA
甘氨酸	GGU，CGU，GGG，GGA
组氨酸	CAU，CAC
异亮氨酸	AUU，AUC，AUA
亮氨酸	UUG，UUA，CUU，CUG，CUC，CUA
赖氨酸	AAG，AAA
甲硫氨酸	AUG
苯丙氨酸	UUU，UUC
脯氨酸	CCU，CCC，CCG，CCA
丝氨酸	UCU，UCC，UCG，UCA，AGU，AGC
苏氨酸	ACU，ACC，ACG，ACA
色氨酸	UGG
酪氨酸	UAU，UAC
缬氨酸	GUU，GUC，GUG，GUA
起始信号	AUG
终止信号	UGA，UAG，UAA

　　由表 6 - 1 可见，遗传密码有 64 种，其中 61 种用于编码各种氨基酸，三种用于编码终止信号。多数氨基酸有几个密码子。地球上所有生命体的遗传密码都是基本相同的。

　　在生物体的生长、发育、繁衍的生命过程中，遗传密码起到极为重要的作用。但遗传密码有时是可变的。大量的实验显示：由于 mRNA 中的有用密码子并不总是依次排列的,为制造某种蛋白质,核糖体必须跳过几种碱基后寻找有用密码子继续翻译,从而改变mRNA带来的密码子,发生"移码"现象。这种现象称为"RNA再编码",是生物体自组织的一种表现。偶尔的"移码",不会使生物体的性状产生大的改变。但如果生存环境变化带来"移码"的长期积累,则会使物种发生变异。这正说明生物的进化是自然选择和自组织相结合的产物。

二、基因与遗传变异

生物的生长发育、繁衍变异组成了波澜壮阔的生命现象,而主宰生命现象的是基因。基因决定生物的结构,决定生命的过程。基因的遗传与变异决定了生物体与自然的和谐统一,决定生物的演化和发展,形成了进化过程中生物的多样性。

(一)基因

基因的最初概念是来自遗传学创始人、奥地利生物学家孟德尔的遗传"因子"。在此基础上,1909年丹麦学者约翰逊应用了"gene"一词,其英文含意是"开始"、"生育"的意思。我们取其音译为基因,一直沿用至今。1957年本泽尔分析了基因内部的结构,认为基因是DNA分子上的一个特定的区段,作为传递遗传信息的功能单位。

基因是DNA分子上一个含有生物体全部遗传信息的片断,是传递遗传信息的功能单位和结构单位。一个DNA分子由许多基因组成,每个基因只是DNA分子上碱基按一定顺序排列的一个片断,往往含有成百上千个核苷酸分子。并非DNA分子上任何一段区域都是一个基因。同一个DNA分子上的所有基因,其碱基排列顺序都是相同的。而不同的基因,碱基的排列顺序是不同的。一种生命体的全部基因叫做这种生命体的基因组。人基因组DNA(即编码在螺旋型DNA里的全部遗传信息)大约由30亿个核苷酸组成,可以编码20万种蛋白质。

(二)遗传变异

不管是父母、子女还是兄弟姐妹,虽然容貌特征十分相似,但总有一些细微的差别。这种子代与亲代之间、子代个体之间的差异就是变异。没有变异,生物就没有进化;没有变异,遗传只能是简单的重复,也就不能形成生物的多样化。

基因的自由组合和连锁互换引起的基因重组,不涉及遗传物质的变化,可用来解释父母与子女的差异。

染色体的数目或结构改变、基因分子结构改变,称为突变。突变是可遗传的变异。正常的生物体内染色体的数目是恒定的。例如,人有 23 对染色体、果蝇有 4 对染色体、洋葱有 8 对染色体等。若生物体内的染色体数目发生改变,或整套染色体发生缺少、增加的现象,或染色体结构发生缺失、重复、倒位、易位等变化,将会产生遗传变异,导致生物的性状发生变化,还会造成某些表形的改变。例如,多数生物是二倍体生物,即体细胞含有两套染色体,少数的有四倍体、六倍体。如果用二倍体和四倍体西瓜杂交,可获得三倍体西瓜,即无籽西瓜;某些先天性疾病与染色体的数目有关。如:Klinefelter 综合症,患者外貌是男性,却出现女性的发育特征,智力较差。Turner 综合症,患者外貌像女性但无生育能力,常伴有先天性心脏病,智力低下,等等。

产生基因突变的原因主要有自发和诱发两种。在自然情况下发生的突变称为自发突变,一般是由复制错误或自发损伤造成的;由诱变剂引起的突变称为诱发突变,如,辐射、化学药物等都可诱发突变。

生命状态的保持和延续要求 DNA 分子必须保持高度的精确性和完整性。在长期的进化过程中,活细胞形成了各种酶系来修复或纠正因偶然因素引发的 DNA 复制错误和 DNA 损伤,这种修复系统是 DNA 的一种安全体系,用来保证遗传的稳定性。

第三节　生命的起源与演化

地球上的生命是从哪里来的? 又是以怎样的方式产生的? 这是人类长期艰难探索而至今未能解决的难题。但科学家们的努力已经可以使我们大致地了解到:约 46 亿年前,饱经彗星和陨石撞击的地球上,开始了造就生命世界的漫长历程。首先,生命的蕴育经历了 10 亿年的化学进化过程,无生命的无机物,在化学作用下,由无机到有机、简单到复杂,最终出现了具有生命的原始物质;接着,生命的演化又经历了 30 多亿年的生物进化过程,由低级到高级,先后出现了 1700 万种生物,造就了地球上丰富多彩的生命世界。生命的进化经历了一个螺旋式上升的过程,如图 6-3 所示。

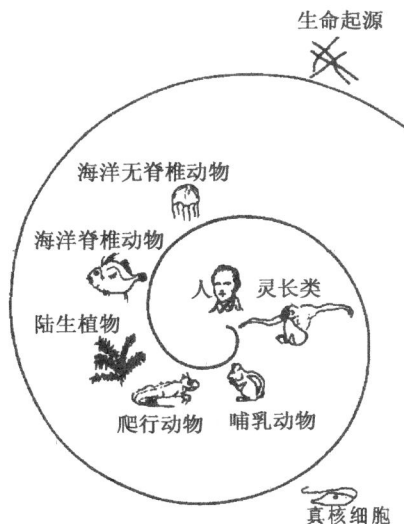

图 6-3　生命进化过程示意图

一、生命的起源

关于生命的起源,恩格斯在《反杜林论》中指出:"生命的起源必然是通过化学的途径实现的。"1993 年 7 月在巴塞罗那召开的第十次国际生命起源学术会议上,关于生命起源的讨论存在两大观点:① 化学进化学说。即生命起源于原始地球从无机到有机、从简单到复杂的化学进化过程。② 宇宙胚种说。即地球上的生命来源于地球以外的宇宙空间,后来在地球上发展起来的。根据目前科学研究的成果,化学进化学说得到了学术界的肯定,即地球上的生命应该是从无生命的物质开始的。化学进化过程的 10 亿年,可分为四个阶段。

(一) 从无机小分子物质生成有机小分子物质

1922 年,苏联生物化学家奥巴林根据原始地球的自然条件提出:原始地球上的某些无机物质在来自闪电、太阳辐射等能量的作用下,变成了第一批有机分子。这是因为早期地球上碳、氢、氧、氮、磷 5 种元素的存在,为生命的形成准备了物质条件,而早期地球上温度较高的海水——"原始汤"和特殊的气候条件太阳强辐射、电闪雷鸣、倾盆大雨提供了有机物生成所需的良好化学条件,最终产生出甲烷、甲醛、乙醛、乙醇,直至氨基酸、核苷酸、单糖等有机小分子。

1953 年,美国化学家米勒首次通过实验证实了奥巴林的观点。他采用早期地球上普遍存在的氢、甲烷、氨和水蒸气等,模拟早期地球的环境,通过加热、火花放电,合成了氨基酸。之后,科学家们又通过模拟早期地球条件的实验,合成出了嘌呤、嘧啶、核糖、脱氧核糖、核苷、核苷酸、脂肪酸、卟啉、脂质等,这些都是组成蛋白质和核酸的重要原材料。这些实验表明,组成生命基本物质的蛋白质和核酸的原料,完全可以在 35 亿年前早期地球的原始汤中,通过简单的化学反应产生。

(二) 从有机小分子物质生成有机高分子物质

在原始海洋中,氨基酸、核苷酸等有机小分子物质,经过长期积累,相互碰撞,吸附在粘土或岩石等物体上,通过缩合和聚合,就形成了原始的蛋白质和核酸。目前,科学家已经在实验室中模拟原始地球的条件,制造出了类似于蛋白质和核酸的物质。虽然这些物质与蛋白质和核酸是有差别的,并且原始地球上的蛋白质和核酸的形成过程还需要考察和进一步验证,但至少可以说明一点:在原始地球条件下,产生有机高分子物质是可能的。

（三）从有机高分子物质组成多分子体系

在原始海洋里,类似于蛋白质和核酸的有机高分子物质越积越多,浓度不断增加,遇上泥土吸附、水分蒸发等适合条件,一些有机高分子物质经过浓缩而分离出来,聚集成小滴。这些小滴漂浮在原始海洋中,外面逐步形成一层原始界膜,把内部的有机物质与外部的原始海洋隔离开来,构成一个独立的体系,即多分子体系。这种有界膜的多分子体系能够与外界进行原始物质的交换活动,这离原始生命的产生已经非常近了。

（四）从多分子体系演变为原始生命

这是生命起源过程中具有决定性意义的一步。一些多分子体系经过长期不断的演变,特别是蛋白质和核酸这两大类主要成分的相互磨合,终于形成具有原始新陈代谢功能和繁殖能力的原始生命。生命的进化历程由化学进化阶段进入到了生物进化阶段。

蛋白质和核酸是生命的两大要素。在生物体内,蛋白质的合成是根据 DNA 中的遗传指令生成的,也就是说,没有 DNA 蛋白质就不能形成;而 DNA 的复制和转录需要蛋白质中酶的帮助,即没有蛋白质也不能形成 DNA。那么,在原始生命产生之时,究竟是先有蛋白质,还是先有 DNA？

1971 年,诺贝尔奖获得者艾根避开这一问题,提出了蛋白质和 RNA 在一个超循环中共同进化的动力学模型。80 年代初有科学家提出：RNA 可能是最早出现的能自我复制的分子。他们在实验中发现,某些 RNA 自身可以起酶的作用,把自己一分为二,并能把分开的部分再次结合起来。也就是说,RNA 可以不需要蛋白质的帮助而自我复制。它可以具有基因和酶的双重作用。根据对古化石的研究发现,在原始地球形成的头 10 亿年内,就已经出现了这种物质。因此,可以认为,地球上第一批诞生的生命可能是由能够简单自我复制的 RNA 分子组成的生物体。随着进一步的进化,它们变得能够合成蛋白质和脂类,蛋白质可以帮助它们加快复制,脂类有助于形成细胞壁和细胞膜。最后,RNA 生物体进化产生出 DNA,起到更可靠的遗传作用。

目前,科学家们在实验室中,已经得到了能够起酶作用的 RNA 分子,并且,在提供酶的条件下,它们能够适应环境和进化。但 RNA 最初又是如何形成的仍然是未解之谜。在生命起源问题的重大课题中,还有相当大的未知空间需要人类去探索。

二、生物的进化

自从地球上原始生命诞生到现在,已有约 38 亿年了。开始时,生物进化极为缓慢,从生命出现到真核细胞的产生经历了约 18 亿年的时间。化石证据表明,38 亿年前地球上就已经出现了原核生物,它们主要以蓝藻的形式在海洋中生存了几亿年,吸收阳光、放出氧气。20 亿年前,出现了真核单细胞生物。大约在 5 亿年前,地球生物发生了大爆炸,在海洋中似乎是突然出现了和现在一样多的生物种类。这些生物迅速登陆,为地球披上了绿装,让大地生机勃勃。2 亿年前的恐龙时代出现了原始哺乳动物,而在近 300 万年中,特别是人类出现以后,生物进化呈加速发展的态势,见表 6 - 2。

表 6 - 2　生物演化年代表

距今年代 /(10^6 年)	大气演化	生物演化	
		动　物	植　物
4600～3800	无氧气圈时代	无生命时代	
3800～2500	少氧气圈时代	生命发生和最初分化时期	
2500～600	含氧气圈时代	海生无脊椎 动物时代	藻类时代
600～410			
410～350	富氧气圈时代	鱼类时代	蕨类植物时代
350～225		两栖动物时代	
225～65		爬行动物时代	裸子植物时代
65～至今		哺乳动物时代	被子植物时代

整个生物进化过程大致分为四个阶段。

(一)从原始生命到细胞

原始生命最初是以非细胞形态出现的。它外层包着的界膜还不能很好地控制内外物质的交换,自己不能产生有机物,所需养料直接从周围环境中摄取。由于缺少氧气,它们只能过着厌氧的"异养"生活。

经过漫长的进化过程,原始生命的界膜逐步演变成精细的细胞膜,体内的蛋白质逐步演化成细胞器,原始细胞就诞生了。

（二）从原始细胞到真核细胞

刚诞生的原始细胞为原核细胞，结构简单，没有明显的细胞核。原核细胞在演化的过程中出现分化，一部分演变为菌类，一部分演变为藻类。藻类以蓝藻的形式生活在海洋中，它们可以进行光合作用，在阳光的照射下，一方面能够将无机物转化为有机物，变异养为自养，另一方面，能够吸收二氧化碳并放出氧气，使空气中的含氧量逐步增加，加快了生物的新陈代谢。同时，随着大气中氧气的增加，大气层中出现了臭氧层，阻挡了紫外辐射，保护了生命。

大约在 20 亿年前，地球上出现了真核单细胞生物。真核细胞的结构和功能比原核细胞要复杂得多，具有遗传功能。真核细胞出现后，生物进化的速度大大加快。生物为了适应各种不同的环境，朝着不同的方向发展，促使了生物种类的多样化和复杂化。

（三）从单细胞生物到多细胞生物

单细胞的原始藻类，具有动物和植物双重性，它们既能在水中游动，又因含有叶绿素，可进行光合作用。在演化的过程中，一部分藻类的运动功能逐步退化，变为单细胞绿藻，逐渐演化成植物的祖先；一部分藻类的运动功能加强，变为单细胞动物，逐渐演化为动物的祖先。

单细胞生物聚合在一起，在群体生活中逐步出现功能上自然分工的趋势，从单细胞生物演变成多细胞生物。多细胞生物不仅体积增大，而且不同部位细胞的形态结构、生理功能也各不相同，使生物体能够更好地适应环境的变化，同时也为生物在自然选择下产生变异创造了条件。因此，多细胞生物的产生，是生物进化过程中的一次飞跃。

（四）从低级生物到高级生物

原始生命、单细胞生物和多细胞生物最初都是在水环境中诞生和演化的。后来由于生存环境的变化，一部分水中生物登上陆地，成为陆地生物。陆地生存环境复杂，但发展空间广阔，使生物演化的步伐大大加快。

动、植物开始沿着不同的方向，由低级生物向高级生物迅速发展起来。

动物的演化经历了五大阶段：高等无脊椎动物时代、鱼类时代、两栖类时代、爬行类时代和哺乳类时代。

植物的演化经历了四大阶段：藻类植物时代，如红藻、褐藻、绿藻等；蕨类植物时代，如裸蕨、高大的鳞木、芦木、封印木等；裸子植物时代，如脉羊齿、本内苏铁、松柏、银杏等；被子植物时代，现今所见的许多植物。

在生命演化的漫长岁月中，随着生存条件和自然环境的变化，有些物种灭绝了，有些则保存下来，并且为了适应环境的变化而不断进化。目前乃至今后，这种生物演化的过程仍然将不断继续下去。

第四节　21 世纪生命科学研究展望

什么是生命科学？生命科学是以生物为研究和应用对象，根据基因理论和分子生物学技术，通过对蛋白质行为和细胞活动的研究和分析，来解释生命的过程、现象，揭示生命本质的知识体系。生命科学以人为本，在 21 世纪将扮演重要的角色。人们期望通过生命科学理论来指导生物技术，控制生命过程，由生物体去改变世界，同时完善人类本身。

一、人类基因组计划

人类对基因的认识经历了由个别到一般、从局部到整体、从简单到复杂的认识过程。科学技术的突破、知识的积累，促使人类的思维产生飞跃。科学家们认识到生命过程的现象和本质，不能孤立地从单个基因的结构和功能上来认识，必须把生命过程看成一个整体，把生物体的全部基因及其相互关系统一起来考虑。

1985 年 5 月，美国加州大学校长在一次会议上提出了希望在他们那里成立一个研究中心，来测定人类所有细胞染色体上 DNA 的序列。1988 年 2 月，美国国家科学研究委员会的一个专家组，撰写了题为《人类基因组的作图与测序》的专题报告，这就是可与曼哈顿原子弹计划和阿波罗登月计划相比拟的人类基因组计划（Human Genome Project，简称 HGP）。该计划准备用 15 年时间，耗资 30 亿美元，完成人类基因组全序列的测定，即确定人类基因组的数万个基因中，每一个基因在染色体 DNA 上的位置，即称为"作图"；进而测出组成这些基因的核苷酸的排列顺序，即称为"测序"。

人类基因组是怎样测定的？首先，科学家们从不同的人的细胞中提取染色体，获取其 DNA，切成小段，重组、扩增，然后进行测序，即确定每个 DNA 片断的碱基顺序，读出的序列再经处理，形成完整的序列。这一工程是庞大而复杂的，需要国际合作共同完成。科学家有了全部完整的序列后，再根据基因结构编码的规律，寻找基因，确定基因的功能，从而定位哪些基因与引起疾病或保护人体健康的蛋白质有关。DNA 双螺旋结构发现者之一、美国国家卫生研究院（NIH）人类基因组研究中心前负责人沃森，在 1990 年发表的文章中指出:"尽管比之于人类登月,HDP 的投入资金要少很多,但 HGP 对人类生活的影响要深远得多。因为随着这个计划的完成,DNA 分子中编码的遗传信息将对人类存在的化学基础做出最终的回答。它们将不仅帮助我们理解我们是如何作为健康的人发挥正常功能的,而且也将在化学水平上解释遗传因子在各种疾病,如癌症、早老痴呆症、精神分裂症等一些严重危害人类健康的疾病中的作用。毕竟对人类自身更深入的了解是人类活动中最重要的一个部分。"

1990 年 10 月,国际人类基因组计划启动。1999 年 9 月中国获准加入人类基因组计划,负责测定人类基因组全部序列的 1%,也就是三号染色体短臂上的 3000 万个碱基对序列,中国是继美、英、日、德、法之后,第六个国际人类基因组计划的参与国,也是参与这一计划唯一的发展中国家。2003 年,科学家们经过 13 年的共同努力,终于提前绘制完成了人类基因组序列图,首次在分子层面上为人类提供了一份生命"说明书",奠定了人类认识自我的基石,推动了生命科学与医学科学的进展,为全人类的健康带来了福音。

2007 年 5 月 30 日,79 岁的沃森成为自己研究的受益者——获得了一张存储着自己全部基因序列的 DVD 光盘,成为世界上第一份完全破译的"个人版"基因组图谱的拥有者。人类基因组由 30 亿对碱基组成,包含数万个基因,分布于 23 条独立的染色体之中。人类通常具有两套这样的染色体(46 条),一套来自父亲,一套来自母亲,两者间存在 0.01% 的差异,所以人的全基因组实际上包括 60 亿对碱基。美国"454 生命科技公司"对沃森的两套染色体的 60 亿对碱基都进行了测序,虽然工作量浩大,但只用了不到 2 年时间。从目前的发展来看,随着耗时和成本的大幅度减少,未来"个人版"DNA 图谱将走向大众。人们可以将自己完整的生命"说明书"与标准的人类基因图谱进行比较,不仅有助于提早预防癌症、心脏病、阿尔茨海默氏症等多种顽疾,同时,有助于科学家对与基因有关的疾病、智力、性格等问题的研究。人类基因组序列图将会给人类生活带来哪些巨大的变化,目前还很难预料。

在对人类基因组测序的同时,对其他生物体的测序工作也在进行之中,如已经完成了酵母、拟南芥等模式生物的测序和水稻、鱼、小鼠的测序,一些与人类关系密切的生物基因组的测序正在进行之中。由各国科学家测出的大量基因序列绝大部分直接放在网络数据库内供全人类使用,由此发展了生物信息学和生物芯片技术。

对功能基因编码的蛋白质的结构和功能的研究,以及它与人类健康的关系,是当前生命科学研究领域最重要也是最热门的前沿课题。无论是从事基础研究的科学家,还是大制药公司、风险投资公司,都在高效率地开发研究,因为该研究结果将直接揭示人类疾病发生和治疗疾病的秘密,其中蕴藏着无限商机。人类基因组研究的不断深入,在给人类带来福音的同时,也会产生一些负面的因素,如基因武器等。因此,全人类都必须保持冷静和谨慎,让基因研究的成果带动经济与社会发展,造福于人类。

二、脑科学的发展

探索人类智力的起源与进化、揭示人类大脑的奥秘，是 21 世纪生命科学领域的一个富有挑战性的重大科学研究课题。脑科学研究的进展，不仅将引起生命科学领域基础理论的重大突破，同时，可以带动脑理论、信息加工及再创造、模式生成和模式识别、联想记忆、脑的非线性动力学以及思维的物理规律等方面的研究取得突破，并促进人工智能领域的发展。

（一）人类智力的起源与进化

所谓智力，是指人认识客观事物并运用知识解决实际问题的能力。它集中表现在反映客观事物深刻、正确、完全的程度上，往往通过观察、记忆、想象、思考和判断等表现出来。而智能是人的内在智力和由智力外化的行为的总和。人类智能的特点主要是思想，而思想的核心则是思维。

人类智力来源于人的健全的大脑。智力的起源与进化是在人类的起源与进化这一漫长的历史过程中由低级到高级而逐步实现的。在生物进化的过程中，机能决定结构，机能的发展引起结构的变化。在由猿进化到人的过程中，机体的机能为了适应不同时期、不同环境中各种不断变化的条件而不断发展，促进了人类大脑器官系统的进化。当人进化到有了完善的脑、神经系统、灵巧的手和言语器官后，智能的产生才有了物质基础，此后，通过实践和学习，人才获得了智能。

大脑的进化是在先前已有的脑组织和结构的基础上进行的，在旧系统上增殖新系统，在大脑旧皮层上覆盖新皮层。大脑原有组织仍然保留，但功能由新皮层控制。大脑进化得最出色的是人、海豚和鲸，已有几千万年的进化历程。而人类出现的几百万年中，人的大脑又大大加快了进化速度，成为物质世界上最复杂、功能最全面的组织结构。

人的大脑有上千亿个神经细胞（神经元）。这相当于整个银河系恒星的数目。神经细胞之间通过突触连接，构成十分复杂的神经网络系统。神经细胞由细胞体、树突和轴突（神经纤维）三部分组成，具有能够感受外来刺激和传导神经冲动的功能。

人的大脑约有 10^{14}（百万个亿）个突触。突触具有存储信息和神经元之间建立联系的功能，人脑用这种联系越多，突触就越发达，人就越聪明。并且这种高智商具有遗传性。突触的结构和功能的发现，其重要意义可以与原子和 DNA 的发现相比拟，因为突触的发现对于认识大脑的功能是至关重要的。如果只考虑每个突触有兴奋和抑制两种状态，那么人脑中所包含的不同状态的总数则为 2×10^{14}。这个数字远远超过整个宇宙中基本粒子(质子和中子)的总数(不超过 2^{1000})。这说明人脑对信息的存储量和处理信息的能力是最先进的电脑所无法比拟的。

(二)人类对大脑的探索

目前人类对大脑的认识已有了很大的进步。在宏观结构上，人的大脑由延脑、后脑(脑桥和小脑)、中脑、间脑以及大脑皮层等组成。延脑是生命中枢，脑桥负责小脑与各部位的联络，小脑主管运动平衡，中脑以上至大脑皮层，决定思维能力和智力水平。左、右两半脑分工不同，左脑分管逻辑思维，右脑分管形象思维。在微观结构上，科学家们发现了神经细胞突触的结构和功能。

但是，智力是如何产生的？人的大脑是如何工作的？个性是如何形成的？人类是如何成为有感情、有社会性和有思想的的生命体的？这些问题仅靠我们对大脑结构的认识是无法回答的。因为单个神经元是不能推理的，不可能有智力的。生命和思维的世界不仅是数量的世界，更是质的世界。就好比不可能通过色谱分析去感受从凡高油画作品中渗透出的美感，也不可能仅靠音符的叠加就能理解肖邦的琴思。它的运动和发展具有显著的整体性。人类对于自己大脑的认识远远落后于对自然界的认识。

另外，我们每个人对大脑的利用率非常低，人的一生中正常活动的脑细胞不过 10% ，脑功能的利用率则少于 1% 。也就是说，我们现在只使用了大脑极少部分的功能，人类智慧的开发空间巨大。正是因为人脑的复杂性和重要性以及人脑功能利用的巨大潜力，脑科学的研究已成为当前生命科学领域的新的热点。

目前，脑科学研究的中心问题是弄清楚脑神经回路的组织结构，脑神经系统在处理外来信息时接收和传导的机制，进而明确大脑的工作原理。

在未来 30 年内，脑科学的研究有望在突触的细胞和分子生物学、脑神经回路网络的组织结构及其信息处理机制(如联想记忆、并行分串处理和自组织等)，以及神经系统的发育等方面取得重大突破。

知 识 点 归 纳

1. 生命是一种特殊的物质运动形式。生命的物质基础是蛋白质和核酸，生命的本质特征是具有自我更新、自我复制的遗传机制。

2. 蛋白质是细胞和生物体的重要组成部分。蛋白质的主要成分是氨基酸。组成蛋白质的氨基酸有 20 种。

3. 不同种类、不同数量的氨基酸，按不同的排列方式构成不同的蛋白质。仅在人体中的蛋白质就有 10 多万种。

4. 核酸是最重要的一类生物大分子。核酸分为脱氧核糖核酸(DNA)和核糖核酸(RNA)两大类。DNA 是遗传信息的携带者,主要存在于细胞核内;RNA 指导蛋白质的合成,主要存在于细胞质中。

5. 每一个 DNA 和 RNA 分子各由 4 种核苷酸分子按不同的排列顺序组成。核酸的一级结构就是指线性长链中 4 种不同的核苷酸的排列顺序。遗传信息就在这些核苷酸序列之中。

6. 核酸的主要作用有两个:一是复制本身;二是指导蛋白质的合成,控制细胞的新陈代谢和生长发育方向。

7. 细胞可分为原核细胞和真核细胞两大类。原核细胞没有典型的核结构;真核细胞具有完整的细胞核和大量的细胞器。

8. 细胞的分裂方式有:无丝分裂、有丝分裂和减数分裂等。其中最常见的是有丝分裂和减数分裂。

9. 生物体内的每一个细胞都带有该物种的全套遗传信息。

10. 生命是由蛋白质和核酸组成的具有自我更新、自我调节、自我复制能力的多分子体系。

11. 所有生物个体在繁衍过程中所表现出的子代与亲代之间的相似或雷同,这种现象就是遗传。

12. DNA 的复制:以亲代 DNA 为模板,在 DNA 聚合酶的作用下,按照碱基互补的原则合成子代 DNA。DNA 的复制为半保留复制,保证了生物体将自己的性状准确无误地遗传给下一代。

13. 利用 DNA 的遗传信息来指导和控制蛋白质的合成,需要经历 DNA 的转录和翻译两个步骤。转录是以 DNA 的一条链为模板,在 RNA 聚合酶的作用下,按照碱基互补的原则合成 mRNA 的过程;翻译是以 mRNA 为模板,把氨基酸按一定顺序排列,合成各种蛋白质的过程。

14. 将遗传信息从 DNA 传递给 RNA,再从 RNA 传递给蛋白质的转录和翻译的过程,以及遗传信息从亲代 DNA 传递给子代 DNA 的复制过程,叫做"中心法则",该法则包括 DNA 的复制、转录和翻译。

15. 基因是 DNA 分子上一个含有生物体全部遗传信息的片断,是传递遗传信息的功能单位和结构单位。

16. 一种生命体的全部基因叫做这种生命体的基因组。人类基因组 DNA 大约由 30 亿个核苷酸组成,可以编码 20 万种蛋白质。

17. 自从地球上原始生命诞生到现在,已有约 38 亿年。

18. 人的大脑有上千亿个神经细胞(神经元)。神经细胞之间通过突触连接,构成十分复杂的神经网络系统。

19. 人的大脑约有 10^{14}(百万个亿)个突触。突触具有存储信息和建立神经元之间联系的功能。人脑越用突触就越发达,人就越聪明,并且这种高智商具有遗传性。

思考与探索

1. DNA 双螺旋模型的主要内容是什么? 生物遗传的奥秘是什么?

2. 什么是遗传密码? 遗传密码有多少种? 生物体的遗传密码是否相同?

3. 整个生物进化过程大致分为哪几个阶段?

4. 人类基因组计划的目的是什么?《人类基因组的作图与测序》中的"作图"是指什么?"测序"是指什么? 目前人类基因研究工作的进展及研究热点是什么?

5. 阐述当前人类对大脑的认识和脑科学的研究前景。

第七章　系统科学与探索复杂性

本 章 导 读

系统科学是以系统存在和发展的规律为研究对象的学科体系。20 世纪 40 年代产生的系统论、信息论和控制论是这个学科研究的重要内容，它主要研究系统存在的规律。60～70 年代出现的耗散结构理论、协同学、超循环理论等自组织理论，以及 80 年代以后提出的混沌理论、分形学等非线性科学则侧重于研究系统发展和演化的规律，从而使系统科学研究的内容更加丰富多彩，并朝着"探索复杂性"方向发展。

了解系统科学主要理论中的基本概念和核心思想，搞清楚系统论的基本原则，控制论和信息论的重要方法，自组织理论和非线性科学的前沿理论，是把握系统科学的基础。

系统科学的出现，使当代科学家的思维方式发生了革命性的转变，给自然科学、技术科学、工程技术和社会科学提供了一种跨学科的、从整体上分析问题和处理问题的新方法。

第一节　一般系统论

系统论是研究自然、社会、思维及其他各种系统的原则和规律，并对其功能进行数学描述的一门横断学科。一般系统论是以一般系统为研究对象的理论，它借鉴并总结了其他具体形式的系统论的思想和成果，因此，一般系统论的方法和理论对系统论的其他形式具有理论上的指导作用。一般系统论由美籍奥地利生物学家贝塔朗菲（L. V. Berta-lanffy，1901～1971）创立于 20 世纪 40 年代，但真正受到人们的重视是 60 年代以后的事。

一、系统论的基本概念

系统论以各种"系统"为研究对象,因此"系统"及其密切相关的一些概念必然是该理论的基本概念和范畴,准确理解这些概念是把握系统论基本思想和观点的基础。

（一）系统

系统是系统科学中最基本的概念。系统在宇宙中普遍存在,无论是在自然界,还是人类社会、思维领域,它无处不在。例如,在自然界中小到一个细胞,甚至组成细胞的分子、原子,大到宇宙空间的天体,都是一些复杂程度不同的系统;在人类社会中小到社区、街道,甚至一个家庭,大到一个企业、部门,甚至一个国家,都是大小不等的系统。因此,通常人们将同类事物按一定的关系组成的整体叫做系统。在系统科学中,对系统概念做出的界定是:系统是存在于一定环境之中,由若干相互联系、相互作用的要素组成的具有特定功能的整体。

作为一个系统,它应该具有的特征:① 具有两个以上的要素组成;② 要素之间相互联系、相互作用;③ 要素之间的联系与作用能够产生整体功能。彼此毫无联系的要素拼凑在一起不会产生整体功能,因此,它不是一个系统。

（二）要素

要素是指构成系统的组成部分。要素是相对于系统而言的,是部分与整体的关系,一个要素可以有许多组成部分,即它也可以是一个系统;而一个系统可以是更大系统的组成部分,即是更大系统的一个要素。

要素是系统存在的基础。要素与系统相互依存、相互制约、相互影响。要素只有作为系统整体的组成部分时,才能起到它应有的作用,脱离了系统,它的性质和特点就会发生根本的变化。

（三）环境

环境是指系统以外的所有事物,是系统的外部条件。任何系统都在一定的环境包围之中,并与环境有着密切的联系。通常,把与环境有着物质和能量交换的系统称为开放系统,如生物系统就是一个开放系统;而把与环境无物质与能量交换的系统称为孤立系统,孤立系统不受环境影响,具有稳定的生存能力。事实上,真正的孤立系统是不存在的。

(四) 系统的结构与功能

系统的结构是指系统内部各要素相互联系和相互作用的方式。它表现为各要素在时间和空间上的组合形式。系统的功能是指系统与外部环境相互联系和相互作用的能力,体现了系统与外部环境之间进行物质、能量和信息交流与变换的关系。可以说,系统的结构揭示了系统内部各要素的秩序,而系统的功能则反映了系统对外部作用过程的秩序。

系统的结构和功能密切相关,结构是系统的基本属性,要素与结构是系统具有功能的内在根据,功能是要素与结构的外在表现。有时具有相同要素和结构的系统,具有不同的功能;有时要素和结构都不同的系统,却具有相同的功能;还有同一结构的系统,可能具有多种功能。这是因为功能是系统和环境发生相互作用时表现出来的,当环境条件发生变化时,系统对外界的作用也会不同,因此功能的发挥也会是不同的。

二、系统论的基本原则

(一) 整体性原则

整体性是系统的最基本的属性。整体性原则是指将研究对象作为一个整体来看待,研究这个整体的构成及其发展规律。

整体性原则体现在三个方面:其一,系统的性质是通过系统整体表现出来的,是它的各个要素所不具备的。例如,自来水系统具有供水的性质,这是系统整体的性质,是组成这个系统的水厂、调压站、水管等所不具备的。系统的整体性通常表述为"整体大于它的各部分的总和",即"非加和性",如钢筋混凝土结构的强度就大于钢筋、水泥和砂石的强度之和。其二,系统内部各要素的性质和行为都会影响到系统整体的性质和行为,如构成自来水系统的水厂、调压站、水管等,只要有一个要素出现故障,则整个系统将受到影响。其三,系统内每个要素的性质和行为都依赖于其他要素的性质和行为。有些系统的要素甚至不能离开系统而单独存在,这在生物系统尤为突出。

整体性原则要求我们认识事物必须从整体出发,全面考虑,从系统、要素、环境的相互联系中去认识事物、分析问题、解决问题。

（二）层次性原则

组成复杂系统的要素本身也是一个系统，可称其为系统的子系统。一个系统可以分为若干个子系统，子系统又可以分为子子系统，子子系统还可以再分，以至最小的单位。因此，作为综合整体的系统便表现出特有的层次性。正如贝塔朗菲指出的：层次结构是系统的"部分的秩序"。系统的层次性在客观世界中有各种各样的表现形式。例如，生物系统就包含 7 个结构层次：亚细胞、细胞、器官、机体、群体种、群落、生物圈。在这 7 个层次中，每个层次都自成系统，但同时又是上一个层次的要素，而且不同的层次通过物质、能量、信息的传输和反馈，存在着辩证的相互联系。

层次性原则告诉我们，系统层次结构的划分是具有相对性的，因而对系统的结构和要素需要做具体的辩证的考察，不能凝固化和绝对化。

（三）有序性原则

系统的有序性包括系统结构层次的有序性、时间排列的有序性和系统发展的有序性。唯物辩证法认为，事物之间存在着普遍联系，联系是有规律的。这为系统的有序性提供了哲学依据。系统的有序联系保障着系统结构的稳定性，系统有序性的降低则意味着系统稳定结构的削弱或瓦解。

有序性原则启示我们：要揭示客观事物的本质属性，必须探索系统的有序性，这是研究系统运动规律的重要途径。

（四）动态性原则

动态性是指系统的状态是随时间而变化的。由于系统内部各个要素之间的相互作用，系统的组成、结构和功能都是在不断地变化之中，现实系统一般都是动态系统。动态性原则就是把系统看做动态系统，在动态中协调部分与部分、部分与整体之间的关系。

动态性原则要求我们以运动、发展、变化的动态观点看待系统，研究系统的历史、现状、发展趋势和变化规律，在动态中把握系统整体，使系统沿最优化方向发展。

（五）最优化原则

最优化是指系统运行处于最佳状态、达到最佳目标。它是系统论方法的最根本的目的。

系统的发展途径和结果总是有多种可能,最优化原则就是运用最新的技术手段和方法,从一系列可行性方案中选择最佳方案,使系统的发展变化始终处于最佳状态,达到最佳目标。

通常整个系统最优并不是指系统中的每一个要素都达到最优。实际上要达到系统的整体最优常常要使某些要素不是最优。或者说要获得整体的最大利益往往需要牺牲局部的利益。例如,齐王和田忌赛马时,田忌用他的劣马与齐王的良马比,用他的中马与齐王的劣马比,用他的良马与齐王的中马比。尽管田忌的劣马输了,但他的另两匹马却赢了。田忌使用最优化原则获得了整体的最佳效果。

（六）环境适应性原则

任何系统都处于一定的环境之中,并且与环境有着物质、能量和信息的交流。环境向系统输入物质、能量和信息,反过来,系统将经过加工处理的物质、能量和信息向环境输出,系统的功能在这一过程中得到体现。

因此,我们在考察一个系统的功能时,必须要考虑它所处的环境,因为环境对系统功能的影响很大。

系统论的基本原则在系统论方法中非常重要,它们分别从不同的方面表现了系统的本质特征。其中整体性原则是系统论方法的根据和出发点,最优化原则是系统论方法的主要内容和最终目标,其他原则是系统论方法的手段。

三、系统论方法的程序步骤

（一）系统论方法

系统论方法是指按照事物自身具有的系统性,把对象放在系统的形式中加以考察的一种方法。就是从系统的观点出发,从整体与部分之间、整体与环境之间的相互联系、相互作用、相互制约的关系中,全面地、准确地考察对象,以达到最佳地处理问题的一种方法。

（二）系统论方法的程序步骤

人们在运用系统论方法解决实际问题的过程中,已经总结出一套行之有效的工作程序,主要有以下几个步骤。

1. 定义系统

定义系统,就是根据所要实现的目标确定系统的范围,即确定哪些因素属于系统内部的要素,哪些因素属于系统外部的环境条件。

2. 确立关系

确立关系,就是明确系统的结构和功能。具体地说,就是在弄清楚每个要素在系统中的地位和重要性的基础上,把它们排列在不同的层次上,并弄清它们之间的关系。然后,进一步弄清系统与外部环境是如何进行物质、能量和信息的交换的。

3. 构造模型

构造模型,就是用数学语言(数学式、数学符号、计算机程序等)精确地描述系统的结构和功能,即运用数学理论和方法建立数学模型来模拟系统的实际情况。

4. 寻求优化

寻求优化,就是运用多种技术手段,通过计算,根据模型的数据对多种方案进行分析、比较、判断和推理,选出最佳方案。在寻找最佳方案的过程中,可以不断调整系统的结构,直至找出最满意的方案。寻求优化的过程就是寻求建立最佳数学模型的过程。

5. 分析评价

分析评价,就是请专家和使用部门来评价所选的方案是否真实可靠,是否达到系统的目标并获得最佳的效果。如果专家和使用部门对所选的方案不满意,则需要回到前面的步骤重新做起,直到满意为止。

系统论方法的出现,不仅为科学研究、科学理论的整体化提供了新思路,为科学技术的发展开辟了新途径,而且给国民经济的发展带来极大的促进作用。当代各种社会活动日趋复杂,使得人们所研究的对象呈现出规模大、要素多、结构复杂的特点。而且这种大系统又是动态的,不仅要研究其现状,还要预测其未来。系统论方法为庞大复杂的系统提供了一种分析、设计、研究、管理和控制达到最优化的有效工具,而且,系统越复杂其效果越明显。

第二节　控 制 论 与 信 息 论

控制论和信息论都是 20 世纪 40 年代末在通信技术发展的基础上产生和发展起来的。在理论上,两者之间有着难以分割的联系。在整个科学技术体系中,控制论和信息论是在自动控制技术、通信工程电子技术、数理逻辑、生物学、医学、计算机科学等众多学科相互渗透的基础上产生的横断学科,是连接自然科学、社会科学和哲学的桥梁;在系统科学体系中,控制论与信息论同属于技术科学层次,是沟通系统科学基础理论和系统工程技术的桥梁。它们在实践中取得的突出成就,对系统科学的发展起到极其重要的推动作用。

一、控制论与信息论的产生

控制论的创始人是美国著名的数学家维纳(N. Wiener,1894～1964)。维纳15岁时获得数学学士学位后,在哈佛大学做了一年的动物学研究生,这一年的学习对他后来创立控制论具有很大帮助。他19岁时获得博士学位,1919年开始在麻省理工学院任教。他早期的研究方向是数学中的概率论和函数论,后来又转向应用数学。1931年他出任美国数学学会会长。

在第二次世界大战期间,维纳先后两次参加了防空火炮自动瞄准系统的研制工作。由于飞机的飞行方向是变化的,因此,要求火炮发射出的炮弹在瞄准时不能直接对准目标,而是要预测飞机将要飞到的精确位置。为了解决火炮瞄准目标的预测与自动控制的问题,维纳把数学工具应用于火炮控制系统,运用数学上的概率论和数理统计的一些理论,提出了一套最优预测方法,为控制论的产生奠定了基础。

但是概率论的数学模型只能给出一种可能性最大的预测,并不能给出飞机在一段时间之后的百分之百的精确位置。这时维纳联想到了人和其他动物的行为。我们可以设想:在广袤的草原上有一个正在行走的牧羊人,在他右侧100 m处有一只牧羊犬,牧羊人给牧羊犬发出命令要它跟上来一起走,会发生怎样的情况呢?因为牧羊人的位置在不断改变,牧羊犬就要不断调整自己的奔跑方向以跟上主人。就是说,牧羊犬的眼睛一直盯着主人,主人位置变化的信息通过它的眼睛传输给它的大脑,大脑经过判断分析后,再调整四肢的动作以改变自己的方向。维纳认识到这种行为和火炮自动瞄准控制装置的行为非常相似,于是联合生物学家罗森勃吕特和别格罗共同研究。1943年,他们三人合作发表了题为《行为、目的和目的论》的论文,阐述了控制论的基本思想。在此基础上,维纳于1948年发表了控制论的奠基性著作《控制论》,副标题是"关于动物与机械中控制与通信的理论",宣告了控制论的诞生。

信息论的创始人是美国数学家申农(C. E. Shannon,1916～　)。申农是维纳的学生,在创立信息论的过程中,申农从维纳那里得到了不少启示。信息论的产生源自于人们为了能够更准确、更迅速、更经济地传递信息的需要。19世纪电报、电话等通信工具出现之后,人类传递信息的方式发生了根本性的变化。同时,如何进一步提高通信的可靠性和效率也成为人们面临的新课题。第二次世界大战对通信的实际需要,使得建立科学的通讯理论的要求更加迫切。

申农从维纳等人的工作中受到启发,通过研究从理论上阐明了通信的基本过程。他认为,通信的基本问题就是尽可能精确地在接收端重现发送端的消息,并建立了一个一般通信过程的系统模型。同时,他提出了度量信息量的数学公式以及"信源编码定理"和

"信道定理"等。1948 年,申农发表了《通信的数学理论》一文,标志着信息论的建立。

二、控制论与信息论的基本概念

（一）控制与控制论

所谓控制,就是施控主体对受控客体的一种能动作用,这种作用能够使受控客体根据施控主体的预定目标而动作,并最终达到预定的目标。

控制与信息是密切相关的。控制必须通过信息的获取和使用来进行,因此离不开信息的传递。所以,没有信息也就无控制可言。

控制论也称一般控制论,它是一门研究机器、生物体（包括人类及其他动物）和社会等各类控制系统中的共同特点和控制规律的科学。它着重研究系统的数学关系,而不涉及系统内部物理的、化学的、生物的或其他方面的具体现象。因此,一般控制论的研究对象不是具体的控制系统,而是理论上的抽象系统。

（二）输入与输出

输入是指环境对系统的作用和影响,而输出则是指系统对环境的作用和影响。输入分为可控输入和不可控输入,不可控输入称为干扰。例如,外界环境的改变对生物体的刺激对生物系统来说就是一种信息输入,生物体对这种刺激的反应对生物系统来说就是信息的输出。

控制论认为,任何系统要保持或达到一定的目标,就必须采取一定的行为。输入和输出就是系统的行为,准确地说,行为是系统在外界环境作用（输入）下所做出的反应（输出）。

（三）反馈

反馈是控制论的核心概念。它是指系统输出的全部或部分,通过一定的方式反送到输入端,从而对系统的输入和再输出产生影响的过程（见图 7-1）。

反馈使输出这个结果变成影响系统下一步输入的原因,在输入与输出、原因和结果的转化中,使系统的行为趋向既定目标。

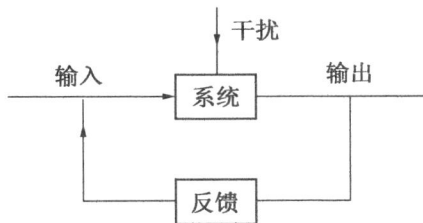

图 7-1　系统的输入、输出及反馈

反馈过程就是原因和结果的不断相互作用,从而完成一个共同的目的和功能的过程。因此,反馈是使一个系统成为控制系统必不可少的条件,没有反馈系统就不成其为控制系统。

(四)信息与信息论

信息是信息论中最基本、最重要的概念,也是控制论的重要概念。一般来说,信息是指接收者收到的包含于消息、情报、指令、数据、图像、信号等形式中的新的知识内容。

信息具有以下特点:第一,信息不能离开物质而单独存在。信息的产生、传递和存储,都需要特定的物质作为载体。第二,信息的作用和价值往往受到接收者主观因素的影响和制约。一条消息是否是接收者所不知道的新知识内容,取决于接收者原有知识的状况。第三,信息不仅可以传递、存储、提取和加工变换,更重要的是具有可分享性。正是这些特点,使得信息与物质、能量一起,成为人类社会发展所必需的三大资源。

信息论研究的是信息的实质,并用数学方法研究信息的计量、传递、变换和存储。

(五)信息与控制

信息是控制的基础。控制过程始终贯穿着对信息的比较、判断和处理的过程。因此,控制系统也是信息系统,控制过程就是信息运动过程,在这个过程中,控制者依赖有效的信息处理及控制,不断克服系统的"不确定性",使系统保持与目标值相符合的特定状态。在这个过程中,目的、信息、反馈和控制不可分割地交织在一起,体现了控制论和信息论的内在联系。

三、控制论与信息论方法

控制论与信息论的价值不仅在于它对具体系统的应用,关键在于它研究和处理问题的方法。因为,它所使用的方法对其他领域的研究具有指导意义。控制论与信息论方法是指建立在控制论和信息论基础之上的科学方法。它涉及到不同的数学形式,甚至涉及较深的数学理论。控制论与信息论方法有许多种,这里主要介绍反馈方法、黑箱方法、功能模拟法和信息方法。

(一)反馈方法

反馈方法就是利用受控系统的输出信息来调整系统的行为,使系统向着预期目标运动的方法。它是运用反馈原理分析和处理问题的方法。根据反馈作用的后果不同,它可分为正反馈方法和负反馈方法。

(1) 正反馈方法是指运用正反馈原理去分析和解决问题的方法,即反馈信息与输入信息的符号相同,起相同的作用,使输出信息增大的反馈调节方法。

(2) 负反馈方法是指运用负反馈原理去分析和解决问题的方法,即反馈信息与输入信息的符号相反,起相反的作用,使输出信息减小的反馈调节方法。

反馈方法是非常重要的一种控制方法。它最突出的特点是根据过去的情况来调整系统的活动,用现实的偏差来控制系统的未来。这种方法具有探索性,使人们在实践中不断地调整和完善某种措施,找到解决问题的最佳途径或方案。

(二) 黑箱方法

黑箱方法又称为系统辨识法。在控制论中,人们常常对所研究的对象系统的结构事先并不了解,有时甚至难以或无法了解。这种不可观测的系统称为"黑箱"。例如,可以把人脑看做黑箱。

黑箱方法:首先给黑箱一系列的刺激(系统输入),再通过观察黑箱的反应(系统输出),从而建立起输入和输出之间的规律性联系,最后把这种联系用数学的语言描述出来形成黑箱的数学模型。一旦建立了数学模型,就可以认为这个"黑箱"被认识了,即"黑箱"变成了"白箱"。

黑箱方法的优点:不必打开系统,不破坏系统的正常活动,只要在系统的运动变化中去认识系统的功能特性和行为规律,建立黑箱模型,根据黑箱模型去推测黑箱内部的结构和机理。

(三) 功能模拟法

所谓功能模拟,就是为原型构造一个能够尽可能准确地表达原型行为的模型。功能模拟法就是用"模型"去模仿"原型"的功能和行为,并将研究的结果类推到原型中,以揭示研究对象的性质和运动规律的研究方法。功能模拟法以功能和行为的相似性为基础,不追求模型与原型在物质和结构上的相同,从这一点讲,它是黑箱方法的应用。例如,电脑与人脑在材质和结构上完全不同,但电脑有与人脑类似的记忆和运算能力。这种用电脑模拟人脑的某些功能的方法就是功能模拟法。功能模拟法有结构模拟、物理模拟、数学模拟等几种类型。

功能模拟方法的特点是:① 模型与原型之间存在相似的关系;② 模型在具体实验过

程中可以代替原型；③ 通过对模型的研究可以得到原型的信息。这三点说明了在使用功能模拟方法时，原型和模型之间必须存在的关系。

黑箱方法为认识黑箱的功能提供了一种有效的方法，而功能模拟法则为再造一个与"黑箱"功能相同或相似的系统提供了一种途径。

（四）信息方法

信息方法是指运用信息的观点，把系统看成是借助信息的获取、传输、加工、处理而实现其有目的的运动的一种研究方法。它是以信息的传输为线索，通过获取信息、输送信息、存储信息、处理信息、输出信息和信息反馈等步骤，使系统向预定目标逼近从而实现预定目标。

信息方法不同于传统的研究方法，它以信息作为分析问题和处理问题的基础，把系统的运动过程抽象为一个信息变换的过程。系统中的信息变换过程如图 7-2 所示。

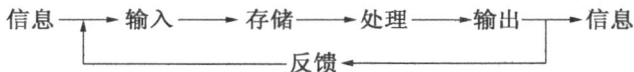

信息 ——→ 输入 ——→ 存储 ——→ 处理 ——→ 输出 ——→ 信息
　　　　　　└———————— 反馈 ←————————┘

图 7-2　系统信息变换过程示意图

在这个过程中，信息的处理是整个系统信息运动的重点。反馈机制的存在对于系统按照预定目的实现控制具有重要意义，也是运用信息方法的关键。

信息方法的特点：① 把系统有目的的运动抽象为信息转换过程，不但可以使复杂系统的研究得到有效的简化，而且能够揭示不同性质的系统之间的共同属性；② 直接从系统整体出发，运用联系、转化的观点，综合研究系统运动的信息过程，可以获得关于系统整体状态的综合性知识。

正是信息方法的这些特点，使得它在研究生物、技术、经济和社会等复杂系统时发挥了重要作用。目前，信息方法已广泛应用于通信、电子、心理学、语言学、生物学、经济学和管理学等领域，并已成为解决科学技术、生产经营、社会管理、政治军事和文化教育等问题的有效方法和工具。

第三节　探索复杂性

20 世纪 60 年代以后，系统科学的理论开始侧重于研究系统的发展和演化规律。60～70年代出现的耗散结构理论、协同学、超循环理论，以及 80 年代之后提出的混沌理论和分形学等，都从不同侧面体现了系统科学发展的必然趋势。这些学科虽然分属不同的科学领域,但它们都是以"系统"为研究对象,这种本质联系使它们共同构成了系统科学这一新的学科体系。

自组织理论、非线性科学和复杂性科学是系统科学的前沿和热点,涉及自然科学和人文社会科学的众多领域。它们都是从不同侧面研究系统发展这一中心问题的。系统的发展意味着系统组织化和有序化程度的提高,这正是自组织理论研究的内容,而系统之所以能够实现自身的组织化和有序化,又是因为在系统中存在着非线性的相互作用。正是因为自然界大量存在的相互作用是非线性的,物质世界才普遍经历着从无组织的混乱状态向不同程度有组织状态的演变。由此可见,非线性问题既是非线性科学的研究主题,也是自组织理论探索的基本内容。同时,关于系统自组织问题的研究,使人们看到:不论是宇观世界中天体的形成与演变,还是微观领域中粒子的相互转化和湮灭,无论是生物的繁衍,还是人类社会的延绵,到处都表现出不断增加着复杂性和多样化的进化行程。这表明复杂性是自然界的本质属性,复杂性内在地包含于自然法则之中,同时,也说明了复杂性与自组织理论存在不可分割的内在联系。

一、自组织理论

20 世纪 70 年代以来,人们开始将系统、信息和控制结合起来,探索物质系统有序结构的形成,并由此产生了一组被称为自组织理论的学科,如耗散结构理论、协同学和超循环理论等。由于复杂性、非平衡性、非线性和自组织现象是自然界和人类社会中最普遍的现象,因此,这些非平衡系统自组织理论具有很大的普适性。它们使人类对系统的认识从静态深入到动态、从结构深入到过程、从存在深入到演化,并在社会生活各个领域内得到广泛的推广和使用。这里,我们主要介绍自组织现象和自组织理论,如耗散结构理论、协同学和超循环理论。

(一)自组织现象

系统由原来无序的混乱状态转变为一种时间、空间或功能有序的新的状态,这种自行产生的组织性和相干性,称为自组织现象。例如,工厂车间的工种安排和倒班顺序,如果是由车间主任统一安排的,称为组织;如果是工人自己互通信息后,由他们之间的默契形成的自愿结合,则为自组织。可见,自组织系统不仅无需外部命令而自行组织,而且可以自行创生、自行演化,即能自主地从无序走向有序。自组织现象在自然界普遍存在,无论是生命世界还是无生命世界,而且与物质世界关系密切。

在自然界中,生物是由各种细胞按精确的规律组成的高度有序的组织。例如,人脑是由 150 亿个神经细胞组成的极其精密、极其有序的组织;生物体内的一个 DNA 分子可能由几十亿个原子构成。按照各种有机体的不同,它们都按一定的顺序排列着,犹如密码,记载着生物的千姿百态的遗传性状。从大象到人类,从蚂蚁到细菌,所用的遗传密码都是一样的。这种令人震惊的高度有序的结构,来源于生物的食物中那些混乱无序地堆积着的原子;许多树叶、花朵和各种动物的皮毛等,常呈现出漂亮的规则图案;我国北方各种候鸟的冬去春来等等。在生命过程中,从分子和细胞到有机个体、群体的不同水平上,从生物体的生长到物种的进化,无论在空间上还是在时间上,都呈现出了有序现象。由此可见,生命过程实际上就是生物体持续进行自组织的过程。

不仅生命过程有自组织现象,即使在无生命的世界里,也大量存在着从无序到有序的自组织现象。例如,天空中的云有时会形成整齐的鱼鳞状排列(细胞云)或带状间隔排列(云街);在高空中水汽凝结会形成非常有规则的六角形雪花;由火山岩浆形成的花岗岩中,会发现非常有规则的形状或结构等等,这些都是大自然中产生的空间有序的自组织现象。同样,在化学振荡以及形成有序花纹的过程中,反应分子在宏观的空间距离和时间间隔上,呈现出了一种长程的一致性,系统中的分子好像是受到了某种统一的命令,自己组织起来形成了宏观空间和时间上的一致行动。

无生命世界和有生命世界都有自组织现象,这一事实促使人们认识到,这两个世界都遵循着相同的规律。这样,深入的研究导致了耗散结构理论的产生。

（二）耗散结构

耗散结构理论是由比利时布鲁塞尔自由大学教授普列高津(I. Prigogine,1917～)在 1969 年提出的。它主要讨论了一个系统从无序向有序状态转化的机理、条件和规律。

什么是耗散结构? 耗散结构是指一个远离平衡态的开放系统(无论是力学的、物理学的、化学的、生物学的,还是社会的、经济的系统),通过不断地与外界交换物质和能量,在外界的条件变化达到一定的阈值时,能从原来的无序状态转变为在时间上、空间上的有序状态,当外界条件继续改变时,还会出现一系列新的有序结构状态。这种在远离平衡态情况下所形成的有序结构,称为耗散结构。

耗散结构具有以下特点：① 它是依靠外界的物质流、能量流来维持有序结构的,是一种吐故纳新的"活"结构;② 耗散结构一旦形成,就具有相对的稳定性,即使外界有微小的扰动,系统仍能回到这种结构上,如贝纳德花纹、生命系统、工厂、城市等都是耗散结构系统。

耗散结构理论专门研究了耗散结构的形成、性质、稳定性以及演化规律,它的核心在于探索系统的演化之谜。耗散结构理论的基本思想：开放系统在达到远离平衡态的非线性区后，一旦系统的某个参量达到一定的阈值，系统就开始从稳定进入不稳定状态，通过涨落发生突变，由原来的无序状态突然转变为一种在时间、空间或功能上的有序结构状态，这种有序结构以能量的耗散来维持自身的稳定性。

耗散结构理论所研究的对象是复杂系统中的非平衡、非线性现象，而这些现象正是各种不同学科中的共同现象。所以，耗散结构理论建立以来，引起了各个领域的普遍关注，并已在许多领域得到应用。

（三）协同学

协同学是由联邦德国理论物理学家 H·哈肯教授于 1977 年创立的另一门非平衡系统自组织理论。协同学虽然也是研究一个开放系统产生宏观有序结构的机理和规律，但它强调这种有序结构是通过系统内部大量的子系统之间的协同合作才得以形成的。

协同学的基本思想：协同现象在宇宙中是普遍存在的，是协同导致有序。而自组织是协同学的核心。当一个系统按照外部的指令方式进行活动时，这个系统称为组织系统；如果这个系统内部子系统之间协调作用，按照相互合作的规则自行进行活动，则这个系统称为自组织系统。自组织是形成协同作用的关键。

（四）超循环理论

超循环理论是由德国物理化学家艾根教授于 1971 年提出的又一种非平衡系统的自组织理论。艾根把生命的起源和进化分为前生命的化学进化过程、生物大分子的自组织过程和生物进化过程三个阶段。他的理论所要解决的就是从无生命到生命的进化，即从生物大分子到原生细胞这个阶段的进化问题。

所谓循环是指生物化学里一组相互关联的反应中，如果任一步的产物与它先前一步的反应相同，就形成一个反应循环，把各个自催化循环联系起来的循环，即由循环组成的循环，称为超循环。而若干个超循环又可以组成更高层次的循环。生命系统中普遍存在这种较高层次的循环。

超循环理论试图从分子水平上去研究进化，以寻求化学进化与生物进化之间的联系。超循环理论的基本思想：在生物大分子层次，选择与进化的基础是代谢、自复制和突变，而完成这些过程都要有超循环组织来保证。

超循环理论把系统论、控制论、信息论、耗散结构理论和协同学等学科的原理应用到生命现象中，建立了生物大分子自组织的数学模型，证明了"进化原理可以理解为分子水平上的自组织"，为达尔文的进化论提供了现代自然科学的基础。

二、非线性科学

非线性科学是当今世界科学的前沿与热点,它是研究各个自然科学出现的非线性中共性问题的一门新的交叉学科。通过研究非线性科学,人们将看到一个演化、开放、复杂的世界,这是一幅更接近真实世界的图景,因为世界本质上是非线性的,在现实世界中,非线性现象无处不在,它是无限多样性、奇异性、复杂性的根源。这里主要介绍非线性科学的基本概念和混沌现象。

(一)非线性科学的基本概念

什么是非线性?线性与非线性来源于数学。线性是指量与量之间存在正比关系,在直角坐标系中画出来是一条直线。线性指的就是直线性,非线性指的就是非直线性。在线性系统中,部分之和等于整体,描述线性系统的方程遵从叠加原理,即若 x_1 和 x_2 是方程的两个解,则线性组合 $ax_1 + bx_2$ 仍然是方程的解。在非线性系统中,部分之和不等于整体,叠加原理失效,非线性方程的两个解的线性组合不再是方程的解。数学的发展早已为线性系统的研究提供了强有力的解析方法和工具,而对非线性问题,尚无统一的方法可循。

计算机实验方法是当前在探索复杂性、研究非线性问题中最重要的方法,如奇怪吸引子的发现、守恒系统的混沌现象和孤子、制作分维复杂图形、三体问题中的混沌轨迹等,都是依靠计算机的实验方法进行研究的。在今后非线性科学的发展中,计算机实验方法将发挥更加重要的作用,并成为一种基本的科学方法。

(二)混沌现象

混沌是一个既古老而又现代的词汇。人们通常把盘古开天辟地之前宇宙的状态描述为混沌。但在现代科学前沿的非线性科学中,混沌又具有新的内涵。

所谓混沌,是指出现于确定性的非线性动力系统中的一种复杂的随机行为。这种随机性不是由外界随机因素所驱动,而是非线性系统本身所固有的。确定性的动力系统是指:系统的行为遵从确定性的规律(通常由一组方程描写),这些规律以及系统的初始状态便决定了系统未来的演化。动力系统可分为线性和非线性两类,只有在非线性系统中才会出现混沌现象,而绝大多数的动力系统都是非线性系统,混沌便是非线性系统中的一种典型的复杂行为。

混沌理论形成于 20 世纪 60 年代,它是研究混沌的特性、实质、发生机制以及探讨如何描述、控制和利用混沌的新学科。混沌理论在现代科学发展中具有极其重要的意义,它不仅适用于大的宇观天体和小的微观粒子,而且适用于我们看得见、摸得着的宏观世界,因此,有学者将混沌理论誉为 20 世纪继相对论、量子论之后的第三次科学革命。

长期以来,科学家们通过不断地探索,发现了大量的混沌现象,如著名的"蝴蝶效应",即洛伦兹曾经比喻的"一只蝴蝶在南半球扇动翅膀,可能会引起北半球的一场龙卷风"的现象,还有"三体问题"、"虫口变化"等等,人们认识到微小的、简单的原因可能导致巨大的、复杂的后果。值得注意的是,混沌不是无序和紊乱,它具有深层次上的高度有序性。

20 世纪 90 年代,混沌科学与其他科学相互渗透。混沌打破了各门学科的界限,将相距甚远的各个领域联系在一起,混沌的研究有如星星之火,渐成燎原之势。

混沌研究得以迅速发展,归功于计算机技术的进步,特别是计算机绘图技术的应用,是混沌发展的重要基础。借助逼真的计算机模拟和电视技术,人们可以在屏幕上观察到一个系统动态的演进与复杂的混沌效应,使混沌研究进入了一个新的历史时期。

（三）分形学

"分形"一词译自英文"fractal",意思为"不规则的"、"支离破碎的",由美国数学家曼德尔布罗特所创造,用以描述自然界中极不规则、极不光滑的物体形体,如弯曲的海岸线、起伏的山脉、粗糙的断面、茂盛的树木、飘舞的雪花、变化无常的浮云以及九曲十八弯的河流等等。这些形体普遍存在于自然界,但在经典的欧氏几何中却被排斥在研究范围之外。1967 年,曼德尔布罗特在美国《科学》杂志上发表了题为"美国的海岸线有多长"的论文,阐述了他对海岸线本质的独特分析,首次提出了分形的思想。1975 年,曼德尔布罗特在他的第一本专著中,创造了"分形"这个新术语。随着计算机显示技术的出现,以及分形在混沌等复杂现象研究中的应用,一门新的数学理论——分形几何学诞生了。曼德尔布罗特在 1977 年和 1982 年出版的《分形:形、机遇与维数》和《自然界的分形几何学》两部著作被认为是分形理论问世的重要标志。

分形具有两个基本特征:第一,分形是一种无标度性对象,具有自相似性。俗话说,"尺有所长,寸有所短",即事物有它的特征长度,要用适当的尺子去度量。对于不存在特征尺度的问题,称为"无标度性"问题。分形结构的自相似性与"无标度性"有密切的关系,形象地说,如果用不同放大倍数的显微镜去观察这一类形体,它们的形状是相似的,不仅局部与整体相似,而且局部的局部与整体也相似。这就是自相似性,是分形最本质的几何特征。第二,分形的特征量是分数维数。在欧氏几何中,物体或几何图形的维数都必须是整数,如一维的直线、二维的平面、三维的普通空间。但分形这种不规则的图形,不可能用长度、面积、体积这类规则几何对象的特征量来描述,它们的维数不是整数而是分数,称为分数维数,简称分维,如雪花、云彩、山脉、树枝、旋涡、烟圈等自然形体的维数是多少,分形论将给出定量的分析,用分维加以表征。

综上所述,分形的定义是:具有非均匀分布和自相似层次结构的客体。也就是说,分形是指一类无规则、混乱而复杂,但其局部与整体有相似性的体系。它包括数学构造的分形、自然界中的分形和社会科学中的分形。数学中的康托尔集合、科赫雪花曲线等都是典型的数学分形;自然界中的布朗粒子运动轨迹、海岸线、生物大分子 DNA 等都可看成是自然分形;史学分形、文艺分形、思维分形、美学分形统称为社会分形。

在对混沌等复杂现象的探讨中,分形学是非常重要的研究工具。可以说,混沌与分形具有内在一致性。分形是混沌的几何结构或普适形状,混沌则是分形形成和演化的动力学。分形学不仅被广泛运用于混沌研究之中,而且也被人们认为是代表系统科学新进展的一种重要理论。

今天,系统科学已发展成为一个庞大的学科体系。在系统科学诞生后的短短半个世纪的时间内,它已经渗透到现代社会的各个方面,并在科学、技术和社会实践各个领域中获得巨大成功,成为现代科学技术研究的热门领域。

知 识 点 归 纳

1. 系统论是研究自然、社会、思维及其他各种系统的原则和规律,并对其功能进行数学描述的一门横断学科,创立于 20 世纪 40 年代。

2. 系统是指在一定环境之中,由若干相互联系、相互作用的要素组成的具有特定功能的整体。通常,人们将同类事物按一定的关系组成的整体叫做系统。

3. 要素是构成系统的组成部分,要素与系统,是部分与整体的关系。

4. 系统的特征:① 具有两个以上的要素组成;② 要素之间有相互联系、相互作用;③ 要素之间的联系与作用能够产生整体功能。

5. 在系统论方法的基本原则中,整体性原则是根据和出发点,最优化原则是主要内容和最终目标,其他原则是系统论方法的手段。

6. 系统的整体性又体现在整体不等于部分之和,这称为非加和性。

7. 系统论的核心思想是系统的整体观念,研究的目标是让系统达到最优化。

8. 控制是施控主体对受控客体的一种能动作用,这种作用能够使受控客体根据施控主体的预定目标而动作,并最终达到预定的目标。

9. 控制论是一门研究各类控制系统的共同特点和控制规律的科学。它着重研究系统的数学关系,而不涉及系统内部物理的、化学的、生物的或其他方面的具体现象。

10. 输入是指环境对系统的作用和影响;输出是指系统对环境的作用和影响。输入和输出是系统的行为,是系统在外界环境作用(输入)下所做出的反应(输出)。

11. 反馈是控制论的核心概念。它是指系统输出的全部或部分,通过一定的方式反送到输入端,从而对系统的输入和再输出产生影响的过程。

12. 反馈是使一个系统成为控制系统的必不可少的条件,没有反馈的系统不成其为控制系统。

13. 信息论是研究信息的实质,并用数学方法研究信息的计量、传递、接收等方面规律的一门科学。

14. 功能模拟法是用"模型"模仿"原型"的功能和行为,而不深究两者在结构上的相同。

15. 系统由原来无序的混乱状态转变为一种时间、空间或功能有序的新的状态,这种自行产生的组织性和相干性,称为自组织现象。自组织现象在自然界中普遍存在。

16. 非线性科学是研究自然科学各个领域出现的非线性中共性问题的一门新的交叉学科,它是当今世界科学的前沿与热点。

思考与探索

1. 什么是系统科学? 系统科学的体系及研究内容是什么?

2. 什么是系统论方法? 系统论方法的程序步骤有哪些?

3. 系统论方法的基本原则有哪些? 整体性原则体现在哪些方面?

4. 控制论与信息论的方法主要有哪些? 什么是"黑箱方法"? 简述黑箱方法的优点。

5. 自组织理论、非线性科学和复杂性科学的研究内容是什么? 它们之间有什么联系?

6. 什么是耗散结构? 耗散结构的特点有哪些?

7. 什么是非线性? 什么是混沌现象? 什么是分形?

第三篇 现代高新技术

　　现代高新技术是伴随着 20 世纪中叶计算机的问世和原子能的利用而兴起的。现代高新技术以电子信息技术(微电子技术、计算机技术、人工智能技术、信息技术、现代通信技术等)为先导,以生物技术和空间技术为核心,以新能源技术为支柱,形成了一大批相互关联的高技术群落。

　　本篇介绍现代高新技术中的微电子技术与计算机、现代信息技术与通信、生物技术、空间技术、激光技术、新能源技术等。

第八章　微电子技术与计算机

本　章　导　读

在高新技术中,电子信息技术起到领头的作用。今天,电子信息技术的研究开发和应用的水平,已经成为衡量一个国家科技水平的主要标志之一。电子信息技术是一门综合技术,它包括微电子技术、计算机技术、人工智能技术、信息技术、现代通信技术等,其中微电子技术是所有电子信息技术的基础,计算机技术是电子信息技术的核心,人工智能技术、信息技术、现代通信技术是电子信息技术的重要组成部分。

本章主要介绍微电子技术与计算机技术。

第一节　微电子技术

微电子技术是现代高新技术中的关键技术,目前,它已渗透到人类社会的各个领域和人类生活的各个方面,成为支撑高技术发展的基础和推进社会信息化的动力。

一、微电子技术概念

传统的电子技术是以真空电子管为基础元件,产生的电子产品有广播、电视、无线电通信、仪器仪表、自动化技术和第一代电子计算机。现代微电子技术是指以集成电路为代表的研制、生产微小型电子元器件和电路,实现电子系统功能的技术。微电子技术的核心是集成电路技术,它是随着集成电路技术的发展而发展起来的一门新兴技术。

微电子技术不仅使电子设备和系统实现微小型化,更重要的是它引起了电子设备和系统在设计、工艺、封装等过程的巨大变革。所有的元器件,如晶体管、电阻、连线等,都以整体的形式相互连接,设计的出发点不再是单个元器件,而是整个系统或设备。

二、集成电路及性能指标

集成电路是以半导体晶体材料为基片,经过专门的工艺技术把电路的元器件和连线集成在基片内部、表面或基片之上的微小型化的电路或系统。集成电路常用硅制作,所以也叫做硅芯片或芯片。

衡量集成电路水平的性能指标之一是集成度。集成度是指在一定尺寸的芯片上所容纳的晶体管的个数。集成度不到 100 个晶体管的集成电路叫做小规模集成电路;集成度在 100 到 1000 之间的叫中规模集成电路;集成度在 1000 以上的叫大规模集成电路;通常将集成度在 10 万以上的集成电路叫超大规模集成电路。

集成度的提高使集成电路中的元器件越来越小,连线也越来越细。这就对制作工艺、技术和环境提出了极高的要求,使得集成电路业成为高投入的行业。在 20 世纪 80 年代后期,一条大规模集成电路生产线的投资约需要 5000 万美元。当然,集成电路行业也是一个高产出和高回报的行业。硅是制造集成电路芯片的原材料,由于价格便宜且性能稳定,目前 90％以上的电子元器件都是由硅材料制备的。直径 15 cm 的硅片的价值不过几美元,制成单晶硅后价值为 30 美元,经加工制成集成电路后价值 240 美元,再经检测、封装,最终产品的价值可达 700 美元。

衡量集成电路水平的另一个指标是集成电路的门延迟时间。它反映了集成电路的运行速度,门延迟时间越小集成电路的工作速度就越快。

硅集成电路的发展遵循《摩尔定律》,所谓《摩尔定律》,就是每 18 个月集成电路的集成度增加一倍,而它的价格也要降低一半。这是由于制作工艺水平的提高,使得硅单晶的直径增大,从而使硅片生产的成本降低。集成电路的飞速发展,导致了计算机每 2～3 年就有一次更新换代。

三、微电子技术的发展

20 世纪 30 年代,量子力学取得了举世瞩目的成就,它应用于固体物理,产生了固体能带理论,使人们对于半导体的基本性质有了新的认识,为半导体技术的开发奠定了重要的理论基础。

（一）晶体管的发明

第二次世界大战后,美国电报电话公司贝尔实验室的三位科学家肖克利(W. Shockley)、布拉顿(W. Brattain)和巴丁(J. Bardeen)开始了对具有半导体特性的晶体的研究。肖克利提出了研究框架,巴丁精通固体物理学理论,布拉顿最擅长实验操作,三位科学家珠联璧合。布拉顿和巴丁通过实验发现,只要两根金属丝在半导体上的接触点距离小于0.4 mm,就可能引起放大效应。当他们用一些金箔、一些半导体材料和一个弯曲的别针来展示他们的新发现时,代表数字化革命的一种新的器件诞生了,这种新器件被命名为"晶体管"。当时,贝尔实验室的研究人员已经看出了晶体管的商业价值,为写专利保密了半年之后,于1947年12月23日公布了晶体管的发明。随后各种型号的晶体管大量涌现,它不仅能够替代电子管的功能,而且体积小、寿命长、不发热、耗电省。为此,肖克利、布拉顿和巴丁分享了1956年诺贝尔物理学奖。

晶体管的发明是20世纪电子技术上的重大突破,它不仅是一种器件代替另一种器件,更重要的是为集成电路的出现拉开了序幕。

(二)集成电路的产生

1952年,英国科学家提出将电子设备做在一个没有导线的固体块上,这种固体块由一些绝缘的、导电的以及放大的材料层构成,成为一个不可分割的整体。这就是最初的集成电路设想。

1957年,英国科学家在硅晶片上制成了触发器集成电路。

1958年,以诺依斯为首的美国仙童半导体公司,提出了利用半导体平面处理技术在硅芯片上集成几百个,乃至成千上万个晶体管这一闪光的设想。

1959年美国德克萨斯仪器公司的青年研究人员基尔比(J. Kilby)采用平面处理技术,成功地将晶体管、电阻和电容等20多个元件集成在不超过4 mm^{2}的微小平板上。这种由半导体元件构成的微型固体组合件,被命名为"集成电路"(IC)。基尔比于1959年2月6日向美国专利局申报专利。

1959年7月30日,美国仙童公司的诺依斯研制出了一种特别适合于做集成电路的工艺,为半导体集成电路的发展奠定了坚实的基础,同时他也申请到一项发明专利。

基尔比被誉为"第一块集成电路的发明家",而诺依斯被誉为"提出了适合于工业生产的集成电路理论的人"。1969年,美国联邦法院最后从法律上确认他们同是集成电路的发明者。

集成电路的发明导致了电子技术发展的飞跃,使电子技术进入了微电子技术的新阶段。

集成电路一出现就以十分惊人的速度发展。

20世纪50年代是小规模集成电路的发展时期,60年代是中规模集成电路的发展时期。70 年代是大规模集成电路的发展时期。1970 年,在一只芯片上已能集成 1500 个晶体管。到 70 年代末已经开始出现集成度在 20 万以上的超大规模集成电路。80 年代是超大规模集成电路的发展时期。在 80 年代末集成度已超过 100 万的大关。1989 年美国英特尔(Intel)公司的 80486 芯片容纳了 120 万个晶体管。90 年代集成电路的集成度仍在不断提高。日本利用亚微米技术,已在一个宽 1 cm、长 2 cm 的芯片上集成了 1.4 亿个电子元件。到 1993 年已经出现集成度为 5.6 亿的芯片,元件所占的面积及元件之间的连线细到 250 nm(1 nm＝10^{-9} m)。

目前,世界上最高水平的单片集成电路芯片上所容纳的元器件数量已经达到 80 多亿个。从集成电路的线宽来看,国际上的生产技术已达到 130～90 nm,在实验室即 70 nm 的技术已经通过考核。我国目前集成电路工艺技术水平在 350～250 nm,2005 年在北京建成投产的中芯国际已进入 130 nm。因而,我国的微电子集成电路生产技术同国外的差距也缩短到 1～2 代了。

四、微电子技术的摇篮——硅谷

在美国加利福尼亚州的旧金山以南有一个狭长的山谷,这里空气清新、气候宜人。20 世纪初,此地果园葱葱,是闻名的"心悦之谷"。今天,硅芯片的生产成为当地高科技产业的主导产品,硅谷也成为高技术产业的代名词而享誉世界。

作为微电子技术的摇篮、微电子革命发源地的硅谷具有一种神奇的魅力。

硅谷产生了许多影响世界的发明家和技术发明,如仙童公司的世界上第一块硅集成电路、英特尔公司的世界上第一个微处理器、苹果公司的个人电脑,还有电子游戏机、无线电话、电子手表等等,这些对人类社会产生深远影响的发明,都是在硅谷诞生的。硅谷有一种特殊的氛围,激励人们去创造。

硅谷汇聚了技术和人才。硅谷的知识和人才的密集程度之高在美国是首屈一指的。20 世纪初,硅谷的斯坦福大学的电子工程系,已成为世界电子学的中心。电子三极管的发明人弗罗斯特来到这里、被称为"晶体管之父"的肖克利从贝尔实验室回到家乡创业,他们的声望吸引了全美国电子学领域的年轻精英聚集硅谷。

硅谷具有良好的外部环境。硅谷发展成为美国电子工业最大的研究和制造中心、高技术的摇篮,成为闻名世界的科技工业园,与加州政府长期注重科技工作和倡导科工贸相结合的努力是分不开的。

完善的投资环境和风险投资机制使硅谷成为思想和技术冒险者的天堂。在硅谷有许多著名的风险投资公司,它们为硅谷科技产业的发展作出了重要的贡献。英特尔公司的创始人诺依斯曾经说过,他从风险投资家亚瑟·罗克那里"只用五分钟就筹齐创建英特尔公司的资金"。风险投资家投入资金,帮助公司上市,然后获得利益。

鼓励冒险、刺激创新、容忍失败、绝少束缚的氛围形成了硅谷独特的文化。这就是创新。企业在创新中实现梦想,人在创新中实现价值。创新像基因,植根于每一个硅谷人的身体。创新像空气,滋养着每一个硅谷人的生命。当你天天接触着别人更新、更快、更大胆的想法时,你的眼光自然在变宽,你的灵性自然被点燃,你的想象力和创造力自然在增值。

以美国高科技中心硅谷为蓝本,引进世界各知名企业及高科技公司的技术、资金以及先进的管理模式是实施中国硅谷计划的初衷。丰厚的资源优势和政策环境使美国硅谷许多公司将目光投向了中国。随着硅谷(中国)发展有限公司和北京经济技术开发区"中国硅谷城"国有土地使用权预约合同的敲定,总投资达 1.7 亿美元的电脑软件生产基地、电子媒体出版系统等项目的正式签约,落户在北京经济技术开发区的中国硅谷城已初具规模。

五、微电子技术的地位和应用

微电子技术是各种高科技中的关键技术,也是衡量科学技术水平的重要标志。

(一)微电子技术已成为既代表国家现代化水平又与人民生活密切相关的高新技术

从计算机、通讯卫星、信息高速公路、军事雷达,到程控电话、手机,从天气预报、遥感、遥测,到闭路电视、激光唱盘、数码相机、摄像机,从医疗卫生、能源、交通,到环境工程、自动化生产、日常生活,微电子技术深入各个领域。洗衣机、电冰箱、空调、电饭煲等加上芯片就能更好地为人们服务;一片小小的心脏起搏器,可以让心脏病人正常生活;小汽车中的微电子产品只占成本的 10%～15%,它却可以使小汽车灵巧方便、可靠、节能。微电子技术在人们生活中无处不在,人们在解决了温饱问题后,微电子产品便成为人们追求的主要目标。因此,微电子技术不仅推动着一个国家现代化建设的步伐,同时,提高了人民的生活质量,满足了人们日益增长的物质需要。

(二)引进微电子技术是企业技术改造的关键

一个企业要发展、要新生、要获得竞争力,首先必要的措施就是引进微电子技术。例如,当普通机床引进微电子技术成为数控机床后,其加工效率和精度大幅度提高;传统的纺织工业引进微电子技术后,不仅生产效率和质量大幅度提高,同时,新产品、新款式层出不穷等等。

微电子技术与传统技术相互渗透、相互结合,成为新技术、新产业产生的摇篮。例如,微电子技术与生物技术结合,形成生物电子技术;微电子技术与能源技术结合,形成能源电子技术;微电子技术与医疗技术结合形成医疗电子技术等等。

一方面,企业的技术改造引进了微电子技术后大大增加了生产力,另一方面,微电子技术与传统生产技术结合而产生的新技术、新产业,又创造了新的生产力。因此,微电子技术对我国工业、农业等各个行业生产技术现代化水平的提高具有重要的作用。

(三)微电子技术在国防现代化建设中具有重要的作用

在军事上,微电子技术的引进已成为现代化军事装备的一大特色。有人说海湾战争是硅片战胜了钢铁,联合部队在发起进攻之前,先摧毁了伊拉克的通讯指挥系统,使伊拉克的庞大队伍失去了指挥,成为一盘散沙。巡航导弹超低空飘游,穿堂入室,以难以置信的准确度打击目标,这一切都是制作在小小的芯片上的集成电路在起作用。因此,一个国家要强盛,要有尊严地立于世界之林,必须发展微电子技术。

第二节　计算机技术

以微电子技术为基础的计算机技术的飞速发展,使计算机迅速普及和广泛应用。如今的计算机早已不仅是计算的工具了,而已成为信息技术的核心。人们通过计算机和计算机技术的应用,实现社会的信息化、工业的自动化等,计算机已成为当代社会和人们日常生活不可缺少的工具,推动着社会的进步,改变着人类的工作、生产和生活方式。

一、计算机发展的历程

计算机的产生是 20 世纪最伟大的技术成就。计算机的全称为电子计算机,它具有存储信息、按照人们设计的程序自动完成计算、控制等各种任务的功能。计算机又称为电脑,这是因为计算机不仅仅是一种计算工具,它还可以模仿人脑的许多功能,是人脑的延伸,是一种脑力劳动工具。

(一)第一台电子数字计算机 ENIAC 的诞生

举世公认的第一台电子计算机 ENIAC,诞生在战火纷飞的第二次世界大战,它的"出生地"在美国马里兰州阿贝丁陆军试炮场。当时计算弹道表由人工计算,不仅效率低且经常出错。参加试验的美国宾夕法尼亚大学莫尔学院的两位青年学者——36 岁的副教授莫契利(J. Mauchiy)和 24 岁的工程师埃克特(P. Eckert),向负责试验的军官戈德斯坦提交了一份研制电子计算机的设计方案"高速电子管计算装置的使用",他们建议用电子管为主要元件,制造一台前所未有的计算机,把弹道计算的效率提高成百上千倍。他们的建议被军方采纳,并成立了一个包括 30 多名物理学家、数学家和工程师的莫尔学院研制小组,莫契利为总设计师,埃克特为总工程师。1946 年 2 月 14 日,世界上第一台电子计算机研制成功。这台机器被命名为"ENIAC"(埃尼阿克),即"电子数值积分和计算机"的英文缩写。埃尼阿克是个庞然大物,它共使用了 18000 个电子管、1500 个继电器、70000 个电阻和 10000 个电容。总体积约 90 m^3,重达 30 t,占地 170 m^2,需要用一间 30 多米长的大房间存放。这台耗电量为 140 kW 的计算机,运算速度为每秒 5000 次,比先前的机械式的继电器计算机快了上万倍,一条炮弹的轨道用 20 s 就能算出来。

虽然"埃尼阿克"的功能还不如今天在掌上使用的可编程计算器,而且工作时常常因电子管烧坏而停机维修,但它却是计算机发展史上的一座纪念碑,标志着电子计算机的创世。

(二) 冯·诺依曼与 EDVAC

1945 年 6 月,美籍匈牙利数学家冯·诺依曼(John Von Naumann)提出了"存储程序控制计算机结构",奠定了现代计算机的体系结构。

从 1940 年开始,冯·诺依曼就是阿贝丁试炮场的顾问,也是莫尔研制小组的实际顾问。他运用渊博的学识引导着年轻人将大胆的设想转变为系统的设计思想。在"埃尼阿克"尚未投入运行前,冯·诺依曼就看出了这台机器的致命缺陷,即程序与计算两分离。程序指令存放在机器的外部电路里,每次计算必须首先用人工接通数百条线路,需要几十人干好几天之后,才可进行几分钟运算。冯·诺依曼决定起草一份新的设计报告,对电子计算机进行彻底的改造。新机器命名为"离散变量自动电子计算机",英文缩写为"EDVAC"。1945 年 6 月,冯·诺依曼等人联名发表了一篇长达 101 页的《关于 EDVAC 的报告草案》,这就是计算机史上著名的"101 页报告"。报告明确规定了计算机的计算器、逻辑控制装置、存储器、输入、输出五大部件,并用二进制替代十进制。EDVAC 最关键的是具有一个可存储、可编程的存储器,以便计算机自动依次执行指令。人们后来将这种"存储程序"体系结构的机器统称为"诺依曼机"。"101 页报告"是现代计算机科学发展史上的里程碑,它的问世宣告了电子计算机时代的到来。

1952 年 1 月,由冯·诺依曼设计的 IAS 电子计算机问世,这台计算机总共只采用了2300 个电子管,但运算速度却比"埃尼阿克"提高了 10 倍。

（三）第一代计算机

第一代计算机是电子管计算机，产生于 1946～1956 年。这一代计算机所采用的电子元件基本上是电子管，包括世界上第一台计算机 ENIAC 到冯·诺依曼的 EDVAC。其二进制和存储程序的设计思想，为现代计算机的发展奠定了技术基础。这一代计算机数量少、造价高，主要用于军事科研计算。

（四）第二代计算机

第二代计算机是晶体管计算机，产生于 1956～1962 年。这一代计算机的逻辑元件采用性能优异的晶体管代替电子管。由于晶体管体积比电子管小得多，因此，晶体管计算机的体积大大缩小，但使用寿命和效率却大大提高。运算速度提高到每秒钟几十万次到上百万次，可靠性增加，成本降低，使得计算机的应用范围扩大，除了军事科研、数据处理方面的应用，还用于航空、航天和生产过程的实时控制。

在 1956 年美国贝尔实验室为美国空军研制了一台晶体管计算机之后，美国、德国、日本、法国都先后开始了晶体管计算机的批量生产。1959 年，IBM 公司生产出全部晶体管化的电子计算机 IBM 7090，到 60 年代中期，美国已拥有电子计算机 3 万台。

（五）第三代计算机

第三代计算机是中小规模集成电路计算机，产生于 1962～1970 年。1962 年，美国 IBM 公司首先生产了 IBM360 集成电路系列机。用集成电路取代原先分立的晶体管，使计算机的发展产生了一次革命性的飞跃。集成电路使原先晶体管计算机的体积缩小了百倍以上，运算速度和内存容量提高了一个数量级，分别达到每秒钟上千万次和十几万字节。同时，价格大幅度下降，通用性提高，软件支持成倍增加，使得计算机很快得以普及。

1971 年 1 月，世界上第一只微处理器，即芯片 4004 问世。它的发明人是 Intel 公司年仅 34 岁的霍夫，4004 处理器的功能相当于一台"埃尼阿克"计算机，芯片上集成了 2250 个晶体管。人们首次实现了"仅用一块芯片来承担中央处理器的全部功能"的设想。从此之后，以微处理器为核心的计算机带来了计算机发展史上的又一次革命。

（六）第四代计算机

第四代计算机是大规模和超大规模集成电路计算机。从 1970 年产生至今，随着大规模集成电路的出现，美国开始制造第一批军用试验型大规模集成电路计算机。1973年，美国在航天局开始使用第一台全面采用大规模集成电路为逻辑元件和存储器的计算机 ILLIAC－IV，该机的运算速度达到了每秒钟 1.5 亿次。这标志着计算机的发展进入了第四代，并出现向"巨型"和"微型"两极化发展的趋势。

大规模集成电路的使用，使得计算机向微型化发展，不仅可以放在办公桌上，而且可以放在手提包里，甚至可以放在衣服口袋里。计算机的功能大大增强，可靠性大大提高，价格却大大降低，使计算机走进了千家万户。

巨型计算机具有强大的运算和数据处理能力，它在核武器研制、导弹及航空航天飞行器的设计、气象预报、卫星图像处理、经济预测等军事、经济与科研等领域具有十分重要的作用。1998 年世界上计算机价格性能比最好的是李政道教授主持的、由美国哥伦比亚大学理论组的九位平均年龄只有 28.5 岁的年轻理论物理学家建造的用于计算量子色动力学的超级并行计算机（QCDSP），其运行速度可达每秒钟 1.1 万亿次，目前，该小组正计划建造每秒钟运算 20 万亿次的计算机。

1980 年，美国的 IBM 公司在迈阿密附近的海滨小镇博卡雷顿，建立了一个"国际象棋"专案小组，"国际象棋"是 IBM 个人电脑研制项目的秘密代号。博卡雷顿实验室由 13名思想活跃的精干科研人员组成设计小组，其目的是在一年内开发出能迅速普及的微型电脑。这种采用英特尔微处理器为电脑中枢的新机器被命名为"个人电脑"，即 IBM PC。经过 13 人的奋力攻关，1981 年 8 月 12 日，IBM 公司在纽约宣布 IBM PC 个人电脑出世，它标志着计算机脱离专业化的运算，开始普及应用并进入主流市场时代的到来。此后，个人电脑以前所未有的广度和速度面向大众迅速普及，在短短的 20 多年中，PC 的销量超过已发展 100 多年的汽车和已发展近 100 年的电视机。目前，在全球超过 6.5 亿的上网人口中，95％以上是通过 PC 来上网的。人类社会从此进入个人电脑新纪元。

目前，第五代计算机——超大规模集成电路的人工智能计算机正在研制之中。它将突破传统的冯·诺依曼的设计思想和传统的技术束缚，采用与人脑思维并行处理方式相接近的工作方式，使其具备人工智能，像人一样具有推理—学习—联想的思维能力。这种计算机一旦研制成功，将全面扩展人的脑力，对人类产生更加深远的影响。

二、计算机的应用

随着计算机技术的发展，计算机应用的领域在不断拓展，由最初的用于科学研究数据处理，到计算机辅助设计、数据库应用、图形处理、专家系统以及管理和控制方面的应用。计算机应用正进一步向各行各业渗透。

目前，计算机主要应用的领域有：

（1）科学计算。虽然科学计算在计算机应用中所占的比重在逐渐下降，但在基础科学研究和高新技术研究领域，仍然具有十分重要的地位，并且在许多方面对计算的速度和精度仍不断提出更高的要求。

（2）信息处理。目前，计算机信息处理已经广泛应用于办公自动化、企业计算机辅助管理与决策、文字处理、文档管理、情报检索、激光照排、电影电视动画设计、会计电算化、图书管理以及医疗诊断等各行各业。据统计，世界上的计算机80％以上用于信息处理。

（3）自动控制与机器人。从20世纪60年代开始，人们就利用计算机来控制设备的工作，在冶金、机械、电力、石油化工等行业都有用计算机进行实时控制。在军事上，用计算机控制导弹等武器的发射与导航，自动修正导弹在飞行中的航向。计算机的硬件设备与软件系统是机器人研究工作的基础。

（4）计算机辅助设计与辅助制造（CAD/CAM）。这主要服务于机械、电子、宇航、建筑、纺织、化工等产品的设计、加工与控制等环节。它能够缩短产品的开发周期、增加产品种类、提高产品的竞争能力。

（5）计算机辅助和管理教学。这是计算机在教育领域的应用，是目前普及较快的一种新兴教育技术。

（6）多媒体应用。它是计算机技术与图形、图像、动画、声音、视频等技术相结合的产物，使得计算机除了能够处理文字信息外，还能处理声音、视频等信息。多媒体技术的发展虽然只有短短十几年的时间，但它对人类的影响不容忽视，对计算机应用领域的开拓意义深远。

（7）网络应用。网络化是计算机发展的又一个显著的特点。目前，越来越多的计算机开始接入因特网（Internet）。我国1998年底上网用户总数为210万，而到2006年底已达到1.37亿[①]，网民人数已占全国人口总数的10.5％，北京市网民普及率也首次超过30％。其中使用宽带上网的网民达到1.04亿人，占网民总数的75.9％，成为世界上名副

---

① 资料来源：2007年1月23日，中国互联网络信息中心（CNNIC）发布《第19次中国互联网络发展状况统计报告》。

其实的互联网大国，但还不是互联网强国。预计中国网民普及率突破 10％之后，中国互联网将迎来更快速的增长期。目前，全世界 Internet 用户的年增长率高达 300％。

（8）电子商务。电子商务是指在网上进行交易以及与交易相关的一些活动。它包括网上购物和提供安排旅游、代购车票、远程教育等各种服务等。

（9）电子出版物。将各种信息存储在磁、光、电介质上，通过计算机等设备阅读使用。

随着计算机的普及，计算机应用的范围在不断扩展，还有许多计算机应用的实例，这里就不一一例举。

三、21 世纪计算机的发展方向

根据人类对计算机应用的需求和目前计算机发展的状况，科学界认为未来计算机的发展方向主要有：生物计算机、光计算机、量子计算机和神经网络计算机。

（一）生物计算机

20 世纪 70 年代以来，科学家发现 DNA 处在不同状态下，可产生有信息和无信息的变化。联想到逻辑电路中的 0 和 1、晶体管的通导与截止、电压的高或低等，科学家们激发了研制生物元件的大胆设想。

生物计算机的主要原材料是蛋白质分子，并以此作为生物芯片。其优点是：① 生物元件比硅芯片上的电子元件要小得多，甚至小到几十亿分之一米。② 生物芯片本身具有天然的立体化结构，其密度比目前的硅集成电路高 5 个数量级。其存储信息的空间是普通计算机的百亿亿分之一。③ 生物芯片本身具有并行处理的功能，其运算速度要比目前最先进的计算机快 10 万倍，而消耗的能量仅是普通计算机的十亿分之一。并且，生物芯片一旦出现故障，可以进行自我修复。

目前，制造生物计算机已不是天方夜谭。1997 年，美国南加州大学计算机科学家伦纳德·艾德曼已研制成功一台 DNA 计算机。2003 年，以色列科学家研制出一台速度达每秒钟 330 万亿次运算的生物计算机。这种计算机中的 DNA 既可以为整个计算机输入信息，又可以为计算机运行提供必需的能量。

科学家们认为，生物工程是全球高科技领域中最具活力和发展潜力的学科。如果计算机、电子工程等各个相关学科的专家联手合作、共同研究，有可能在 21 世纪将实用的生物计算机推向世界。

（二）光计算机

光计算机是用光电集成电路（即由光学和电子器件相集成的新型器件，主要有激光器、光纤和开关等组成）代替传统的电子型集成电路制成的计算机。其工作原理是利用光子束处理和存储程序。由于光速远大于电子的传输速度，因此可以大大提高计算机的运算速度。同时，光纤可采用并行传输，故传输的信息量也大为提高，还可避免电子计算机存在的电磁干扰。

科学家估算，光计算机处理信号的能力将是电子计算机的成千上万倍。光计算机的应用领域主要为语音及图像的识别、交换大量的电话信号以及工作量极大的计算工作。但由于技术上的困难，短期内光计算机实现应用还很困难。

（三）量子计算机

量子计算机所采用的处理器是量子器件，并且它的计算过程是建立在量子理论基础之上的。

微观粒子具有波粒二象性。由于波动性而表现出来的种种现象，如隧道效应，便是量子效应。利用量子效应作为工作基础的器件便是量子器件。建立在量子概念上的量子计算机具有超快速度、耗能少、体积小等突出优点，已经引起了世界各国的重视。2000年8月美国IBM公司、斯坦福大学及卡加利大学的研究人员联合研制成功了以5个原子作处理器及记忆体的实验性量子计算机，并利用它成功地找出了密码学上的一个函数的周期。但迄今为止，真正意义上的量子计算机还没有问世。

对量子计算机和量子信息技术的研究，在科技界具有不可动摇的地位，科学家们正在逐渐克服障碍从而使量子计算机能够成为最快的超级计算机。相信未来的量子计算机将导致整个电子技术的革命。

（四）神经网络计算机

神经网络计算机是利用非线性中的一些基本原理而设计的模拟人脑功能的一种新型计算机。

从第一代到第四代计算机基本上是按照冯·诺依曼结构的串行处理系统模式发展起来的，称为冯·诺依曼型计算机。这类计算机在认字、识图、听话及形象思维方面的功能特别差，一个初生的婴儿很快就能认识母亲，而一个运算速度很快的计算机却很难识别不同的人。生物学家研究表明，人脑之所以能在瞬间完成学习、记忆、逻辑推理等复杂的信息处理，是因为人脑和担任信息处理基本要素的神经细胞是以并行方式传输信息的。因此，神经网络计算机的设计方案是模拟人脑，利用多个处理器并行连接方式，来加速计算机的信息处理能力，使之接近于人脑的功能。

我国目前已研制出"高精度双权值突触神经元计算机 CAS - SANN - Ⅱ"。该计算机在一次运算中可实现具有 1024 个神经元 512K 个双权值突触的神经网络规模，其通用性强、适用面宽，总体技术达国际先进水平。

<h2 style="text-align:center">知 识 点 归 纳</h2>

1. 微电子技术是指以集成电路为代表的研制、生产微小型电子元器件和电路，实现电子系统功能的技术。

2. 集成电路是指以半导体晶体材料为基片，经过专门的工艺技术把电路的元器件和连线集成在基片内部、表面或基片之上的微小型化的电路或系统。集成电路常用硅制作，所以也叫做硅芯片或芯片。

3. 集成度是指在一定尺寸的芯片上所容纳的晶体管的个数。它是衡量集成电路水平的性能指标之一。

4. 集成度不到 100 个晶体管的集成电路叫做小规模集成电路；集成度在 100 到 1000 之间的叫中规模集成电路；集成度在 1000 以上的叫大规模集成电路；集成度在 10 万以上的叫超大规模集成电路。

5. 衡量集成电路水平的另一个指标是集成电路的门延迟时间。它反映了集成电路的运行速度，门延迟时间越小集成电路的工作速度就越快。

6. 硅集成电路的发展遵循《摩尔定律》，所谓《摩尔定律》就是每 18 个月集成电路的集成度增加一倍，而它的价格也要降低一半。

7. 1947 年，美国电话电报公司贝尔实验室的三位科学家肖克利、布拉顿和巴丁研制成功世界上第一只晶体管，为集成电路的诞生拉开了序幕。

8. 1959 年 2 月，美国德克萨斯仪器公司的青年研究人员基尔比发明了世界上第一块集成电路。基尔比被誉为"第一块集成电路的发明家"。

9. 1959 年 7 月，美国仙童公司的诺依斯研制出了一种特别适合于做集成电路的工艺，为半导体集成电路的发展奠定了坚实的基础。诺依斯被誉为"提出了适合于工业生产的集成电路理论的人"。

10. 目前，国际上集成电路的集成度已经达到 80 多亿个，而集成电路的超细微加工技术水平已达到 130～90 nm，在实验室中 70 nm 的技术已经通过考核。2005 年在北京建成投产的中芯国际已进入 130 nm。

11. 1945 年 6 月,著名科学家冯·诺依曼等人发表了《关于 EDVAC 的报告草案》,这就是计算机史上著名的"101 页报告"。EDVAC 最关键的是具有一个可存储、可编程的存储器,以便计算机自动依次执行指令。"101 页报告"是现代计算机科学发展史上的里程碑,它的问世宣告了电子计算机时代的到来。

12. 采用英特尔微处理器为电脑中枢的微型计算机被命名为"个人电脑",即 IBM PC。短短 20 多年 PC 迅速普及,目前,全球 95％以上的人是通过 PC 来上网的。

思考与探索

1. 举例说明微电子技术的地位和作用。

2. 简述目前计算机的主要应用领域和 21 世纪计算机的发展方向。

3. 硅谷是微电子技术的摇篮,你认为硅谷之所以能够吸引大量电子领域的年轻精英聚集,其主要原因是什么?

第九章　现代信息技术与通信

本　章　导　读

现代信息技术的迅猛发展,给人类社会和人们的生活带来了前所未有的冲击和变革,使人类迈进了一个充满活力、富于创造性的信息时代。

什么是信息技术? 信息技术是一项综合性技术。众多高新技术共同构成一个庞大的信息技术群体。通常所说的信息技术是指信息技术群体中的主体技术,它包括:信息获取技术、信息存储技术、信息自动化处理技术和信息传递技术。3S 技术是现代信息技术发展的先导。目前,信息技术正向着数字化、综合化、网络化、三网合一等方向发展。

通信技术又称为电信技术。它是利用电信设备对信息进行传输、发送和接收的技术,是信息技术的主体技术。现代通信技术有:光纤通信技术、卫星通信技术、移动通信技术、多媒体通信技术和微波通信技术等。目前,正在研发的新技术有:第三代移动通信技术、蓝牙技术、全光网技术等。

第一节　信息技术概述

信息技术是 20 世纪科学技术最重大的成就之一。它的应用、普及和发展对人类的生活方式、工作方式、社会经济结构以及教育模式等都产生了极其深刻的影响。目前,信息技术已成为衡量一个国家综合国力和竞争实力的关键因素。

一、信息的基本概念

信息是一种与物质和能源一样重要的资源。信息存在于我们的周围,并充满了整个世界。当我们打开电视或收音机,从"新闻联播"中可以获取政治、经济、军事、文化等信息,从"天气预报"中可以获取气象信息;当我们将计算机连接上网,可以搜索我们所需要的各个方面的信息;查看家中的电话语音留言,可以获取相关信息,等等。

(一) 信息与信息的获取

什么是信息?对于信息的概念,从不同的角度和不同的层次去理解,有许多不同的解释。而且,信息是一个不断发展和变化的动态概念,信息的内涵和外延在不断扩展。

作为日常用语,信息是指音信、消息;作为社会概念,信息可以理解为人类共享的一切知识;作为科学技术用语,信息是指对原先不知道的事件或事物的报道。按照信息科学理论,信息的广义定义:信息是一种已经被加工为特定形式的数据,这种数据形式能够对接收者当前和未来的活动产生影响并具有实际价值。

信息是经过加工的、有用的数据。数据并不是仅仅指"数字",而是指描述客观事实、概念的文字、数字、符号等。当文本、声音、图像在计算机里被简化为"0"或"1"时,它们便成了数据。数据是信息的素材,是信息的载体和表达形式。

信息的获取方法:首先,通过数据采集,获得大量的原始数据,就好比采出矿石,量大而不精,需要进一步去粗取精的处理。接下来,原始数据经过加工、提炼,提取出能够帮助人们正确决策的有用数据,再经过分析与综合处理,融合成信息,如图9-1所示。

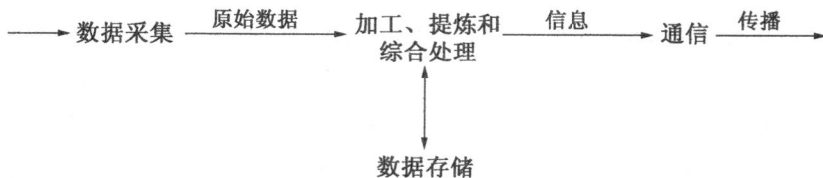

图9-1 信息的获取方法

(二) 信息的主要特征

1. 可量度性

信息可采用某种度量单位进行量度,并进行信息编码。例如,计算机使用的二进制就是一种信息的编码形式。

2. 时效性

在一定的时间内获取的信息,具有可利用的价值。错过时机,信息就会变得毫无价值。

3. 可识别性

信息可通过直观识别、比较识别和间接识别等多种方式来把握。

4. 可转换性

信息可以从一种形态转换为另一种形态。例如,自然信号可转换为语言、文字和图像等形态,也可以转换为电磁波信号或计算机代码。

5. 可存储性

信息可以存储。人脑就是一个天然的信息存储器,文字、照片、录音、录像、计算机存储器等都可以存储信息。信息的存储、积累有利于人们对信息进行系统全面地研究和分析。

6. 可处理性

人脑就是最佳的信息处理器。人脑的思维功能可以进行决策、设计、研究、写作、改进、发明、创造等多种信息处理活动。计算机也具有信息处理功能。

7. 可传递性

借助各种工具、通过不同的途径可以完成信息的传递。例如,广播、电视、报刊、书籍、语言、电话、传真机、因特网(Internet)等都是人们常用的信息传递途径。

8. 可再生性

已获得的信息经过再次加工处理,可以成为新的信息。信息的再生性使它成为人类社会取之不尽、用之不竭的资源。

9. 依存性与干扰性

信息必须依附于某一载体进行传播。例如,报纸、广播、电视、因特网等都是可以承载信息的载体。信息在传递过程中,会遇到一些干扰、阻碍信息传递的现象。例如,噪音就是典型的干扰。

10. 可共享性

信息与物质、能源的最大区别,就是可以被共享。例如,同一信息可以同时传递给多个人共享,原信息并不改变。

(三)五次信息革命

信息的传播促进了社会的进步和科学技术的发展。历史上,人类经历了五次信息革命,每一次都对人类社会的发展提供了强大的推动力。

1. 语言的产生——第一次信息革命

语言的产生和应用,是人类历史上的第一次信息革命,是信息表现和交流手段的革命,它不仅促进了人类社会的进步和发展,同时大大促进了人类大脑的进化,使人脑的抽象能力、分析和归纳推理能力、表达和理解能力得到极大的提高,导致了人与动物的分离,揭开了人类文明的序幕。

2. 文字的出现——第二次信息革命

文字的出现使信息能够记载下来,不仅丰富了信息交流的手段,而且扩大了信息传播的范围,使信息可以永久保存。可以说,文字实现了信息真正意义上的存储与传播。从此,人类的信息传播突破了只能面对面的语言交流形式,可以跨越时空障碍来传播信息,是一次信息传播手段的重要革命。

3. 造纸与印刷术的发明——第三次信息革命

造纸和印刷术的发明,使信息的传播拥有了先进的纸质载体,扩展了信息的传播范围,加快了信息的传播速度,使知识的积累和传播有了可靠的保证,对科学技术的推广、文化教育的普及、社会事业的发展产生了极其深远的影响,为人类近代文明奠定了基础,是一次信息记载手段的重要革命。

4. 电子技术的发展——第四次信息革命

19世纪中期,电话、电报的出现,弥补了通过邮寄信件传递信息速度缓慢的缺陷,为人类提供了简便、快捷、直接传递信息的手段,使信息瞬间传递到几百千米以外。广播、电影、电视的出现,使原先"一对一"的信息传播方式变为"一对多"的信息广播传递方式。这些技术的诞生开创了信息传播技术的新局面,实现了信息的数字化,使信息由物质传播转化为电传播,是一次信息载体和传播手段的重要革命。

5. 计算机与现代通信技术的结合——第五次信息革命

现代信息技术的成就归功于计算机的诞生。计算机的出现使人类处理信息的能力有了巨大的提高。特别是计算机与现代通信技术的完美结合,掀起了第五次信息革命的浪潮,使人类进入了崭新的信息时代。目前,信息已成为社会发展、科技进步、繁荣经济、提高生产力的核心部分,信息与物质、能源构成社会的三大资源。特别是20世纪90年代初在发达国家推行的"信息高速公路"计划、互联网的出现,为信息技术的发展进一步推波助澜。据统计,2000年全球互联网用户已达4.71亿。目前,已有240多个国家和地区加入了国际互联网。

二、信息技术概述

(一)信息技术的概念

什么叫信息技术?信息技术是一个动态的概念,它的内涵随着信息技术的发展在不断扩展。从广义上说,凡是涉及到信息的获取、存储、加工处理、传递、利用和服务等与信息活动有关的、以增强人类信息功能为目的的技术都可以叫做信息技术。

信息技术是一项综合性技术。许多相互联系相互影响的科学技术共同构成一个庞大的信息技术群体。信息技术群体可分为信息主体技术、信息支撑技术、信息基础技术和信息应用技术。现代信息技术就像一颗参天大树,主体技术是它的"躯干",支撑技术是它的"根系",基础技术是它的"土壤",应用技术是它的"果实"。通常人们所说的信息技术,仅仅是指信息主体技术,而信息支撑技术和信息基础技术,一般不称为信息技术。

信息主体技术是信息技术群体的主干。它包括信息获取技术、信息存储技术、信息自动化处理技术、信息传递技术(网络与通信技术)。其中信息处理技术和通信技术是现代信息技术的两大支柱。

信息支撑技术主要包括微电子技术、激光技术、生物技术、机械技术等。它们是信息技术群的支持性技术,是实现各项信息技术功能的必要手段。

信息基础技术主要是新材料、新能源的开发和制造技术。它们是发展和改进一切新的更优秀的支持技术的前提。

信息应用技术是指针对各种实用目的而繁衍出来的丰富多彩的具体技术,包括工业、农业、国防、交通、商业、科研、教育、医疗、体育、家庭劳作、社会服务等一切人类活动领域的应用。这种广泛而普遍的实际应用,体现了信息技术强大的生命力和渗透力,体现了它与人类社会各个领域密切而牢固的联系。

(二) 信息技术的主体

在一般情况下,人们将信息技术群体中的主体技术称为实用信息技术,或简称信息技术。信息主体技术主要包括以下几种技术。

1. 信息获取技术

信息获取技术(包括感测技术)是指针对不同的信息源所采用的信息获取手段和方法。信息获取的技术和方法是多种多样的,总体上可分为常规技术和非常规技术。

常规的信息获取技术主要是通过传感器、计算机、公众媒体等渠道,从正式的、公开的信息系统中检索出所需信息,例如,公众媒体信息的获取手段、印刷型工具书检索技术、计算机联机检索数据库的使用、互联网信息的搜索与浏览技术、感测技术等。其中感测技术又包括传感技术和测量技术,如遥感、遥测技术等。目前,随着互联网的发展,网络资源的自动搜索和信息的自动挖掘技术已成为当前这一领域内的一个研究热点。

非常规的信息获取技术是八仙过海,各显神通。其手段有正式的、公开的、合法的,如通过查询文件档案和查阅期刊、杂志、信件、电子邮件等获取信息;也有非正式的、隐蔽的、不合法的,如监视、监听、间谍技术等,许多政府间、公司间、企业间的政治、军事、经济情报都是被非法搜集的;有个人行为的,也有政府行为的。

例如,日本名古屋维尼龙公司在负债 15 亿日元宣告破产前,极力掩盖公司营运状况,加紧向银行申请大笔贷款,银行巧妙地将微型收发报机装入患牙病的该公司总会计师石田德黑的牙根里,几天内就了解到该公司的实情,避免了银行的巨额损失。又如,美国牙膏大王盖贝惊疑地发现,"朋友"送的高档礼品鳄鱼标本的眼睛里装有一台能够灵活转动的微型摄像机。据美国《纽约时报》报道,1994 年对美国 2100 家大公司的调查结果表明,其中 1893 家公司公开承认他们经常在国内外进行间谍活动,利用现代化手段隐蔽地窃取工业技术情报。

2. 信息存储技术

现代信息存储技术主要是指以磁、光介质为载体的数字化存储介质和以缩微胶片为载体的大容量存储介质的现代存储技术,如磁盘、光盘、移动存储器、外存储设备等。其中光盘和移动存储器(可移动硬盘、优盘、各种可移动存储卡)已成为现代信息存储技术的主要工具。

目前,清华大学研制的多波长多阶存储技术及实验系统通过了专家鉴定。这项技术可以把普通 CD 光盘片的容量提高三倍,它是国家重点基础研究 973 项目"超高密度、超快速光信息存储与处理的基础研究"的阶段性突破,是继 DVD 之后下一代光存储技术的新型存储方案。这一技术的研制成功,为中国光盘产业的发展开辟了一条具有自主知识产权的道路。

中国科学院近期内开发出了一项最新的信息存储技术,运用这一技术在有机功能分子体系介质上存储的信息量比现有的光盘高 100 万倍,达到纳米级水平。形象地说,存储美国国会图书馆的所有信息只需要方糖大小的介质即可。目前,这项技术领先国际先进水平一个数量级,但要运用到实践中还需要解决一些技术问题。

3. 信息自动化处理技术

信息处理的目的是为了方便信息的查找,便于利用已有的信息。信息自动化处理包括信息著录、标引、分类以及自动编制文摘技术等。

自动标引技术是根据计算机内的信息(标题、文摘或全文),自动给出反映文献(信息)主题内容的词汇(关键词、主题词等)的技术。常用的计算机自动标引技术有词频统计、位置加权等方法;自动分类技术是利用计算机分析信息内容,并为其自动聚类或赋予分类号的技术;自动文摘技术是指利用计算机,通过"阅读"全文,采用一定的处理技术抽取出文中的主题句编制文摘的技术。

4. 信息传递技术

当前,信息传递的主要途径是网络与通信。网络正逐渐成为人类信息交流的主要媒体之一。现代信息传递技术主要指网络和通信技术,就是将信息通过卫星、光纤、微波等传输介质进行传递，实现信息快速、可靠、安全转移的技术。网络与通信技术也是现代信息技术的重要组成部分。

第二节　现代信息技术的发展

现代信息技术中的通信技术、计算机技术、网络技术等的发展和相互融合，拓宽了信息传递和应用的范围，使人们能够随时随地获取和交换信息。信息已成为经济发展的资源和独特的生产要素，社会进步的强劲动力。

一、现代信息技术的先导——3S 技术

3S 技术是全球定位系统（GPS）、地理信息系统（GIS）和遥感技术（RS）的通称，是空间技术、传感器技术、卫星定位、导航技术、计算机技术和通信技术相结合，多学科高度集成的对空间信息进行采集、处理、管理、分析、表达、传播和应用的现代信息技术。3S 技术是现代信息技术发展的先导，对整个科学技术的发展具有重要作用。

（一）GPS——全球定位系统

GPS 全球定位系统是一套基于卫星的无线导航系统。处于地球表面和太空的用户都可以通过 GPS 系统随时随地地对全球任何位置的目标，给出空间（三维）、速度和时间的精确定位，定位精度比目前任何无线导航系统都要高。

GPS 全球定位系统主要由地面监控系统、空间工程系统、用户接收系统三部分组成。

地面监控系统由主控站（管理、协调整个地面控制系统）、地面天线（在主控站的控制下，向卫星注入导航电文）、监测站（数据自动搜集中心）和通讯辅助系统（数据传输）组成。

空间工程系统由 24 颗卫星组成。24 颗卫星分布在 6 个轨道面上形成卫星星座，在全球的任何地方、任何时间都可以观测到 4 颗以上的卫星。该系统保持良好定位解算精度的几何图形，具有为用户提供连续的全球导航的能力。

用户接收系统主要由全球定位系统接收机和卫星天线组成。

20 世纪 70 年代，为了给海、陆、空军提供实时、全天候和全球性的导航服务，便于情报搜集、核爆监测和应急通讯等军事目的，美国开始研制 GPS。经过 30 多年的发展，目前，该技术已广泛应用于交通管理、军事、地球监测、农业、救援、飞机导航、航空遥感姿态控制、低轨卫星定轨、导弹制导、载人航天器防护探测以及娱乐消遣等国民经济和人们日

常生活的各个领域,成为多领域、多模式、多用途、多机型的高新技术国际性产业。

（二）GIS——地理信息系统

GIS 地理信息系统是 20 世纪 60 年代建立的,利用现代计算机图形技术和数据库技术,输入、存储、编辑、分析、显示空间信息及其属性信息的地理资料系统。

GIS 地理信息系统储存和处理的数据量巨大,人称海量数据。它不仅具有地理目标的空间位置和形状的三维信息,而且还有空间关系和属性信息;它不但能描述地理目标的现状,还可以描述地理目标的过去,预测未来,具有第四维——时间的信息。

GIS 是介于信息科学、空间科学和地球科学之间的交叉学科。它由计算机系统、各种地理数据和用户组成。通过计算机对各种地理数据统计、分析、合成和管理,生成并输出用户所需要的各种地理信息,从而为土地利用、资源管理、环境监测、交通管理、经济建设、城市规划以及政府各部门的行政管理提供新的知识,为工程设计和规划、管理决策服务。

（三）RS——遥感技术

RS 遥感技术是 20 世纪 60 年代发展起来的一门对地观测综合性技术。特别是 20 世纪 80 年代以来,这一技术日趋成熟并得到广泛的应用。

RS 遥感技术是指从高空或外层空间接收来自地球表层各类地物的电磁波信息,根据不同物体对波谱产生不同响应的原理,来识别地面上各类物体并通过对这些信息进行扫描、摄影、传输和处理,实现对地表各类地物和现象进行远距离探测和识别的现代综合技术。简单地说,就是利用航空飞机、飞船、卫星等飞行物的遥感器收集地面数据资料,从中获取信息,经记录、传送、分析和判读来识别地表物体,主要包括传感器技术,信息传输技术,信息处理、提取和应用技术,目标信息特征的分析与测量技术等。

与其他技术手段相比较,遥感技术具有更加突出的优点:第一,探测范围广、采集数据快。遥感探测能够从空间对大范围地区进行对地观测,从中获取有价值的遥感数据。第二,动态反映地面事物的变化。遥感探测能周期性地、重复地对同一地区进行对地观测,因此,获取的数据具有动态性。第三,获取的数据具有综合性。遥感探测所获取的是同一时段、覆盖大范围地区的遥感数据,这些数据综合地展现了地球上许多自然与人文现象,全面地揭示了地理事物之间的关联性。

遥感技术主要应用于陆地水资源调查、土地资源调查、植被资源调查、地质调查、城市遥感调查、海洋资源调查、测绘、考古调查、环境监测和规划管理等。

2003 年,我国利用遥感卫星成功地探测到了秦始皇墓地所在的山脉,同时测量出墓地四壁的厚度及长、宽、高和墓壁的土壤成分。

2004 年,我国与德国合作,用遥感卫星探测到新疆最大煤火的燃烧范围,使这一从清代就开始燃烧并延缓了 100 多年的煤田之火被扑灭。同年,利用遥感卫星,我国科学家还成功地找到了埋藏在北方干沙下的古长城遗骸,取得了古长城原始走向的资料。

目前,3S 技术的应用越来越广泛,已涉及国民经济的众多领域,并正在走入百姓家庭。例如,数字城市、数字地球的支撑技术就是 3S 技术,由于它能够方便地提供位置、速度和时间信息,已成为现代信息社会重要的信息来源,成为信息时代的国家基础设施之一。

二、现代信息技术的发展趋势

目前,信息技术正向着数字化、综合化、网络化、三网合一等方向发展。

(一) 三网合一

三网合一是指将电话网、有线电视网和计算机网相互融合,实现数字化,使声音、图像、视频影像等变为数字信号在计算机中加工、存储,在网络上传输。目前,虽然网络技术、光通信技术、数字技术、接入网技术、软件技术的发展已经为三网合一的实现提供了技术保证,三网合一已是大势所趋,但真正实施起来还存在一些困难,因为还未找到大家所共同认可的网络结构、技术标准、通信协议,尚未找到便于快速建设的接入网技术。

(二) 数字化

数字化的关键技术有:计算机技术、网络通信技术、3S 技术、虚拟现实技术、海量数据的存储处理技术、卫星图像智能处理、大型数据库等。数字化的最大特点就是传输快、表达简捷、准确、清晰,可以在计算机上进行计算和处理,也可以很方便地通过因特网快速传输。

数字化的普及和信息技术的发展,使人们可以通过计算机和因特网对各种事物、业务活动和信息进行高速的传输、查询、存储、检索计算和处理。

(三) 综合化

未来的信息技术将是多种技术融合的交叉学科技术,信息技术所提供的服务也趋于综合化。例如,移动电话所提供的服务,除了最基本的通话功能外,还可以完成上网、收发短信、查询信息等功能;近几年发展起来的智能信息技术,就是信息技术与智能技术结合而产生的新技术。

（四）网络化

信息技术网络化是信息技术发展的一大特点。网络技术是信息技术的重要分支,其关键技术有：数据编码与压缩技术、网络传输技术。

三、我国信息化建设规划

（一）建设电子政务系统

2002年8月,国家信息化领导小组决定,电子政务建设将作为今后一个时期我国信息化工作的重点,主要任务是：建设和整合统一的电子政务网络,建设和完善重点业务系统,规划和开发重要政务信息资源,积极推进公共服务,基本建立电子政务网络与信息安全保障体系,完善电子政务标准化体系,加快推进电子政务法制建设。

（二）大力发展电子商务

我国电子商务虽然起步较晚,但发展势头强劲,已从启蒙阶段迅速进入实施阶段。网上商店、商城、专卖店、拍卖店、订票、旅游、教育、医疗等新的电子商务网站和电子商务信息以及交易站点等,如雨后春笋般大量涌现。据统计,1998年底我国的网上商店有100多家,到2003年已发展到2000多家,发展区域从北京、上海、广州等少数城市向沿海和内地的各大城市扩展,许多传统行业也已开始登上电子商务的舞台。

（三）推进数字化城市工程

到2002年,我国的北京、上海、广州、深圳、重庆等城市已启动了数字化城市工程。目前,我国有100多座城市正在进行数字化城市建设,总投入超过100亿元。

20世纪,信息技术的迅猛发展,促进了世界信息化的进程,推动着信息产业的高速发展,改变了人们的工作、生活消费及思维方式。21世纪,信息社会将为信息技术提供更加广阔的应用、发展空间和无限的创造机遇。

第三节　通信技术概述

通信技术又称为电信技术。它是利用电信设备对信息进行传输、发送和接收的技术。1837年，美国人莫尔斯发明了电报，拉开了电信时代的序幕。经过100多年的发展历程，现在的电信业务已经遍布世界各个角落，电信网络星罗棋布，以各种方式沟通着人们之间的信息交流。

一、通信技术的发展

（一）通信技术的发展历程

通信技术的发展是从19世纪开始的。19世纪之前称为原始通信阶段，19世纪初，随着有线电报的发明，开始了通信技术的初级通信阶段；20世纪中期，信息论的建立，使通信技术进入了近代通信阶段；20世纪80年代后，随着光纤通信的应用，通信技术与计算机技术、网络技术等高新技术相结合后得到了迅猛的发展，使通信技术进入现代通信阶段。

1. 原始通信阶段

通信的任务就是信息的传递、交换和储存。自从人类组成社会以来就有了通信。我国从西周时期开始，就把烽火作为通信手段。白天点燃掺有狼粪的柴草，浓烟便直上云霄；夜里则燃烧加有硫磺和硝石的干柴，使火光通明，并与击鼓传声相配合，达到传递紧急军情的目的。"烽可遥见，鼓可遥闻"便是以烽火为主的声光通信的真实写照，并在相当长的历史时期内发挥着独特的作用。

以骑马、乘车为交通工具的信息传递，称为驿传或邮驿，是中国古代封建王朝设立的传递文书、信件为主的官方通信形式。之后这种方式向民间快速普及，最终发展成为能够从事大规模、高效率的通信活动的庞大邮件传递网络。

2. 初级通信阶段

1837年，热衷于电磁实验的美国发明家莫尔斯，在实验室中成功地架设了第一台有线电报机，标志着人类社会从此进入了电信时代。

1876年，美国人贝尔发明了世界上第一部电话机，使通信方式由电报传送符号转变为电话直接传送声音。电话机的出现，立刻受到了世人的欢迎。1877年，在美国波士顿和纽约之间架设的第一条电话线路开通了，从此开始了公众使用电话的时代。一年之内，贝尔共安装了230部电话，并建立了著名的贝尔电话公司（美国电报电话公司的前身）。

19 世纪中期，麦克斯韦、赫兹等一批著名物理学家对电磁场和电磁波的研究成果，奠定了用无线电波进行通信的基础。1895 年，意大利人马可尼发明了无线电通信装置，1916 年，马可尼的短波试验再一次获得成功。由于他在无线电通信方面作出的重要贡献，他被后人尊称为"无线电之父"。无线电报的发明，是人类从"有线通信"进入"无线通信"的转折点，标志着整个移动通信的开始，使通信技术进入无线通信的新领域。

1906 年，电子管的问世，开辟了模拟通信的新纪元。

1925 年，载波电话问世，实现在同一路介质上传输多路电话信号。

1940～1945 年，第二次世界大战刺激了雷达和微波通信系统的研究，使微波通信系统得到发展。

3. 近代通信阶段

1948 年，美国数学家申农建立了信息论。信息论的提出，在理论上为数字通信的发展打下了基础。同年，时分多路复用电话系统问世。

1949 年，晶体管问世，拉开了集成电路发展的序幕。集成电路的出现，使得数字通信得到进一步发展。

1961 年，第一颗同步通信卫星发射成功，开辟了空间通信的新时代。

20 世纪 70 年代，因特网的前身 ARPAnet 出现，同时，大规模集成电路、程控数字交换机、光纤通信系统、微处理机等迅速发展。

4. 现代通信阶段

20 世纪 80 年代，通信技术进入现代通信阶段。超大规模集成电路的迅速发展，使综合业务数字网（ISDN）一线通崛起，移动通信系统进入实用阶段。

20 世纪 90 年代，Windows95 的出现，间接地推动了互联网的大发展。

21 世纪，多媒体通信迅速发展并开始普及。

纵观电信技术的发展，从莫尔斯发明电报至今，历经 100 多年的时间，虽然电信的基本概念没有变，但它的内涵却发生了翻天覆地的变化。在信息高速公路、因特网对传统电信观念和方式的冲击下，电信服务已由传统的电报、电话扩大到传真、数据通信、图像通信、电视广播、多媒体通信等多种业务服务；电信设备的高科技含量快速提升，传输媒介由明线、无线短波、同轴电缆发展到微波、卫星、海缆和光缆；交换设备由机电制布线逻辑方式转变为微处理方式的多功能终端方式；传输设备走向波分复用设备；通信方式由人工半自动向全自动方向发展；通信网由单一的业务网发展形成综合业务数字网；通信的地址由固定方式转向移动方式，并逐步实现个人化。

（二）通信技术的发展趋势

传统通信技术同计算机技术、网络技术、控制技术、数字信号处理技术等高新技术相结合，是现代通信技术的典型标志。目前，通信技术的发展趋势可概括为：数字化、综合化、融合化、宽带化、智能化和个人化。

通信技术数字化。数字技术具有抗干扰能力强、失真不积累、便于纠错、易于加密、易于集成、利于传输和交换的特点。因此，数字化是现代通信技术发展的必然趋势，也是现代通信技术的基础。

通信业务综合化。随着社会的发展，传真、电话、电子邮件、交互式图文以及数字通信的各种业务的迅速发展，通信设备资源的共享是现代通信必须解决的重要任务。

网络融合化。随着科学技术的进步和社会需求的增长，电话、电视和电子计算机实现三电合一，电话网、电视网和计算机数据网的融合是时代发展的必然。各种网络最终将实现互通融合。

通信网络宽带化。现代通信要为用户提供高速的全方位服务，就必须实现网络的高速化，实现传输网络的宽带化。

网络管理智能化。克服传统通信的缺点，采用开放式结构、智能接口技术解决信息传输过程的可靠性、安全性、可扩展性等方面的问题，也是现代通信技术必须解决的问题之一。

通信服务个人化。通信的目的是实现人与人之间的信息传输和交流，现代通信的结果必须可以使用户不论何时、何地、任何情况下，都可以有效地、可靠地进行信息传输或交换，这就是解决个人化的服务。

二、通信与通信系统

（一）通信的概念

传递和交换信息的过程称为通信。

（二）通信系统的组成

传递信息所需的一切技术设备的总和，称为通信系统。通信系统的一般组成如图9-2所示。

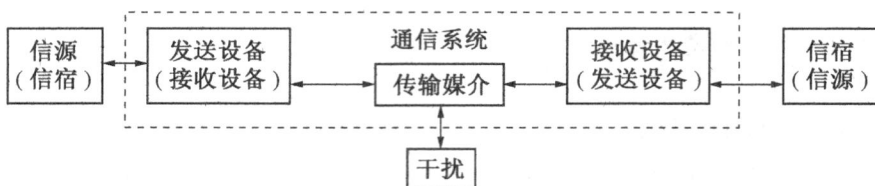

图 9-2　通信系统的一般组成

1. 信源和信宿

信源是信息的发出者。信源发出信息时,往往以某种符号或信号的形式表现出来,这些符号或信号称为消息。消息是信息的载体,同一条信息,可以不同的形式发出。

信宿是信息的接收者,同信源一样,可以是人、机器和生物。

2. 发送设备

发送设备的作用就是将信源发出的信号变换为传送需要的信号,并能将信源和传输媒介联系起来。

3. 传输媒介

通信传输媒介是指信号在传输过程中所需要经过的媒介,又称做信道,分为有线通信和无线通信两种,而有线和无线又有多种传输媒介。

4. 接收设备

接收设备的任务是对从信源传输来的带有干扰的信息进行解调、译码,解出正确的原始信息,实现发送设备的反变换。

（三）通信系统的分类

通信系统按传输媒介和系统组成特点可分为:光纤通信系统、卫星通信系统、移动通信系统、多媒体通信系统、网络通信系统、微波通信系统、短波通信系统等。

第四节　现代通信技术

现代通信和现代经济的发展密切相关,现代通信技术已成为推动当今社会发展的主要动力之一,现代通信系统已成为信息时代的生命线。

一、现代通信技术

(一)光纤通信技术

在传统的有线通信中,信息是以电流或电波为载体、以电缆为传播媒介的。而在光纤通信中,信息是以激光为载体、以光导纤维为传播媒介的。

光纤通信技术是在激光技术的基础上发展起来的。激光具有方向性好、频率稳定的优点,是光纤通信所需要的理想光源。为了保证激光在传播过程中损耗小、不受影响、畅通无阻,需要为激光寻找一种传播媒介。1966年美籍华人高琨在一篇论文中提出:只要解决玻璃的纯度和成分就能获得光传输损耗极低的光纤。1970年美国的康宁公司依据这一观点发明了光导纤维,简称光纤。从此光纤通信技术得到迅速的发展和应用。

光纤通信的过程:① 在发送端用光-电转换器把电流或电波中的信息转载到激光上,形成携带信息的光波;② 利用光纤把载有信息的光波传送到接收端;③ 接收端再把光信号转换成电信号。因此,在光纤通信中,光纤和光电子器件具有非常重要的作用。

光纤是比头发丝还细的、由石英玻璃丝制成的光导纤维。它有两层,内层叫做内芯,

图 9 - 3　光信号在光纤内芯的全反射

其光的折射率远大于外层;外层叫做包层。当光信号折射到光纤的内芯后,在内层经多次全反射而畅通无阻地传输,从而把带有信号的光波从一端传送到另一端。如果把许多根光纤组合在一起并进行增强处理,就可以制成多芯的像通信电缆一样的光缆。

光纤通信的优点很多,主要有:① 制作光纤的原材料丰富、成本低廉。② 通信容量大,传输距离长。可以在同一条线路上进行双向传输。从理论上讲,一根光纤可以容纳1000万套电视节目,可以让200亿人同时通电话,只需20 s就能把北京图书馆的全部信息传送完。由于光缆的传输损耗比电缆低,因而可传输更长的距离。③ 抗电磁干扰。光纤通信系统避免了电缆间由于相互靠近而引起的电磁干扰。另外,光纤不导电的特性,避免了闪电、电机、荧光灯及其他电器源的电磁干扰。同时,光缆对其他通信系统也不产生干扰。④ 保密性强。由于光纤不向外辐射能量,因此它能防止金属感应器对光缆的窃听,具有较强的保密性。除此之外,它还有重量轻、便于施工等优点。

（二）卫星通信技术

　　卫星通信是指利用微波信号通信。微波的特点是通信频带宽,但由于微波频率很高,沿地面传输时很快就会衰减,它也不能像短波那样依靠电离层的反射作用传播,因此,只能在地面到电离层之间的空间传播。又因为,一是微波波长短,任何大于 1 m 的障碍物都将直接影响它的传播,二是地球表面呈球形,而微波只能沿直线传播,不会拐弯,所以,微波只能在地面上空相互看得见的两点之间传播。要利用微波实现远距离通信,

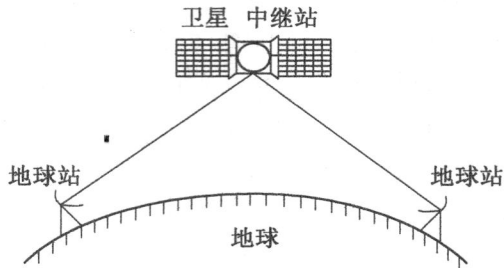

图 9 - 4　卫星通信基本原理图

就需要建立微波中继站。为了使信息传播的范围更大,人们设想将中继站高悬在空中(图 9 - 4),卫星使这一设想变成了现实。

　　卫星通信是指利用人造地球卫星作为空间的中继站,由地面向卫星发射信号,卫星将信号变频、放大后再发回地面,从而实现远距离、大信息量的通信传输。只要在地球赤

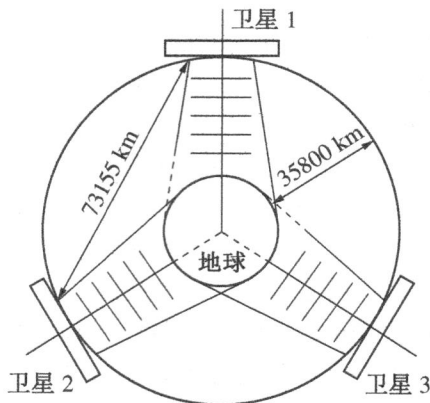

图 9 - 5　三颗同步卫星覆盖地球的通信

道上空,放置三颗等距离、相隔 120°的同步卫星,就几乎可以覆盖地球上除两极外的全部地区(图 9-5)。

卫星通信的特点：① 通信距离远,且费用与距离无关。② 覆盖面积大,可进行多址通信。③ 通信频带宽,传输容量大。④ 机动灵活,可用于移动通信。⑤ 通信线路稳定可靠,经济效益高。

目前,卫星通信已成为远距离、全球通信的主要手段。

1984 年 1 月 29 日,我国发射了第一颗试验通信卫星,拉开了中国通信卫星业务的序幕。1984 年 4 月 8 日成功发射的"东方红二号",使我国成为世界上第五个自行发射地球静止轨道通信卫星的国家。到 2005 年,我国共发射了三代通信卫星：东方红二号 2 颗、东方红二号甲 3 颗、东方红三号 5 颗,共拥有 9 颗在轨卫星,342 个转发器单元,开通了 1.3 万多条国际双向电路。2006 年 9 月 13 日,我国自行研制的"中星-22 号 A"通信卫星在西昌卫星发射中心发射成功。目前,我国已经形成了自己的通信卫星系列,其技术水平已接近国际先进水平,为我国的人民生活、经济建设和政治活动等各个领域提供服务,推动着我国社会主义现代化建设的前进步伐。

(三) 移动通信技术

1895 年无线电通信的发明标志着移动通信的诞生。但移动通信技术的真正发展,始于 20 世纪 20 年代。在不到 100 年的时间内,移动通信技术的飞速发展,正深刻地改变着人们的生活和工作方式。

移动通信是指通信双方至少有一方在移动中进行的信息交流的通信方式,是当今世界上最先进的通信方式之一。

移动通信系统由移动台、基站、控制交换中心等组成。移动台是移动通信用户所使用的设备,包括手机、呼机、无绳电话等,其中手机用户占移动通信用户的绝大多数。基站是与移动台联系的第一个固定收发机。它与移动台相接,进行无线发送、接收及资源管理;它与控制交换中心相连,实现移动用户与固定网络用户之间或移动用户之间的通信联系。控制交换中心的主要功能是信息交换和整个系统的集中控制管理。

移动电话系统采用小区制通信系统,即将一个服务区划分为若干个半径为 2～10 km 的六角形小区,形如蜂窝,故取名为蜂窝移动通信系统。每个小区有一个基站,为该小区的移动用户提供服务。

迄今,移动通信经历了两代,第一代蜂窝移动通信系统,简称 1G,是传输模拟信号的,称为模拟系统,人们还记得那大得像砖头一样的手机;目前全球广泛使用的是第二代数字蜂窝移动通信系统,简称 2G,现已改为数字系统,不管是通话还是传输画面,系统里流动的全部是数字信号。GSM(全球通)是数字蜂窝移动通信系统的典型代表。

从 1995 年到 2000 年,中国移动通信用户的年平均增长率接近 100%,我国的移动电话网规模已居世界第一位,用户可以使用手机直接通过卫星进行通信。据统计,2003 年 5 月末,中国移动通信用户达到 2.3 亿户,超过美国,居世界第一;到 2006 年第二季度,中国移动通信用户已达到 4.26 亿户,整体移动增值服务市场规模达到 65.93 亿元。飞速发展的市场,不仅引来了世界上最新的通信产品,而且也使中国成为通信技术创新最活跃的国家之一。

(四) 多媒体通信技术

多媒体技术中的"媒体",通常是指信息的表现或传播形式(如声音、文字、文本、图形、图像、动画、视频等)及对各种信息的综合处理。多媒体一般理解为对多种媒体的综合。而多媒体技术并不是对各种信息媒体的简单复合,它是一种把文本、图形、图像、动画、声音和视频等形式的信息结合在一起,并通过计算机进行综合处理、控制并完成一系列交互式操作的信息技术。

多媒体通信是使人们在进行通信时,不再仅仅使用一种信息媒体,而是利用多种信息媒体。它是以 VIP 方式,即"可视的、智能的、个人的"服务模式,把通信、电视和计算机三种技术有机地结合在一起,构成图、文、声并茂,用户可以随时随地获取、传播和交换信息。可见,多媒体通信技术就是多媒体技术和通信技术的集成。

美国人称现在已进入"信息技术革命"时代,多媒体通信和个人通信是信息技术革命时代的两大目标。目前,信息高速公路的建设是各国的战略计划,将影响每一个国家的政治经济发展,影响各种事业和每一个人的生活方式。在信息高速公路中起关键作用的多媒体通信技术必将获得高速发展,人们期待多媒体通信时代的到来。

(五) 计算机网络通信技术

20 世纪 90 年代,计算机网络通信技术得到了迅速发展。其特点是:以计算机技术、光纤传输技术为中心,向着高速、多媒体通信的方向发展。

局域网(LAN)、城域网(MAN)和广域网(WAN)技术是计算机网络通信技术的组成部分,在 20 世纪 90 年代都有大的发展。局域网用于将有限范围内(如一个实验室、一幢大楼、一个校园)的各种计算机、终端与外部设备互联成网。范围通常为几米到几十千米,是短距离工作的网络;城市地区网络简称为城域网,城域网是介于广域网和局域网之间的一种高速网络;广域网也称为远程网,它所覆盖的范围从几十千米到几千千米。

目前,最有代表性的通信应用是因特网通信,它在全球范围内,结合了广域网、局域网和单机的通信技术,是目前世界上规模最大、覆盖范围最广、通信节点数最多的全球性通信网络。它为世界范围内的新闻通信、文化和科学技术传播、商业广告、信息咨询以及人类工作、生活的各个方面,创造出前所未有的通信条件,给人们营造了一个全新的传播信息的环境。

（六）微波通信技术

微波是指频率在 300 MHz～3000 GHz 之间,波长为 0.1 mm～1 m 范围的电磁波。微波通信就是利用微波技术实现的通信方式。

微波的主要特征:① 似光性。微波具有反射、直线传播的特征,超越人眼视线范围的微波通信必须依靠中继站。② 高频性。微波的频率很高、频带很宽,因此,宽频带、大信息量的无线传输大多采用微波进行。③ 穿透性。微波照射到介质时具有良好的穿透性,云、雾、雨雪等对微波的传播影响小,为微波遥感和全天候通信提供了保障。同时,有些波段的微波受电离层影响较小,成为人类探测太空的"宇宙之窗"。④ 抗干扰性。由于微波频率很高,一般电磁干扰的频率与其差别很大,所以基本上不会对微波通信产生影响。⑤ 热效应。微波在有耗介质中传播时,会使介质分子相互碰撞、摩擦从而使介质发热。微波炉、微波理疗便是利用微波的这一特征。

由于微波频率很高、频带很宽,所以,利用微波进行通信具有频带宽、信息传输量大、抗自然和人为干扰能力强等优点,使微波技术的应用越来越广泛。

微波通信可分为有线和无线传输两大类,采用同轴电缆进行的有线电视信号传输就是有线传输的一种;而微波视距通信、移动通信、卫星通信、散射通信等采用的是无线传输。

数字微波通信是数字信号通过微波信道进行通信的传输方式。数字微波通信具有数字通信所固有的抗干扰能力强、可靠性高、保密性好、易于集成等优点,现已成为微波通信的主要方式。

二、现代通信新技术

（一）第三代移动通信

近几年,随着全球移动通信的迅速发展,第二代数字蜂窝移动通信系统（2G）已经不能满足移动通信发展的需要,新的业务呼唤着宽带移动系统,即第三代移动通信的到来。

第三代移动通信,简称 3G。3G 在保持 2G 优点并克服其缺点的基础上,将提供宽带多媒体业务、视频宽带多媒体业务和全球漫游。首先,3G 的传输速度将大幅提高,约是当前一般移动电话的 200 倍,是一般电话拨号上网的 35 倍,足以传送质量稳定的视像和语音;第二,3G 技术将使手机的功能迅速强大起来,可以集遥控器、地图、随身影院等于一身;第三,3G 具备全球漫游。接口开放,能与多种网络互联,终端多样化,可以从第二代平稳过渡。换句话说,未来你手里的移动电话,不再仅仅是一部电话,而是一台能随时随地上网、收发电子邮件、存储和处理各种数据资料、欣赏电影或听音乐的小型智能化电脑。

与国际上对第三代移动通信所持的观望态度不同,我国通信技术界热切地期待着第三代移动通信的来临。

（二）蓝牙技术

蓝牙技术是一种用于替代电子设备上使用的电缆或连线的短距离、无线连接技术,被称为"十年来十大热门新技术"之一。

蓝牙技术能让各种电器之间密密麻麻的连线消失。形象地说,就如同一个万能遥控器,它发出的信号可以在一定范围内穿越障碍物,将传统电子设备的一对一的连接变为一对多点的连接。蓝牙收发器的有效通信范围一般为 10 m,强的可达 100 m 左右。

蓝牙技术的应用,将会彻底改变我们的工作和生活:连接各种电器设备的缆线、接线板将全部消失;计算机的外围设备,如键盘、打印机、照相器材等都可以通过蓝牙控制器,借助微波与计算机连接;家用电器通过蓝牙控制器可自动与网络连接发出信息,如洗衣机出现故障,它会同蓝牙控制器接通,通过计算机网络自动向生产厂家发出电子邮件;利用蓝牙技术,家电之间可以进行交流。如:厨房里的电冰箱与计算机"对话",定购各种食品;在到达办公室之前,蓝牙技术可先行启动你的计算机和打印机;在炎热的夏天,当你外出回来之前,蓝牙技术可以帮你先行启动室内的空调设备等等。

蓝牙技术最早是由美国爱立信公司提出的。2000 年,爱立信公司首次推出了带有蓝牙技术的、不用手拨的手机——R520 手机。目前,蓝牙技术产品已经开始投放市场,但蓝牙技术真正应用到信息家电上,目前尚在起步阶段,还没有成熟。

（三）全光网络通信技术

全光网络通信技术是光纤通信领域的前沿技术,被誉为 21 世纪真正的"高速公路"。全光网络,又称为宽带高速光联网,是指信号只是在进出网络时才进行电/光和光/电的变换,而在网络中传输和交换的过程中始终以光的形式存在。由于在整个传输过程中没有电的处理,因而提高了网络资源的利用率。目前,许多国家都把全光网作为建设"信息高速公路"的基础,将其提升到战略地位的高度。正在计划和开发中的全光网主要集中在美国、欧洲和日本。

目前正在研发中的光纤通信新技术还有:光孤子通信技术、相干光通信技术和波长变换技术等。

(四) 宇宙激光通信

由于宇宙中没有大气和尘埃,激光在宇宙中的传播比在大气中的传播衰减要小得多,将激光用于宇宙通信既优越又经济,受到各国的普遍重视,目前,许多科学家正投入到对这个领域的研究。

2004 年 8 月,美国诺斯罗谱·格鲁门公司进行了激光通信终端——光学孔径系统样机的设计、制造和演示论证。空中光学孔径将能为用户提供比目前更丰富、传输速度更快的情报、监视和侦察数据。一种能将数据从火星传送到地球的激光器将于 2009 年发射到火星,激光传输数据的速度是目前无线电线路传输的 10 倍,它将引领人类进入宇宙激光通信新时代。

知 识 点 归 纳

1. 信息是经过加工的、有用的数据。这种数据形式能够对接收者当前和未来的活动产生影响并具有实际价值。

2. 从广义上说,凡是涉及到信息的获取、存储、加工处理、传递、利用和服务等与信息活动有关的、以增强人类信息功能为目的的技术都可以叫做信息技术。

3. 信息技术是一个庞大的技术群体,而通常所说的信息技术仅仅是指信息的主体技术。它包括:信息获取技术、信息存储技术、信息自动化处理技术、信息传递技术(网络与通信技术)。其中,信息处理技术和通信技术是现代信息技术的两大支柱。

4. 现代信息技术的发展趋势:数字化、综合化、网络化和三网合一。

5. 3S 技术是全球定位系统(GPS)、地理信息系统(GIS)和遥感技术(RS)的通称,是对空间信息进行采集、处理、管理、分析、表达、传播和应用的现代信息技术。

6. 通信技术又称为电信技术。它是利用电信设备对信息进行传输、发送和接收的技术。

7. 现代通信技术包括:光纤通信技术、卫星通信技术、移动通信技术、多媒体通信技术、计算机网络通信技术和微波通信技术。

8. 蓝牙技术是一种用于替代电子设备上使用的电缆或连线的短距离、无线连接技术。

9. 全光网络通信技术简称全光网技术，是光纤通信领域的前沿技术，是建设"信息高速公路"的基础，被誉为21世纪真正的"高速公路"。

10. 宇宙激光通信是以激光为传播信息的载体，进行宇宙通信的新技术，目前正在研发阶段。

思考与探索

1. 什么是信息？信息有哪些主要特征？
2. 什么是信息技术？它主要包含哪些技术？阐述信息技术的社会作用。
3. 什么是现代信息技术中的3S技术？阐述现代信息技术的发展趋势。
4. 阐述光纤通信的优点。
5. 第三代移动通信与2G相比，具有哪些优势？
6. 什么是蓝牙技术？谈谈蓝牙技术的发展对我们工作和生活的影响。
7. 查阅资料：未来的通信技术——全光网和宇宙激光通信技术的发展前景。

第十章　人工智能技术与机器人

本　章　导　读

　　人工智能技术是电子信息技术的重要组成部分,是 20 世纪对人类影响最为深远的三大前沿科学技术之一。机器人的研究与制作是人工智能技术的重要应用领域和前沿领域。

　　本章将介绍人工智能技术的概念、人工智能技术的应用及发展前景、机器人技术的发展、智能机器人的应用及发展趋势。

第一节　人工智能技术

　　人工智能产生于 20 世纪 50 年代末期,从学科地位和发展水平来看,人工智能是当代科学技术的前沿学科,也是一门新思想、新理论、新技术、新成就不断涌现的新兴学科。人们把人工智能技术同宇航空间技术、原子能技术一起誉为 20 世纪对人类影响最为深远的三大前沿科学技术。

一、人工智能概念

(一)人工智能概念及其学科特性

　　人工智能,英译名为"Artificial Intelligence",简称 AI。

　　人工智能,顾名思义,即用人工制造的方法,实现智能机器或在机器上实现智能。是一门研究构造智能机器或实现机器智能的学科,是研究模拟、延伸和扩展人类智能的科学。人工智能的研究,是在计算机科学、控制论、信息论、心理学、生理学、数学、物理学、化学、生物学、医学、哲学、语言学、社会学、数理逻辑、工程技术等众多学科的基础上发展起来的,因此,它又是一门综合性极强的边缘学科。

(二)人工智能的研究目标

人工智能的研究目标分为远期目标和近期目标。

远期目标:从长远的角度,人工智能的研究就是要设计并制造一种智能机器系统,使该系统能够代替人去完成诸如感知、学习、联想、推理等活动;能够代替人去理解并解决各种复杂、困难的问题;能够代替人去完成各种具有思维劳动的任务。也就是说,人工智能的远期目标是要制造出完全具有人脑智慧的人工智能系统。当然,这还是非常遥远的事情。

近期目标:从当前的角度,人工智能的研究就是要最大限度地发挥计算机的功能,使计算机能够模拟人脑,在机器上实现各种智能。例如,让计算机能够看、听、读、说、写;使计算机能够想、学、模仿、执行命令甚至出谋献策等。因此,计算机是当前实现人工智能的重要手段,因为计算机在所有机器和人工系统中"智商"最高,所以,人工智能的研究都要通过计算机来实现。计算机解决问题需依靠人工事先编制的软件,它所做的每一件事情都是程序员事先在程序代码中规定好的。也就是说,目前人工智能的研究工作主要是集中在以计算机的硬件系统为基础,通过计算机软件实现模拟人类的智能活动的效果。

事实上,人工智能研究的远期目标与近期目标是相辅相成的。远期目标是近期目标的方向,近期目标的研究为远期目标的实现准备着理论和技术的基本条件。随着人工智能的不断发展与进步,近期目标将不断调整,最终完全实现远期目标。

二、人工智能研究的三大学派和四大技术

(一)人工智能研究的三大学派

在人工智能科学的研究与发展中,形成了众多学派,其中主要有三大学派。

功能派。这是最早发展起来的传统主流学派,又称为逻辑学派或宏观功能派,采用功能模拟的观点,使用的是"黑箱"研究方法。功能派涉及逻辑学、心理学、数学、物理学、工具学、语言学、计算机、数理逻辑等众多学科。

结构派。这也是最早发展起来的传统学派之一,又称为生物学派或微观结构派,与功能派不同,它采用的是结构模拟的观点,使用的是"白箱"的研究方法。结构派涉及生物学、微结构学、医学、仿生学、神经生理学等学科。

行为派。该学派又被称做实用技术派。与传统学派完全不同,它采用实用行为模拟的观点,使用"能工巧匠"式的制造方法,是一种按照"激励—响应"的工作模式来建立实用工程装置的研究方法。行为派涉及行为学、工程学、机械学、电子学等学科。

各个学派学术观点有所不同,研究思路各有侧重,对人工智能的理解定义也不完全一致。因此,各有所获,各有千秋,共同形成了人工智能领域百家争鸣、百花齐放、生动活泼的研究氛围。

(二)人工智能的四大基本技术

机器学习和知识获取技术。该技术包括信息变换技术、知识信息的理解技术、知识的条理化和规则化技术、机器的感知与成长技术等。

知识表示与处理技术。该技术包括知识模型的建立与描述技术、表示技术及各种知识模型处理技术方法等。

知识推理和搜索技术。该技术包括演绎推理计算和智能搜索技术。

AI系统构成技术。该技术包括AI语言、硬件系统及智能应用系统等方面的构成技术等。

人工智能的三大学派和四大技术构成了AI体系的基础与框架。

三、人工智能研究的基本内容

(一)机器感知

机器感知就是使机器(计算机)具有类似于人的感知能力,包括视觉、听觉、触觉、味觉、嗅觉、知觉、力感等。其中,以机器视觉和机器听觉为主。机器视觉是指让机器能够识别并理解文字、图像、景物等;机器听觉是指让机器能够识别并理解人类语言表达及语声、音响等,从而形成了人工智能的两个专门的研究领域:模式识别和自然语言理解技术。

(二)机器思维

机器思维就是使机器对感知获得的外部信息和机器内部的工作信息进行有目的的处理。机器智能主要是通过机器思维实现的。因此,机器思维是人工智能研究中最重要的也是最关键的部分。

（三）机器学习

机器学习就是使机器具有获取新知识、学习新技巧，并在实践中不断完善、改进的能力，使它能够通过向书本学习、与人谈话、对环境观察等方式自动地获取知识。

（四）机器行为

机器行为就是使机器具有说、写、画等表达能力和行走、取物、操作等四肢功能。

（五）人工智能系统构成

为了实现人工智能的目标，需要建立智能系统及智能机器。因此，还需要开发对模型、系统分析与构造技术、建造工具及语言等的研究。

第二节　人工智能技术的应用与发展

人类智能是涉及信息描述和信息处理的复杂过程，因而实现人工智能是一项艰巨的任务。但是，随着计算机科学和技术的飞速发展，人工智能已经取得了一系列的研究成果。

一、人工智能的应用

（一）专家系统

专家系统是早期人工智能研究中最活跃也是最有成效的领域。自 1968 年第一个专家系统问世以来，已获得迅速发展。

专家系统是一种基于知识的系统，它从人类专家那里获得知识并用来解决只有专家才能解决的问题，其水平可以达到甚至超过人类个体专家的水平。

目前，专家系统已广泛应用于医疗诊断、地质勘探、石油化工、教育、军事等各个领域，并产生了巨大的社会效益和经济效益。例如，地质勘探专家系统 PROSPECTOR 拥有 15 种矿藏知识，能根据岩石标本及地质勘探数据对矿藏资源进行估计和预测，并制定合理的开采方案，成功地找到了超亿美元的铜矿；专家系统 MYCIN 能识别 51 种病菌，正确使用 23 种抗菌素,可协助医生诊断、治疗细菌感染性血液病,为患者提供最佳处方,成功地处理了数百个病例;内科诊断专家系统 CADUCEUS 正确地诊断出了许多疑难病症;美国 DEC 公司的专家系统 XCOD 能根据用户需求确定计算机的配置,专家完成这项工作一般需要 3 h,而该系统只需要 30 s,等等。

（二）自然语言处理与理解

自然语言是人类的交互语言,自然语言处理与理解研究的是如何让计算机理解人类自然语言和所表达的思想。一般来说,自然语言处理系统至少需要达到以下的三个目标之一:

(1) 能正确理解人们用自然语言输入的信息,并能正确回答输入信息中的有关问题。

(2) 能对输入信息进行概括综合,能产生相应的摘要,能用不同词语复述输入信息的内容。

(3) 能把某种自然语言表示的信息自动地翻译为另一种自然语言,即机器翻译系统。可以设想,这种拟人的同步翻译系统一旦完全研制成功,全世界拥有不同母语的人们就能够自由交流,语言就不再成为人们思想交流的障碍了。

（三）机器自动定理证明

机器定理证明是人工智能中最早进行探索并得到成功应用的一个经典领域。要让计算机能够进行定理的证明,就要弄清人进行逻辑推理的内部机制或提供一种适合于计算机使用的推理模式。因此对机器定理证明的研究,对最终制造出具有人的智能程度的机器或系统具有非常重大的意义。

目前,人工智能在机器定理证明方面已经取得了不少成就。1959 年,美籍华人数学家王浩用计算机证明了罗素等人所著的《数学原理》中的几百条定理,时间仅用了不到 10 min;1976 年,科学家用计算机证明了困扰人类一个多世纪的著名的四色猜想;我国著名数学家吴文俊院士从 70 年代末开始致力于数学定理的计算机证明,提出了以构造性为核心的算法,证明了几何中一类高难度的定理。在用吴院士的算法对《微分几何》的定理进行证明时,计算机还发现了一个定理的不唯一性。

（四）模式识别

模式识别是研究如何使机器(计算机)具有类似于人的感知能力,包括视觉、听觉、触觉、味觉、嗅觉、知觉、力感等。模式识别以机器视觉识别和机器语言识别为主。它是计算机和微电子技术领域中最先进、最复杂技术的综合,具有非常广泛的应用前景。

模式识别已经应用到文字识别、自然语言的识别和理解、图像分析、遥感、人的面孔和指纹的辨别、生物和医学信号的识别、医疗诊断等领域,甚至在经济学、考古学等领域也有应用。目前,文字识别中的手写体识别技术和印刷体识别技术、语音识别技术、语言识别技术都已进入实用阶段,如手写输入的计算机、印刷体输入到计算机、IBM 公司的汉语语音识别系统、能将一种语言翻译成其他语言的机器辅助翻译系统等。

（五）人工神经网络

人工神经网络是一个由大量简单处理单元经广泛连接组成的,可用来模拟人类大脑神经系统的结构和功能的人工网络。其特点是:具有自学功能、联想式存储功能和高速寻找最优解的能力。

近年来,计算机并行处理技术的进展,使人工神经网络的研究进入了新的发展时期,取得了许多研究成果。并行处理技术突破了传统计算机对信息只能串行处理的局限,可实现传统的人工智能程序无法实现的功能。例如,美国麻省理工学院采用神经网络和并行程序,已经能够做到对面孔的识别。

人工智能的应用领域还有许多,如机器人、智能软件工程、智能决策支持系统、博弈、现代智能通信等,随着科学技术的快速发展,人工智能的应用领域将更加宽广。

二、21 世纪人工智能的展望

目前人工智能的研究有三个热点:智能接口、数据挖掘、主体和主体系统,并可能向模糊处理、并行化、神经网络和机器情感等方向发展。

当前,人工智能的推理功能已获突破,学习及联想功能正在研究之中,下一步就是模仿人类右脑的模糊处理以及整个大脑的并行化处理的功能。未来智能计算机的可能构成形式之一,是以冯·诺依曼机作为主机与以人工神经网络作为智能外围的结合。一个重要的研究方向是:要赋予计算机以情感能力。

最新的研究表明:情感是智能的一部分。事实上,无论对于计算机及其人工生命的发展研究,还是对于人与机器的未来交往的研究,情感能力都是至关重要的指标。因此,人工智能领域的下一个突破可能就在于赋予计算机以情感能力。

总之,人工智能是一个充满挑战和机遇的领域。人工智能研究的进展,将在很大程度上影响着人类社会与发展。目前,已经有很多人工智能的成果进入了我们的日常生活。未来,人工智能技术的发展将会更加造福于人类社会,为人类的各个方面带来巨大的变化。

第三节　智能机器人技术

机器人是人工智能技术的重要组成部分,对智能机器人的研究和制造是当前人工智能最前沿的领域,在很大程度上代表着一个国家的高科技发展水平。在这里我们将介绍机器人的发展、智能机器人的概念及其发展趋势,以及智能机器人在各个领域的应用。

一、机器人的发展与智能机器人

机器人是一种自动机器,除了有目的的拟人化外,绝大多数情况下它的外形与人毫无共同之处。机器人与一般的自动机器又有很大的差别:其一,机器人利用计算机进行控制,只要改变程序,便可以做不同的工作;其二,机器人能够进行灵巧的运动,能像人一样做一般机器无法完成的工作。

自从 20 世纪 50 年代末世界上第一个机器人诞生以来,机器人技术的发展速度惊人,从技术角度来看,机器人的发展经历了三个阶段。

(一)第一代机器人——工业机器人

第一代机器人是工业机器人,这种机器人只能按照预先设计好的程序完成规定的重复动作。程序一经装入,它就只能死板地照此工作,不管外界条件有什么变化,它都不能做相应的调整。要改变机器人的工作,只有由人去改变机器人的程序。通常一个机器人可以存放上百种作业的动作和编写程序。这种机器人最重要的特点是:具有记忆功能,经过一次示教,便可以无限地重复这个动作,准确、可靠、不走样。目前世界上广泛应用于工业生产的大部分机器人,都是这一类的机器人。

(二)第二代机器人——初级智能机器人

第二代机器人是基于传感器信息的离散编程工业机器人,又称为初级智能机器人。传感器是人工制造的能够感知外界信息的装置,因此,这种机器人可以根据外界条件的变化,在一定范围内自行修改程序,但修改程序的原则是由人事先规定好的。由于这类机器人可通过传感器感知外部的信息,因此增加了对工作环境的适应能力。但它传感的信息还很少,不能满足各种需求。工业生产中的许多组装机器人便是这一类机器人。

（三）第三代机器人——智能机器人

第三代机器人是智能机器人。智能机器人是指可模拟人类智能行为的机器。智能机器人一般装有多种传感器,能识别作用环境,能自主决策,具有人类大脑的部分功能,且动作更加灵活准确,是接收指令后能自行编程的自主式机器人。这类机器人有感觉、判断或认识功能,能决定自身的行为。它可以不需要人的照料,完全独立地工作。目前,这种机器人还在不断开发中,要达到真正实用,还需要一段时间。

人工智能的所有技术在智能机器人的开发中几乎都有应用,因此,智能机器人的研制被当做人工智能理论、方法、技术的试验场地;反过来,对智能机器人的研制又可大力推动人工智能研究的发展。

二、智能机器人的应用

目前,机器人在世界上许多国家都得到了广泛的应用。随着机器人技术的不断发展和进步,现在已有150万机器人遍布在世界各地,从事清洁、勘探甚至星球探测的工作。在汽车工业中,日本每万名工人占有机器人909台,意大利为400台,美国为370台,德国为340台,瑞典为300台,法国为220台,英国为150台。此外还有：太空机器人、警卫和保洁机器人、家庭服务机器人、消防机器人等。

（一）类人型机器人

研制具有人类外观特征,可以模拟人类行走和基本操作功能的类人型机器人,一直是人类机器人研究的梦想之一。类人型机器人的研究,涉及的领域宽广,综合性很强,是机器人研究的尖端。

世界上第一个可以进行自我控制、依靠两腿行走的类人型机器人出现在1996年12月。它身高1.820 m,体重210 kg。采用无线电技术,该机器人的躯干内安装有计算机、电机驱动器、电池、无线接收器等装置,在不需要导线控制的情况下,该机器人可以独立行走、上下台阶、推车等,实现了独立操作。

第一个完全独立、依靠两条腿行走的类人型机器人诞生于1997年9月。它身高1.600 m,体重130 kg。通过改换部件材料,以及将控制系统分散布置,降低了身高,减轻了体重。较小尺寸的机器人更适宜在人们的生活环境中使用。

2000 年,日本本田公司研制开发的类人型机器人"阿斯莫"(ASIMO)诞生。从 2000 年到现在,"ASIMO"不断更新换代装备新技术,使机器人越来越灵活,越来越聪明。2000 年的第一个"阿斯莫"只能根据事先设计的程序行事,走起路来步履蹒跚,有时需要操作员扶持。

图 10 - 1　机器人 ASIMO 与人共舞

2002 年 12 月经过改进的"阿斯莫"装备了智能软件,使它变得聪明起来,能够辨貌喊人,人伸出手时,它会上前和你握手,并能与人流利地对话。2004 年本田公司推出了新一代"ASIMO",可以与人共舞,这种机器人重 52 kg,高 1.2 m,能与人对话,会爬楼梯,还会向观众讨掌声。2005 年 12 月,本田公司又推出了最新一代"ASIMO"机器人,它身高 1.3 m,体重 54 kg,行走速度为 6 km/h,行动灵活,能够从工作人员手中接过茶杯,端茶送水,目前,这种机器人共有 40 个。本田公司计划通过租赁的方式,让"ASIMO"到一些公共事业或企业去"打工",估计每年可为公司带来 2000 万日元的收益。

2000 年 11 月,日本开发成功模仿 1 岁婴儿行走的机器人"皮诺"。它全身有 26 个关节,脚心装有一个传感器,可测量重心,眼睛可分辨颜色,可自测距离,并能蹒跚行走。

2005 年 6 月,在日本"2005 世界博览会"上,日本大阪大学科学家石黑浩教授展示了他发明的一种完全具有人类女性外貌的"女机器人"——"雷普莉 Q1 号"。这个机器人不仅拥有柔软的硅树脂仿真肌肤,体内还装有大量传感器和电动机,可以使她像人类一样运动,如转身、做手势、向参观者说话,甚至会眨眼睛和"呼吸"。"她"还不是很完美,目前只能坐着,无法直立行走,有时会无预兆地"痉挛"。但许多机器人专家认为,在制造机器人时应尽量避免机器人的外表过于人格化,以免触犯机器人研究的禁忌——"恐怖谷理论"。

（二）微型机器人在医学上的应用

微型机器人在医学上的应用正愈来愈受到科学家们的重视。在 2000 年德国汉诺威世界博览会上，展出了一种潜艇式微型机器人，它小得几乎看不见：长不到 4 mm，宽小于 0.5 mm，螺旋桨曲轴直径只有 0.01 mm，也就是一根头发丝的 1/10。它可以很轻松地穿过普通注射器的针头而注入生物体内。科学家们设想利用微型或极微机器人将特效药物迅速送到人体的关键部位；或在病灶处进行手术操作，清除癌细胞、清除血栓；或携带仪器、设备和传感器，对人体进行各种检查并将数据传递出来等等。

（三）太空机器人的研制

太空机器人，在探测星球方面具有独特的优越性，正发挥越来越重要的作用。它不需要吃喝，不需要受训，不会生病，不受恶劣环境的影响，并且工作效率高。

美国"探测者"登月舱堪称是世界上第一个真正的太空机器人，它有一个可伸缩的机械臂，既能在太空作业，也能在月球表面采集标本。

最近，美国研制了一种称为"蛇"的机器人，这种"蛇"可以在行星表面高低不平的地带进行探测活动。它的身体由 16 段组成，每段长 6.4 cm，可以像昆虫一样向前爬行。它不怕翻倒，遇到障碍物时，会不断尝试翻越。据估计再过 10 年左右，它就可用于执行行星探测任务。

目前，美国正准备投入 300 万美元研制一种太空机器人，取名为"机器宇航员"。它不仅能熟练地使用航天员经常使用的各种工具，还拥有一个树形中枢神经，是由传感器组成的网络，它可以代替航天员在星球上收集各种资料。

三、我国智能机器人的研究

我国较早进行机器人研究的国防科技大学，在国家 863 计划和国家自然科学基金的支持下，一直从事两足步行机器人、类人型机器人的研究开发，1990 年成功研制出我国第一台两足步行机器人。在此基础上，经过 10 年攻关，又于 2000 年 11 月研制成功我国第一台类人型机器人——"先行者"。这台类人型机器人可以前进、后退、左右侧行、左右转弯、前后摆动手臂，并可快速行走，实现了机器人技术的重大突破。

2006 年 4 月，中国代表团在第 13 届国际家用机器人灭火赛中，一举获得 3 项冠军，在这次比赛中还首次引入了由中国设计的竞赛项目——广茂达机器人足球赛，这是中国首次主导制定国际机器人赛事规则。

知 识 点 归 纳

1. 人工智能产生于 20 世纪 50 年代末,人工智能技术被誉为 20 世纪三大前沿科技之一。

2. 人工智能,简称 AI,是一门研究构造智能机器或实现机器智能的学科,是研究模拟、延伸和扩展人类智能的科学,也是一门综合性极强的边缘学科。

3. 人工智能的研究目标分为远期目标和近期目标。远期目标:制造出完全具有人脑智慧的人工智能系统。近期目标:最大限度地发挥计算机的功能,使计算机能够模拟人脑,在机器上实现各种智能。

4. 目前人工智能的研究工作主要是,以计算机的硬件系统为基础,通过计算机软件实现模拟人类的智能活动的效果。

5. 人工智能研究的三大学派:功能派、结构派和行为派。

6. 人工智能的四大基本技术是:机器学习和知识获取技术、知识表示与处理技术、知识推理和搜索技术、AI 系统构成技术。

7. 模式识别是研究如何使机器(计算机)具有类似于人的感知能力,包括视觉、听觉、触觉、味觉、嗅觉、知觉、力感等。以机器视觉识别和机器语言识别为主。它是计算机和微电子技术领域中最先进、最复杂技术的综合。

8. 人工神经网络是一个由大量简单处理单元经广泛连接组成的,可用来模拟人类大脑神经系统的结构和功能的人工网络。其特点是:具有自学功能、联想式存储功能和高速寻找最优解的能力。

思考与探索

1. 什么是人工智能?人工智能的研究目标和意义是什么?

2. 简述目前人工智能研究的基本内容。

3. 什么是专家系统?专家系统的应用有哪些?

4. 据你的了解,人工智能有哪些研究分支?目前有哪些应用研究领域?

5. 机器人的发展经历了哪几个阶段?谈谈智能机器人的应用。

6. 查阅资料:① 21 世纪人工智能的发展前景。② 世界上最新研制的机器人和我国智能机器人的最新成果。

第十一章　纳米技术与微型机械

本　章　导　读

　　纳米技术是 20 世纪 90 年代开始兴起的一门新兴学科,也是 21 世纪最具前景的技术。纳米技术将成为 21 世纪的主导技术。纳米技术的出现,标志着人类能够从微米层次深入到分子、原子级的纳米层次,按照人类的意愿操纵单个分子和原子,实现对微观世界的有效控制。微型机械系统是纳米技术在机械电子领域的一个重要分支。

　　本章介绍纳米技术的基本概念、纳米材料的奇异性能、21 世纪纳米材料的最新成就和纳米技术的地位、微型机械的发展现状及应用前景。

第一节　纳米技术的概念

　　纳米技术是 20 世纪 90 年代开始兴起的一门新兴技术,它的出现,标志着人类能够从微米层次深入到分子、原子级的纳米层次,按照人类的意愿操纵单个分子和原子,实现对微观世界的有效控制。纳米技术的兴起将带来一场革命,未来世界将因为纳米技术发生翻天覆地的变化。

一、纳米与纳米技术

(一)纳米概念

　　纳米是个音译词,英文为“nanometer”。其本身仅为一个长度单位,即 1 m 的十亿分之一($1\,nm=10^{-9}\,m$)。就像毫米、微米一样,纳米只是一个尺度概念,本身并没有物理内涵。1 nm 大约是 10 个氢原子紧密排列的长度,比头发的直径要小 8 万倍。

（二）纳米技术概念

纳米技术是 20 世纪 90 年代开始兴起的新技术，其基本含义是在纳米尺寸（1～100 nm）范围内认识和改造自然，通过直接操纵和安排分子、原子而达到创新的目的。从严格意义上来说，"纳米技术"翻译为"纳技术"更为准确，它意味着在分子水平对物体加以控制。表现在长度上是在纳米水平，时间上在纳秒水平，在质量上是在纳克水平。"纳米技术"虽然只强调了长度概念，但也包括时间、质量等方面概念。

纳米技术的内涵非常广泛，它包括纳米材料的制造技术，纳米材料向各个领域应用的技术，在纳米空间构造一个器件实现对分子、原子的操作以及在纳米微区内对物质传输和能量传输新规律的认识等等。

当物质小到纳米尺度时，传统的力学就无法描述它的行为，要用量子力学来描述。人们发现，在 1～100 nm 的空间尺度内，物质存在许多奇异的性质。由于这一层次介于微观和宏观之间，科学家就把这一尺度范围称为"介观"。

纳米是人类加工精度的顶尖尺度，纳米技术是人类制造技术的终极技术，它对人类的意义甚至要远大于登上月球。之所以把纳米技术称为人类制造技术的最终技术，是因为分子和原子是保持物质性能的最基本的单元。通过安排分子与原子的制造技术，创造新事物的可能性将变得无穷无尽。

（三）纳米科技的构成

纳米科技是由一系列既相互关联又相互独立的学科组成的学科群体，就好比一座大厦，这座大厦主要包括以下部分：① 纳米体系物理学；② 纳米化学；③ 纳米材料学；④ 纳米生物学；⑤ 纳米电子学；⑥ 纳米加工学；⑦ 纳米力学；⑧ 纳米测量学。这 8 个学科共同构成了纳米科技大厦。

纳米电子学、纳米加工学和纳米生物学就是这座大厦金碧辉煌的屋顶，它们是衡量一个国家纳米科技发展水平的标志。

纳米材料学和纳米测量学是这座大厦的两个重要的支柱，它们的发展水平直接关系到纳米技术各个领域的发展。

纳米体系物理学、纳米化学和纳米力学是这座大厦的基础，纳米材料学和纳米测量学的发展离不开这三门基础学科的发展。这 8 门学科互相依赖、互相促进、共同发展。

纳米科学所研究的领域是人类过去从未涉及的、介于微观和宏观之间的"介观"领域，从而开辟了人类认识世界的新层次，也使人们改造自然的能力直接延伸到分子、原子

图 11 - 1　纳米科技大厦示意图

水平。这标志着人类的科学技术即将进入一个新时代,即纳米科技时代。以纳米科技为中心的新科技革命必将成为 21 世纪的主导。

二、纳米材料

(一)纳米材料概念

当物质小到纳米尺度(1~100 nm)以后,物质的性能就会发生突变,表现出不同于常规材料的特殊性能。这种具有特殊性能的材料,即为纳米材料。

由此可见,纳米材料必须具备两个特点:一是构成纳米材料的基本单元的三维尺度至少有一维处于纳米尺度范围;二是纳米材料具有不同于常规材料的特殊性能。只有同时具备这两个特点,这种材料才能被称为纳米材料。也就是说,仅仅是尺度达到纳米而没有特殊性能的材料,不是纳米材料。纳米材料并不是指具体由哪一种物质构成的材料,它代表了一类材料。

过去,人们只注意分子、原子,或者宇宙空间,常常忽略了这个中间领域,而这个领域实际上大量存在于自然界,只是以前人们没有认识到这个尺度范围的性能。第一个发现它的性能并引用纳米概念的科学家是日本科学家。他们在 20 世纪 70 年代用蒸发法做了超微离子,并通过研究发现:通常导电、导热的铜、银导体做成纳米尺寸后,表现出既不导电、也不导热。磁性材料也是如此,如铁钴合金,如果把它做成大约 20~30 nm 大小,磁畴就变成单磁畴,磁性比原来高 1000 倍。

（二）纳米材料的分类

按照空间结构的维数来分,纳米材料可以分成三类:零维纳米材料、一维纳米材料和二维纳米材料。

零维纳米材料是指由空间三维尺度均在纳米尺度的纳米颗粒、原子团簇组成的纳米粉体。这类纳米材料可用于高韧性的陶瓷、高效催化剂、隐形飞机的吸波材料、高密度磁性记录材料、抗菌材料、微电子封装材料、太阳能电池材料、传感材料、药物等。

一维纳米材料是指在空间有两维处于纳米尺度的纳米丝、纳米棒、纳米管等。这类纳米材料可作为高强度材料、微型导线、电子探针、微型光纤、储氢材料之用等。

二维纳米材料是指在三维空间中只有一维在纳米尺度的超薄膜、多层膜、超晶格等。这类纳米材料可作为过滤器材料、气体催化材料、光敏材料之用等。

纳米材料大部分都是人工制备的,属于人工材料。纳米材料的奇异特性,已经引起了科学家极大的兴趣。

（三）纳米材料的奇异性能

纳米材料在力学、光学、热学、电磁学以及化学等方面的性质与普通材料有很大不同,这是因为当物质小到一定程度后,只能用量子力学来描述。例如,纳米微粒会表现出小尺寸效应、表面效应、量子尺寸效应及宏观量子隧道效应等特点,从而导致纳米微粒的热、磁、光、敏感特性和表面稳定性等不同于正常粒子,这就使得它在化工、电子、医药、能源、军事、航空航天等众多领域具有广阔的应用前景。

1. "轻巧坚韧"——材质轻、强度高、弹性好是纳米材料的一大特性

1991 年,日本电气公司(NEC)高级研究员饭岛澄男在制备 C_{60} 的过程中,发现了一种奇异的纳米材料,即多层管状的碳纳米管。它既可以是导电的导体,也可以是半导体。由碳纳米管组成的碳纤维理论强度为钢的 100 倍,密度只有其 1/6。直径 1 mm 的细丝足可以承受 20 多吨的重量。

日本在汽车的前挡泥板塑料中添加了碳纳米管后,如有碰撞弯曲,它能够自动恢复原状,既有弹性又具有极高的强度。

在宇航领域,目前人类之所以不能将卫星和飞船送到更远的其他星球上,主要制约因素是由于材质不够轻、强度不够高,导致携带的燃料数量不能太多,如果采用轻质高强

的纳米材料,则可以大大减轻卫星和飞船的重量,仪器仪表的重量也会减轻,这就给携带更多的燃料带来机会。

同时,纳米技术还可以使燃料燃烧的效率和推进力大大提高。如具有高冲量比和高含能的材料——纳米硼纤维、纳米镍丝和颗粒以及纳米级铝粉,都可能在燃料助推上发挥作用。

2. "刚柔并济"——既柔韧又坚硬是纳米材料的第二大特性

一般来说,硬的东西比较脆,韧的东西又较软。例如,陶瓷具有硬度大、耐高温、耐腐蚀、耐磨损、耐老化等优点,但却有一个致命的弱点——脆性大,容易碎裂。

德国莎尔大学和美国阿贡国家实验室先后研究成功纳米陶瓷氟化钙和二氧化钛,在常温下显示了良好的韧性,在180℃下经受弯曲而不产生裂纹。

纳米陶瓷克服了陶瓷材料的脆性,使陶瓷具有了柔韧性和可加工性。高性能纳米复合硅基陶瓷可制成耐高温、耐磨损、耐腐蚀、耐氧化的产品,如纳米复合陶瓷轴承、化工高温耐磨密封件、纳米复合陶瓷刀具等。

3. "活泼好动"——反应速度快是纳米材料的第三大特性

随着构成材料的微粒尺寸的减小,材料表面积将急剧增大,表面原子也成倍增加,反应物之间接触的机会也成倍增加,反应速度也成倍增加。因此,纳米材料在催化反应中显示出超强的作用。

通常的金属催化剂,如铁、钴、镍、铂等,制成纳米微粒后,其催化效果大大提高。颗粒直径为30 nm的镍能够把有机化学中的加氧和脱氧的速度提高15倍。

最近,日本科学家利用纳米铂作为催化剂负载到氧化钛的载体上,在加入甲醇的水溶液中,通过光照射成功制取了氢,产出率提高了几十倍。纳米微粒很可能给工业生产中的催化应用带来革命性的变革。

4. "胸襟宽广"——具有巨磁电阻效应是纳米材料的第四大特性

纳米材料会出现巨磁电阻效应,所谓巨磁电阻效应是指材料的电阻在一定磁场下会出现急剧减小的现象,减小的幅度比通常的磁性金属和合金材料要大10多倍。根据这一特性,纳米材料可用于制造高效电子元件和高密度信息存储器。

1988年,法国科学家发现了巨磁电阻现象。1998年,美国率先将巨磁电阻技术应用于计算机读写磁头上,使现有的计算机读写头全部更新,将磁盘的记录密度一下子提高了17倍,并且大大提高了读写速度。仅这一项技术就给美国创造了340亿美元的经济效益,2005年形成了500亿美元的市场。

目前,计算机的存储量已经相当大了。利用纳米技术制造的高密度存储器和量子磁盘,将使计算机的信息存储的密度在现有的水平上再提高一千到一万倍。在未来的10~20年里,利用纳米技术,计算机的存储量不再以M度量,而是以Ge来度量。计算机的存储量将达到 1000 Ge,这是今天我们所无法想象的巨大容量。

纳米材料的奇异性能还有很多,很难一一例举。它在光、热、电、磁等方面的物理性质都与常规材料不同。例如,金属纳米材料的电阻随尺寸的减小而增大;纳米材料对红外线、微波有良好的吸收特性;纳米材料具有自清洁作用;纳米材料可以抑止细菌的生长,等等。

随着研究的不断深入,纳米材料的新性能将不断被发现。利用这些新性能,纳米材料可以被用于制造隐形飞机,也可以用做生产抗菌洗衣机。总之,在不久的将来,在我们生活的方方面面都将出现性能奇异的纳米材料的身影。

（四）纳米材料并不神秘

通常人们会认为:纳米技术是一种高新技术,纳米材料是人们利用高技术制造出的一种新材料。其实,这种认识是不准确的。

事实上,即使你不懂什么纳米技术,你也可以自己制造一件"纳米技术产品"。例如,用一块玻璃在火焰上方来回移动,玻璃板表面会被烟熏黑,形成一层薄薄的"黑膜"。这就是一件"纳米技术产品",可用这件产品去观测日食。

其实,我们周围自然存在的纳米颗粒很多。例如,美丽的蓝天上飘着朵朵白云,白云就是由纳米尺度的小水滴形成的;秋雨刚过,大雾弥漫,雾也是由分散在空气中的纳米尺度的小水滴形成的。

像这种云、雾、烟、尘等都是在空气中分散了的纳米颗粒。除此之外,还有像牛奶、肥皂泡沫、泥浆等是在水中分散了的纳米颗粒。像珍珠、彩色塑料、某些合金等是在某种固体里分散了的纳米颗粒。

由此可见,纳米技术并不高深莫测,也不那么遥远,它只是代表人类认识自然、改造自然的一个更深的层次。

第二节　21 世纪纳米技术的最新成果及地位

2000 年初,国际纳米科技出现了快速发展的新势头,主要特点是纳米技术实用化的步伐在加快;各国政府加大了发展纳米技术的投资;国际著名的大公司都纷纷介入纳米技术。权威人士估计,以纳米技术为主导的新产业革命将会提前到来。

一、21 世纪纳米技术的最新成果

近几年,纳米技术领域取得了许多重要的研究成果,下面简单介绍其中的部分成果。

(一)国外纳米技术新成果

美国近几年来,纳米技术研究与产品开发发展迅速,如医学领域的纳米医药机器人、纳米定向药物载体、纳米在基因工程蛋白质合成中的应用,微电子及信息技术领域的导电聚合物在信息技术中的应用、纳米电子元器件 FET 二极管、用于感应器的电子序列、纳米传感器,化工领域的利用纳米材料提高催化剂的效能等都取得了很大进展。

2001 年,美国英特尔公司研制出目前世界上速度最快、仅有 20 nm 的硅晶体管。这种晶体管将是英特尔 45 nm 生产工艺的基础,英特尔公司在 2007 年将这种工艺应用于生产过程中。用来制造这些晶体管的门电路氧化物只有三个原子层厚。10 万多个门电路氧化物层堆叠在一起才能达到一张纸的厚度。

美国伯克利加利福尼亚大学和劳伦斯国立试验所的研究人员,制造出世界最小的激光器——纳米激光器。该激光器不足人的头发丝直径的 1/1000,能在室温下工作。这种微型激光器能发射紫外光,并且能将蓝色光变成远紫外光。纳米激光器最终可能用来制造一些器件,这些器件用于鉴别化学物,增加计算机磁盘存储信息量以及用于光计算机中。

2006 年 12 月,美国普渡大学癌症研究中心运用 RNA 纳米技术研制成基因材料颗粒,将抗癌药剂直接运送到癌细胞内,成功阻止了癌细胞的生长、扩散。目前该项新技术已应用于老鼠和实验室培育的人体细胞中。该项研究一旦成功,将是人类治疗癌症的重大进展。

日本科学家在 2003 年 12 月发现,当温度降到极端低时,非常接近于一维金属的碳纳米管的电阻急剧增大,变成绝缘体,与普通金属的导电性截然相反。这一发现为开发超微半导体等新产品提供了新思路。名古屋大学研制出一种外层为半导体、内层为导体的双层纳米管,可作为微电子元件的配线,用于薄形装置的关键部位。信州大学研制成功目前世界上最小的碳纳米管,直径只有 0.4 nm,这种纳米管可在分子等级上与树胶混合,形成高强度树胶,用于制作小型精密机械用树胶齿轮。日本还研制出世界上最小的晶体管,长度为 5 nm,比最小的病毒还要小 2 倍。

俄罗斯科学家研制出生产能力为每小时 10 g 的碳纳米管的技术装置,还研制出一种碳纳米管生产新方法,将酒精和甘油的混合物喷射到 2000℃ 至 3000℃ 的石墨棒上,制成厚度为 30～150 nm 的碳纤维、厚度为 20～50 nm 长度为几米的碳纳米管。这种纳米管可用于制作连接地球与月球的运输线。

法国国家科研中心应用粉末冶金制成平均尺度为 80 nm,机械特性极佳的纯纳米晶体铜,其强度比普通铜高 3 倍,而且形变时非常均匀。这是科学家首次获得具有完美弹塑性的物质,为制造常温下的弹性物质提供了十分有用的技术支持。

英国谢菲尔德大学通过模拟细胞自我组装机制,使一种树状有机分子自我组装成截面约为 20 nm×20 nm,含 25 万个原子的晶格单元。由这些晶格构建的纳米晶体结构比普通液晶晶格结构更大、更复杂,可用于制备各种分子电子学和光学材料。这是目前能够得到的最为复杂、可自我组装的超分子结构,也是光子晶体材料研制领域首次在原子级精确度上获取的纳米级结构。

（二）我国纳米技术新成果

2001 年,北京友谊医院的专家在把纳米技术应用于心脏病手术方面的研究获得进展。这项研究是把一种网状聚酯型材料做成的套子包裹在心脏表面,即利用特种物质制成纳米级的超细小微粒,使其附着在网状材料上,这样网状套将更具强度和韧性,还能储备一定的能量,帮助心脏收缩以防止其扩大,从而有效恢复心脏的正常功能。如果这项研究取得成功,将不再需要安装起搏器,手术将大大简化,费用将减少一半以上。纳米材料专家认为,运用纳米技术制成的医用材料耐腐蚀,具有良好的与血液和内脏的相容性、使用寿命长、不含毒副作用,是理想的人体内部补充材料。

中国西北大学纳米材料研究所最新研究发现,利用溶胶和凝胶相结合的方法把新研制的纳米材料制成一种透明的胶体,涂在文物表面,形成一层保护膜,使文物与外界隔离,可以有效地防止氧化、污染及虫菌对文物的侵蚀,有利于文物的长期保护。

2003 年 1 月,中科院金属研究所沈阳材料科学国家联合实验室卢柯博士领导的研究小组,利用金属材料的表面纳米化技术在解决金属材料表面氮化这一重大技术难题上,取得突破性进展。表面纳米化技术是国际纳米材料研究领域的一个新的前沿方向,在多种金属和工程合金中得以应用。测试结果表明:表面氮化的铁块具有很高的硬度、耐磨性和耐腐蚀性,同时,材料本身仍保持原有的韧性,成功实现材料的"刚"、"柔"并济。

2005 年 3 月,哈尔滨工业大学国家大学科技园超微化技术研究室,首次成功开发出纳米级超微细制备技术及设备。据专家介绍,药品经超微细加工后,不仅能大大提高吸收率,还能减少药物使用量;食品经超微细加工后,保质期则大大延长。该项目可使加工产品的粒径不大于 50 nm,比现有技术条件处理的粒径缩小至少 1/100。这种纳米级超微细制备技术和设备,将使医药生产、食品加工行业的生产技术整体提升。目前,这一技术和设备已在哈尔滨医药、饮食行业中试生产。

在 2006 年第五届中国(国际)纳米科技研讨会上,一项由深圳市爱杰特医药有限公司研制开发的纳米科技新产品——纳米银抗菌敷料新成果,引起了人们的普遍关注。这种经过纳米技术处理的纱布(专业名称为医用敷料),既有抗感染作用,又具有止痛作用。目前,该项新成果的性能已得到解放军总医院、北京大学医学部一附院、第四军医大附院、广州中医药大学附院的临床验证。

二、21 世纪纳米技术的重要地位

21 世纪前 20 年,是发展纳米技术的关键时期。目前,纳米技术已经成为全世界非常关注的技术,并有望成为推动社会经济各个领域快速发展的主导技术。只有高度重视它、大力发展它,才有可能在未来的经济竞争中占据有利地位。

所谓主导技术是指对社会发展、经济振兴、国家安全乃至人民生活水平提高的各个领域都能起到关键作用的技术,而且这种技术影响面极广,向各个领域的渗透力相当强,可以带动很多行业的发展。那么,为什么把纳米技术称之为 21 世纪的主导技术呢?

(一)从信息技术及其产业发展来看,纳米技术将成为其他技术不可替代的新一代信息技术的核心

纳米技术在信息获取、存储、传输等方面的应用蕴藏着巨大的潜力,如现代信息存储技术是信息技术的主体技术,不断追求大容量是它发展的一个重要方向。2003 年,IBM公司通过纳米技术将量子磁盘的信息存储量提高到 1000 Ge/in;2004 年,中国科学院开发出了具有国际最新水平的信息存储技术,运用这一技术存储的信息量比现有的光盘高 100 万倍,达到纳米级水平。在未来的 10～20 年里,利用纳米技术,计算机的存储量不再以 M(M,10^6 比特/平方英寸)度量,而是以 Ge 来度量。计算机的存储量将达到 1000 Ge。

利用纳米技术是微电子技术发展的必然趋势。而微电子技术是现代信息技术重要的支撑技术,不断追求高集成度、高速度和低功耗是超大规模集成电路的发展方向。目前,国际上集成电路的生产工艺水平已进入纳米尺寸(1～100 nm),达到 90 nm。在实验室 70 nm 的技术已通过考核。超微细加工技术水平正向着 10 nm 挺进。

由此可见,纳米技术即将成为信息技术发展过程中其他任何技术都难以替代的核心技术,利用纳米技术,可以将现代信息技术推向一个新的高度。

（二）从生物技术及其产业发展来看，纳米技术将成为推动生物技术发展的动力

　　纳米技术也将成为下一代生物技术的核心技术。2003 年，人类基因组序列图的绘制完成，首次在分子层面上为人类提供了一份生命"说明书"，标志着人类对生命的认识进入到了一个新的层次，也把生命科学和生物技术推向了一个新的高度，人类基因组排序无疑成为生命科学的制高点。在这生命科学的前沿领域，纳米技术起到了关键的作用。因为基因的尺度为 2.5 nm，把基因排序实际上是利用纳米技术构筑基因的纳米结构，基因组排序的识别、信号提取和放大以及对基因组图谱的分析，纳米技术同样是不可替代的技术。纳米技术在高效缓释靶向药物制备方面蕴藏着巨大的潜力，纳米生物导弹和纳米机器人通过血管传输已在实验室获得成功。带有针尖的光纤与纳米二氧化钛连接，利用纳米光催化效应，可以捕杀肿瘤细胞；纳米 C_{60} 可捕杀艾滋病病毒，等等。纳米技术为解决人类重大疾病的治疗问题提供了新的途径。作为 21 世纪主导技术的纳米技术，与生物技术的交叉融合是必然的发展趋势，纳米技术将成为新一代生物技术发展的重要动力。

　　（三）从纳米技术向各个领域广泛渗透的特点来看，纳米技术将带动众多行业技术升级，达到一个新的高度

　　纳米技术不仅是现代信息技术和生物技术的核心技术，同时，还对环境、能源、医药卫生、空间技术、新材料技术以及传统产业等众多领域产生重要影响（见图 11－2）。

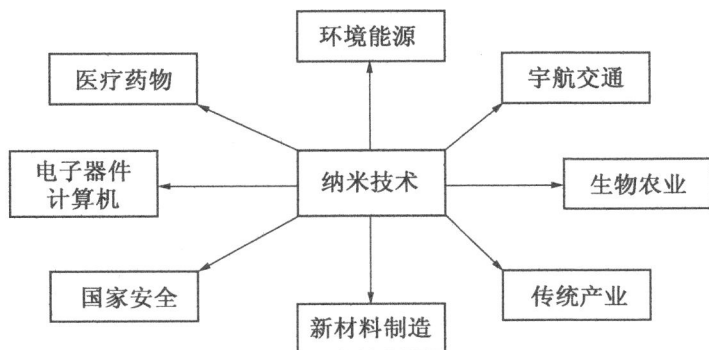

图 11－2　纳米技术向各个领域的广泛渗透

向能源、环境领域的渗透：纳米阵列体系（二氧化钛、钛酸铅镧、铜、硒等）可以使太阳

能转化为电能的效率高达 25％以上。利用纳米技术制备的燃料电池和锂电池,大大提高了可充电电池的使用寿命。纳米技术在氢能源的利用上提供了新的途径。纳米技术对氮氧化物的降解和污水中有机物的降解都显示出巨大的威力,甚至是其他技术难以代替的。日本、美国在汽车尾气处理中使用纳米技术已获得成功。美国利用碳管阵列作为电极进行海水淡化比传统技术的成本降低了一倍,效率明显提高。

向空间技术、交通领域的渗透:利用材质轻、强度高、弹性好的纳米材料和相应的纳米技术,可以大大减轻航天器的重量,增加了燃料的携带量,同时,使人造卫星和其他航天器的寿命提高几倍。目前,美国正在研究运用轻质、高强纳米材料和纳米技术,取代现在汽车的金属材料,使其重量降低 40％,从而可使汽油消耗降低 50％,二氧化碳的排放减少 50％,预计仅此一项,每年可以为美国创造 1000 亿美元的效益,纳米技术在新材料发展和创新方面的巨大市场潜力已初见端倪。

向传统产业的渗透:纳米技术在传统产业的改造升级、增加高科技含量、提高产品的竞争力方面,正在发挥巨大的作用。经纳米技术处理的金属陶瓷、塑料和橡胶,既提高了强度又增强了韧性,冲动性能和抗热震性都提高了一到几倍。纳米材料和纳米技术在精细化工领域的导电和绝缘浆料、陶瓷釉料和搪瓷涂层等方面的应用,不仅节省原材料,而且综合性能均有所提高。纳米材料和纳米技术为设计新型功能涂层(防静电、防辐射、紫外屏蔽、热障等)和功能塑料、功能纤维(杀菌、自清洁、阻燃和红外吸收)等新型产业链的形成奠定了基础,不但增加了产品的品种,提高了产品的质量,而且有益于人类的健康,提高了生活质量。纳米催化剂和纳米催化技术在石油化工领域有广泛的应用前景。纳米材料和纳米技术已开始应用于家用电器产业,并获得成功。日本通产省产业技术研究所与东芝公司合作成功制备出 4 in 大小的彩电,场发射材料和荧光粉材料均采用了纳米技术,亮度和清晰度均大幅度提高,能耗降低了 2～3 倍。高分辨率节能荧光粉和高分辨率阴极射线管的荧光材料只有使用纳米材料,才能达到设计标准。纳米复合改性的氧化锌压敏电阻、非线性电阻和避雷针的陶瓷阀片质量都大大提高,还可以节省原材料 20％。

纳米技术可以说是无孔不入,它对各个领域的影响力和带动力确定了纳米技术的主导地位。

(四)从纳米产业未来的市场发展来看,世界各国正在纷纷制定新的战略目标,抢占纳米产业这个巨大的市场

目前,人们研究纳米现象的工具和对纳米技术的理解还只是初步的,有很多关于纳米物理、纳米器件等的基本问题还没有解决,科技界普遍认为,纳米技术产生革命性的影响,将是二三十年以后的事,真正的纳米时代还没有到来。尽管如此,纳米科技正在走出

实验室,据统计,2000 年全球仅纳米材料市场就达到 750 亿美元,德国科技部预期到 2010 年,纳米技术市场将达到 14400 亿美元。为迎接纳米时代的到来,许多国家和企业正加强技术储备,准备开拓巨大的市场潜力。

2003 年全世界用于纳米技术研发的资金总投入为 30 亿美元。2004 年已达约 86 亿美元,比 2003 年翻了一番还多。政府投资最多的国家分别为:美国、日本及西欧(欧盟及瑞士)等国。其中美国是对纳米技术投资金额最大的国家。

美国政府面对新形势制定了新的战略计划,到 2010 年要培养 80 万名真正懂纳米科技的人才,纳米技术对美国 GDP 的贡献要达到 1 万亿美元,并提供 200 万个就业机会。美国政府 2003 年对纳米技术的投资为 7.3 亿美元,2004 年计划投资 8.47 亿美元,并逐年增加投资金额,希望经过 10 年的努力,在国际纳米技术领域保持领先地位。

日本把发展纳米技术作为 21 世纪前 20 年的立国之本,2003 年日本政府对纳米技术的投资达到 7 亿美元,略少于美国。日本计划以纳米机器人为主导产品全面带动纳米技术的发展。

德国、加拿大、印度、韩国等国家都纷纷制定了发展纳米技术的新计划,资助和培养高水平的青年科学家,开发纳米技术新产品,推动纳米技术的应用,评价纳米技术的社会效果,完善法律框架条件。

国际 500 强的大公司都制定了近期发展纳米技术的战略,日立、三井物业、昭和电工、三菱化工、朗讯等都制订了两年内发展纳米实用技术的计划。风险投资公司也看好纳米技术未来的市场。纳米技术的"冲击波"已在全世界引起了很大的反响。

2000 年,朱镕基在接见中科院副院长白春礼院士时说,中国要在 5 年内累计投资 25 亿人民币发展纳米技术。我国已成立了国家纳米科技协调指导委员会,组织专家起草了中国纳米科技发展纲要。要开展纳米专项研究,建立纳米技术平台和核心实验室,建立若干个纳米技术工程示范中心和示范产业,并且要辐射若干个相关产业。目前,我国在纳米科学基础研究的某些领域如纳米材料的制备技术方面,处于国际前沿;在利用纳米技术改造传统产业方面卓有成效,已引起世界关注;在纳米材料和应用技术的某些方面,在国际上处于领先,并引起世界各国的重视。

第三节　　微型化技术

随着现代科学技术的发展,人们不断追求尺度微小型化的机械装置,以适应生物、环境控制、医学、空间技术、信息技术、传感技术、军事武器等领域日益增长的需要。微型机械技术是纳米科学技术的一个重要的分支,是 21 世纪深受世人关注的新兴学科。

一、微型机械系统与微型机械加工技术

微型机械系统（MEMS）是只能批量制作，集微型机构、微型传感器、微型执行器以及各种控制电路、线路、电源于一体的微型器件或系统。其主要特点有：体积小、重量轻、耗能低、性能稳定；有利于大批量生产，降低生产成本；惯性小、谐振频率高、响应时间短；集约高技术成果，附加值高。微型机械的目的不仅仅在于缩小尺寸和体积，更重要的是通过微型化、集成化，来开发新原理、新功能的元件和系统，开辟一个新技术领域，形成批量化产业。

微型机械加工技术是指制作微机械装置的微细加工技术。微细加工的出现和发展是与大规模集成电路密切相关的，集成电路要求在微小面积的半导体上能容纳更多的电子元件，以形成功能复杂而完善的电路。电路微细图案中的最小线条宽度是提高集成电路集成度的关键技术标志，微细加工对微电子工业而言就是一种加工尺度从微米到纳米量级的制造微小型元器件或掩模图形的先进制造技术。目前微型加工技术主要基于从半导体集成电路微细加工工艺中发展起来的硅平面加工和体加工工艺，20 世纪 80 年代中期以后在微型铸模电镀工艺加工、准微型铸模电镀工艺加工、超微细加工、微细电火花加工、等离子束加工、电子束加工、快速原型制造以及键合技术等微细加工工艺方面取得了相当大的进展。

微型机械系统可以完成大型机电系统所不能完成的任务。微型机械与电子技术紧密结合，将使种类繁多的微型器件问世，这些微器件采用大批量集成制造，价格低廉，将广泛地应用于人们生活的众多领域。可以预料，在 21 世纪，微型机械将逐步从实验室走向实用化，对工农业、信息、环境、生物医疗、空间、国防等领域的发展将产生重大影响。微细机械加工技术是微型机械技术领域的一个非常重要而又非常活跃的技术领域，其发展不仅可带动许多相关学科的发展，更是与国家科技发展、经济和国防建设息息相关。微型机械加工技术的发展有着巨大的产业化应用前景。

二、微型机械的发展现状

（一）国际发展现状

20 世纪 60 年代以来，微电子技术渗透到机械工程各个领域，机电一体化为机械装置在系统结构和性能方面都带来了革命性的变化，也大大促进了机械装置微型化的发展。

微型机械的研究最初是由美国斯坦福大学于 1970 年开始的，1987 年美国投入大量经费支持微型机械的开发，首先制造出了直径为 100 μm 的静电微型电机，其转子直径只

有 60 μm。这一项突破性的成就,轰动了当时的科技界和产业界。紧接着,外形尺寸在几十微米到几百微米的微型齿轮、微型弹簧、微型涡轮等微机构也相继制造出来。

目前,微型机械装置的巨大发展潜力已经引起各国政府部门、企业界、高等学校与研究机构的高度重视,微型化机械的研究开发也在世界各国积极地开展起来。美国政府连续大力投资,并把航空航天、信息和 MEMS 作为科技发展的三大重点。美国国防部每年拨出 3500 万美元用于微型系统的开发研究,国防部的高级研究计划局积极领导和支持MEMS 的研究和军事应用,现已建成一条 MEMS 标准工艺线,以促进新型元件与装置的研究与开发;美国宇航局投资 1 亿美元着手研制"发现号微型卫星";美国国家科学基金会把 MEMS 作为一个新崛起的研究领域,制定了资助微型电子机械系统研究的计划,从1998 年开始,加州大学等 8 所大学和贝尔实验室从事这一领域的研究与开发,年资助额从 100 万、200 万增加到 500 万美元;1994 年发布的《美国国防部技术计划》报告,把MEMS 列为关键技术项目。很多高等院校和科研机构加入了微型机械系统的研究,如康奈尔大学、斯坦福大学、加州大学伯克利分校、密执安大学、威斯康星大学等。加州大学伯克利传感器和执行器中心(BSAC)得到国防部和十几家公司资助 1500 万元后,建立了MEMS 的超净实验室。

继美国之后,日本、欧洲各国也相继将微型机械研究列为重要发展领域,促进了微型机械的迅速发展。

日本通产省 1991 年开始启动一项为期 10 年、耗资 250 亿日元的微型机械研究计划,研制两台样机,一台用于医疗,进入人体进行诊断和微型手术,另一台用于工业,对飞机发动机和原子能设备的微小裂纹实施维修。该计划有筑波大学、东京工业大学、早稻田大学和富士通研究所等几十家单位参加。

欧洲工业发达国家也相继对微型系统的研究开发进行了重点投资,德国政府每年投入 6500 万美元支持微型系统的研究,自 1988 年开始启动微加工 10 年科研计划项目,并把微系统列为 21 世纪初科技发展的重点,德国首创的 LIGA 工艺,为 MEMS 的发展提供了新的技术手段,并已成为三维结构制作的优选工艺;法国 1993 年启动了 7000 万法郎的"微系统与技术"项目;瑞士在其传统的钟表制造行业和小型精密机械工业的基础上也投入了 MEMS 的开发工作,1992 年投资 1000 万美元;英国政府也制订了纳米科学计划,在机械、光学、电子学等领域列出 8 个项目进行研究与开发;澳大利亚将微型系统作为 21 世纪最优先开发的项目;欧共体组成"多功能微系统研究网络 NEXUS",联合协调 46 个研究所的研究。为了加强欧洲开发 MEMS 的力量,一些欧洲公司已组成 MEMS 开发集团。

据不完全统计,目前,全世界有 600 所大学、部门和私人实验室在从事 MEMS 装置的研究。近十几年来迅速发展起来的 X 射线、紫外光或电子束、离子束微刻技术以及深刻加工工艺也大大推动了器件微型化的发展。从世界范围看,微型机械系统的研究及其产业化发展很快,应用范围也从汽车、医疗领域逐渐向通信、机械工程、生物技术、分析和诊断技术、化学技术、制造和生产技术、环保技术等众多领域扩展。

(二)国内发展现状

我国在科技部、国家自然基金委、教育部和总装备部的资助下,一直在跟踪国外的微型机械研究,积极开展 MEMS 的研究。现有的微电子设备和同步加速器为微系统提供了基本条件,微细驱动器和微型机器人的开发早已列入国家 863 高技术计划及攀登计划中。已有近 40 个研究小组,取得了一些研究成果。广东工业大学与日本筑波大学合作,开展了生物和医用微型机器人的研究,已研制出一维、二维联动压电陶瓷驱动器,其位移范围为 10 $\mu m \times 10$ μm,位移分辨率为 0.01 μm,精度为 0.1 μm,目前正在研制 6 自由度微型机器人;长春光学精密机器研究所研制出直径为 $\phi 3$ mm 的压电电机、电磁电机、微测试仪器和微操作系统。上海冶金研究所研制出了微电机、多晶硅梁结构、微泵与阀,上海交通大学研制出 $\phi 2$ mm 的电磁电机,南开大学开展了微型机器人控制技术的研究等。

我国有很多机构对多种微型机械加工的方法开展了相应的研究,已奠定了一定的加工基础,能进行硅平面加工和体硅加工、微细电火花加工及立体光刻造型法加工等。

我国在微型加工技术的优先发展领域是生物学、环境监控、航空航天、工业与国防等,已建设有世界先进水平的微型机械研究开发基地,重视微观尺度上的新物理现象和新效应的研究,增强微型机械的研究与开发实力,迎接 21 世纪技术与产业革命的挑战。

三、微型化技术的成就与应用前景

随着微型机械技术的不断发展,微小型化的趋势正在一步步变成现实。目前已有大量的微型机械或微型系统被研究出来。

例如,尖端直径为 5 μm 的微型镊子可以夹起一个红血球;尺寸为 7 mm×7 mm×2 mm 的微型泵,流量可达 250 $\mu L/min$;日本丰田公司已用微小的部件组装成一辆只有米粒大小,能开动的微型汽车;德国工程师制成了一架只有黄蜂大小并能升空的直升机、肉眼几乎看不见的发动机以及供化工行业使用的火柴盒大小的反应器,德国还创造了LIGA工艺[①],制成了悬臂梁,微型泵,微型喷嘴,湿度、流量传感器以及多种光学器件;美

---

① LIGA 是德文 Lithographie,Galvanoforming,Abfovmung 的缩写。LIGA 技术包括 X 射线深层光刻、电铸成型和塑铸成型等三个工艺过程。运用 LIGA 技术可制成有自由振动及转动或具有其他动作功能的微结构,是目前生产微机械、微流体和微光学元件最有前途的微制造技术。

国加利福尼亚大学的研究人员用微型铰链、齿轮和发动机组装成一个蚂蚁大小的人造昆虫，可以在地上爬来爬去；美国加州理工学院在飞机翼面粘上相当数量的1 mm的微梁，控制其弯曲角度以影响飞机的空气动力学特性。美国大批量生产的硅加速度计把微型传感器（机械部分）和集成电路（电信号源、放大器、信号处理和正检正电路等）一起集成在硅片上 3 mm×3 mm 的范围内。日本研制的数厘米见方的微型车床可加工精度达 1.5 μm 的微细轴。

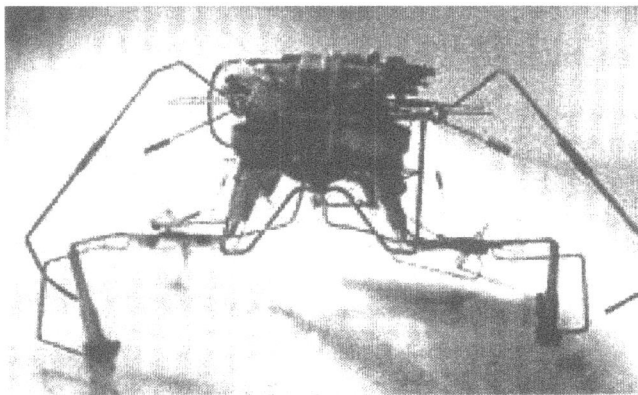

图 11－3　微型机器蜘蛛

微型机械加工技术的发展，刚刚经历了十几年，就显示出了巨大的生命力。首先，微型机械体积小、重量轻、性能可靠、坚固耐用。美国贝尔实验室的研究人员曾使一个微型机械震动了 2000 万次而没有损坏。科学家解释说："如果一只苍蝇从墙上摔到地面，它不会受伤，因为它太小了。但是若换成一头大象，那它必定会受伤。"其次，由于微型机械技术只能大批量制造，因此可以大幅度降低生产成本。例如，美国贝尔实验室采用微型电子机械技术制造的微型光学调制器，其芯片每块成本只有几美分，而过去则要花费 5000 美元。微型机械产品将以其价格低廉和优良性能赢得市场。在生物工程、化学、微分析、光学、国防、航天、工业控制、医疗、通讯及信息处理、农业和家庭服务等领域有着潜在的巨大的应用前景。当前，作为大批量生产的微型机械产品，如微型压力传感器、微细加速度计和喷墨打印头，已经占领了巨大的市场。目前市场上以流体调节与控制的微机电系统为主，其次为压力传感器和惯性传感器。1995 年全球微型机械的销售额为 15 亿美元，到 2002 年，相关产品的产值已达 400 亿美元以上，显示了微型机械及其加工技术有着巨大的市场和经济效益。

微型武器是微型化技术在军事上的应用。目前，许多国家正在研制像昆虫一样的微型武器。例如，外形、大小如同蝴蝶、蝗虫等昆虫的机器人武器，以及形状像螃蟹和鱼的侦察与攻击武器等。这些模拟昆虫的微型电子机械武器,可以深入侦察卫星、大型侦察飞机无法进行侦察的敌方司令部、秘密基地、兵工厂、元首办公室等,展开神出鬼没的侦察活动,甚至直接攻击目标。目前,美国的研究机构正积极进行将模拟昆虫的侦察机器人武器投入实用的各项研究工作。如果进展顺利,5 年内可将初步设计的模拟昆虫的侦察机器人武器用于实战。

微型化技术有可能在今后几十年内生产出使制造工艺发生革命性变化的电子零部件。这将在人类社会发展史上树起一个新的里程碑。

知 识 点 归 纳

1. 纳米仅仅是一个长度单位,$1 \text{ nm} = 10^{-9} \text{ m}$,本身并没有物理内涵。1 nm 大约是 10 个氢原子紧密排列的长度。所谓"纳米尺寸"是指 1~100 nm 的范围。

2. 纳米技术是在纳米尺寸(1~100 nm)范围内认识和改造自然,通过直接操纵和安排分子、原子而达到创新的目的。"纳米技术"虽然只强调了长度概念,但也包括时间、质量等方面概念。

3. 当物质小到纳米尺度时,传统的力学就无法描述它的行为,要用量子力学来描述。

4. 在纳米尺度内,物质存在许多奇异的性质。由于这一层次介于微观和宏观之间,科学家把这一尺度范围称为"介观"。

5. 当物质小到纳米尺度(1~100 nm)以后,物质的性能就会发生突变,出现不同于常规材料的特殊性能。这种具有特殊性能的材料,即为纳米材料。

6. 微型机械系统(MEMS)是只能批量制作,集微型机构、微型传感器、微型执行器以及各种控制电路、线路、电源于一体的微型器件或系统。微型机械技术是纳米技术的一个重要分支,目前处于实验研究阶段。

7. 微型机械加工技术是指制作微机械装置的微细加工技术。微细加工对微电子工业而言就是加工尺度从微米到纳米量级的制造微小型元器件或掩模图形的先进制造技术。

思考与探索

1. 什么是纳米?什么是纳米技术?

2. 纳米科技是由一系列学科组成的学科群体,说明纳米科技的构成以及各个学科的作用。

3. 纳米材料的特点是什么?纳米材料具有哪些奇异性能?

4. 举例说明纳米材料的应用。阐述 21 世纪纳米技术的重要地位。

5. 微型机械系统有哪些特点？微型机械制造有何重要意义？

6. 阐述微型机械的研究现状与发展前景。

7. 查阅资料：21 世纪纳米技术的最新成果。

第十二章　现代生物技术

本　章　导　读

　　现代生物技术，又称为生物工程。它是以现代生物科学的理论和方法为基础，按照人类的需要改造和设计生物的结构和功能，以便更经济、更有效、更大规模地生产人类所需要的物质和产品的技术。

　　现代生物技术主要包括：细胞工程、基因工程、蛋白质工程、酶工程和微生物（发酵）工程。其中细胞工程和基因工程是现代生物技术的核心。本章重点介绍这两个核心技术。

第一节　细胞工程

　　细胞工程是指应用现代细胞生物学、发育生物学、遗传学和分子生物学的理论和方法，根据人们的需要和设计，在细胞水平上重组细胞的结构和内含物，以改变生物的结构和功能的生物工程技术，是在细胞水平上的生物技术。

　　细胞工程是生物工程技术的核心技术。同时，由于细胞是生命的基本结构和功能单位，生物工程技术最终都离不开在细胞上的操作，因此细胞工程技术又是最基本的生物工程技术。细胞工程主要包括：① 细胞培养技术；② 细胞融合技术；③ 胚胎移植技术；④ 细胞核移植技术；⑤ 染色体工程。

一、细胞培养技术

　　细胞培养又称为组织培养。其方法是将动物或植物的器官、组织或经处理分散的细胞，置于模拟生物体内环境的培养基中培养，使其在离体情况下生存、生长、发育乃至繁殖。如果培养物是单个细胞或细胞群则称为细胞培养；如果是组织碎块或器官的一部分,则称为组织培养;如果是器官原基或整个器官,则称为器官培养。

植物的每一个活细胞经过适当的培养和分化诱导后,都能发育成为有独立生活力的植株。也就是说,通过培养的植物细胞可以获得整个植株,即植物的细胞具有发育的全能性。例如,将胡萝卜根肉细胞分离出来进行培养,经过适当的激素诱导后,可分化出根、茎叶,最后长成一个完整的植株。

而动物的细胞虽然具有遗传上的全能性,但只有卵细胞具有发育成完整个体的能力,其他任何细胞都不能发育成为完整的生命个体,即动物的细胞除卵子以外,都不具有发育的全能性。

动、植物的细胞和组织培养技术不仅是细胞工程的基础技术,也是整个生物工程的重要技术,在生产和其他领域有着广泛的应用。

植物的细胞和组织培养技术在优良农作物的育种、解决名贵花卉繁殖难和繁殖慢问题、珍贵稀有植物的大规模无性快速繁殖、无病毒作物的培养等方面显示出优越性。我国育种专家利用细胞培养技术中的单倍体育种技术已培育出多种玉米、小麦、水稻、烟草等农作物优良品种。细胞培养技术在农业上应用的优势:① 不受土地限制(试管育苗);② 不受季节影响,育苗速度快;③ 节省种子,降低播种成本。

动物的细胞和组织培养技术目前已被广泛地应用于肿瘤病理学、分子生物学和遗传工程等领域。近两年兴起的人类干细胞培养研究,因其对人类器官培养有极其重要的作用而引起了人们的高度关注,即将成为世界各国高科技竞争的主要内容之一。

二、细胞融合技术

细胞融合技术是通过人工诱导把两种或两种以上遗传性不同的生物细胞融合在一起,从而获得兼备两个亲本遗传性状的杂交细胞的技术。

细胞融合技术是细胞工程的主要内容,其目的是创造出新的物种。细胞融合技术的应用范围很广,从种内、种间、属间、科间,一直到动物、植物两科之间都可以进行细胞融合操作。

(一)细胞融合育种

植物细胞的融合,可以用植物的各种组织为材料,经过果胶酶或纤维素酶等处理,使细胞膜溶解掉,成为没有细胞膜的"裸细胞",然后将两种细胞混合于某种缓冲溶液中,再加入合适的融合促进剂,经过一定时间后,便有一部分细胞融合,选出所需要的融合细胞进行培养,并观察其表现性状。

利用植物细胞融合技术,可以培育出兼具各种植物优良遗传性状的理想农作物新品种。例如,1978 年国外初步诱导成功的番茄马铃薯,即枝干上结西红柿,根上长马铃薯,这一技术目前还在进一步优化之中。1986 年日本科学家又将白菜和红甘蓝进行细胞融合,培育出新品种"生物白蓝",其外形像白菜,味道却接近甘蓝,继承了"双亲"的良好品质。另外还有水稻与大豆的细胞杂交等等。

(二) 单克隆抗体的应用

细胞融合技术在医学上也有重要的应用。

当病菌(抗原)侵入人体后,身体内就会立即产生一种对病菌起抵御作用的蛋白质——抗体,这种抗体是人体 B 淋巴细胞产生的。通常一种抗体只能抵御一种抗原。科学家设想,若能制取一种对某种抗原起抵御作用的单一纯净的抗体(单克隆抗体),就能集中攻击侵入人体的某一种病菌,就像跟踪病菌的"导弹"一样。

根据这一设想,1975 年英国科学家利用老鼠脾脏中的淋巴细胞与老鼠的骨髓瘤细胞(癌细胞)融合,产生出既具有淋巴细胞产生抗体的能力,又能像癌细胞一样快速繁殖的杂种细胞。这就是对免疫学的发展具有重大意义的单克隆抗体技术。英国科学家 C·米尔斯坦和德国科学家 G·J·F·克勒因此而荣获 1984 年度诺贝尔医学和生理学奖。

目前,已经研制出的单克隆抗体有几千种。科学家们正在开发研究利用单克隆抗体具有定向识别某一病灶细胞的特点,将它们与某种新的药物相结合,制成真正的"生物导弹"。这项技术在 21 世纪将会逐步成熟起来,在治疗人类疑难病症上,发挥重要作用。

三、胚胎移植技术

从动物体内取出卵细胞,在试管中进行受精并培育成胚胎,然后再植入母体输卵管中,孕育产仔,这就是胚胎移植技术。

利用胚胎移植技术,可以使良种母畜多产仔。科学家们先用激素诱使良种母牛多排卵,将良种牛卵在体外受精后,再植入普通母牛的体内,这样就能又快又多地培育出良种家畜,如试管牛、试管羊等。多余的良种胚胎还可以在 -196℃ 的液态氮中进行超低温保存。胚胎移植技术还应用于解决濒临灭绝的珍稀动物的繁殖问题上,如试管大熊猫、试管猴的降生。

目前,胚胎移植技术已应用于人类,1978 年世界上第一例"试管婴儿"在英国奥德海姆总医院诞生。之后,"试管婴儿"在世界各国纷纷出世。1988 年我国大陆第一例"试管婴儿"在北京出世。

"试管婴儿"的出现,不仅解决了许多夫妻不能生育儿女的缺憾,而且给人类优生优育带来福音。

四、细胞核移植技术

细胞核移植技术是指将一个细胞的细胞核移植到另一个去核的卵细胞中,形成具有新的遗传基因的生物个体的技术。

细胞核移植的过程:在显微镜下,用微吸管将卵细胞的细胞核除去,再将另一个细胞的细胞核移入去核卵中,在一定条件下,使"受核卵"像"受精卵"一样进行胚胎发育,直至形成完全的个体。

通过核移植培育出的生物个体,其外部形态和生理特征与提供细胞核的个体几乎一模一样,又由于这个生物个体不是经过有性生殖,而是通过无性生殖产生的,因此,这个个体是提供细胞核的生物个体的克隆体。

关于克隆技术以及克隆技术的发展我们将在第十三章中详细介绍。

五、染色体工程

每一种生物都有自己特殊的染色体组成,同一物种的染色体数目和组型是稳定的。例如,普通小麦有 42 条染色体,鲫鱼和鲤鱼各有 100 条染色体,人有 46 条染色体等。将生物细胞中所有染色体按其形态和结构进行分类排列而成的染色体图就称为染色体组型。每一个通过两性生殖而产生的个体的染色体有两份,一份来自于父方的精子,一份来自于母方的卵子。这两份染色体在数目上是相等的,在基因组成和染色体结构方面,除性染色体外都是相同的。这两份染色体中的一份就称为一个染色体组。例如,人的 46 条染色体中 23 条来自于母亲,23 条来自于父亲;由 23 条染色体就构成了一个染色体组。两组染色体除性染色体外,都可以按其形状进行配对。像这种细胞中含有两组染色体的生物叫二倍体生物,简称为二倍体。

在生物的体细胞中,染色体的数目不仅可以成倍地增加,也可以成倍地减少。例如,蜜蜂的蜂王和工蜂的体细胞中有 32 条染色体,而雄蜂的体细胞中只有 16 条染色体。像雄蜂这样,体细胞中含有本物种配子染色体数目的个体,称为单倍体。含有三组染色体的叫三倍体,含三组或三组以上染色体的统称为多倍体。染色体的数目和结构的改变都可能引起基因组成的改变并进而引起生物性状的改变。

染色体工程是指以染色体为操作单位,通过染色体的添加、换代、易位等方式有目的地改造生物的结构和功能的技术。染色体工程具有高效、安全和简便的优点,是目前进行动、植物品种改良的主要育种方法。

植物界约有 50％的物种属于多倍体。其中有一部分多倍体是由同一物种的染色体组加倍而来，称为同源多倍体。同源多倍体植物与二倍体相比较，一般结实率较低，甚至不结实，但其叶片、花朵、果实和植株都明显增大。例如，三倍体甜菜的含糖量较二倍体增加 14.9％，四倍体橡胶树的橡胶含量可达到二倍体的三倍，四倍体的葡萄比同种二倍体葡萄明显增大等。但并非所有生物染色体组的增加都会引起代谢产物的增加，如四倍体甜菜的含糖量反而比二倍体低。

人工培育多倍体植物最著名的例子是三倍体无籽西瓜。其培育过程如下：首先取二倍体西瓜的幼苗，每天 1～2 次，用一定比例的秋水仙素溶液滴在幼苗的生长点上，连续处理两天之后，即可得四倍体幼苗。四倍体能正常生长和结实，与二倍体相比并无优越性。第二步，以二倍体西瓜为父本，与四倍体母本进行杂交，即可获得大量的三倍体西瓜种子。第三步，由三倍体种子长出三倍体西瓜植株。由于三倍体西瓜不能结实，因此在这种三倍体植株上即可结出无籽西瓜。

我国植物育种学家鲍文奎经过多年的实验，培育出了人工加倍的异源多倍体小黑麦新品种。这种小黑麦具有籽粒大、抗寒冷、耐干旱、蛋白质和赖氨酸含量显著提高，产量比普通小麦增产 30％～40％，比黑麦增产 20％的优点。

在动物中进行的染色体工程基本上是以染色体组作为操作单位，以成熟卵作为操作载体。这是由于动物只有卵子具有发育的全能性，因此，动物染色体工程又称为染色体组操作育种或染色体倍数化处理技术。这种技术已经进入了实用阶段，并以其高效、简便和安全等优点成为当前鱼类、贝类和虾类等重要经济动物育种和品种改良的主要手段。

我国鱼类发育生物学家和育种学家刘筠及其同事将鱼类有性杂交技术与染色体工程技术相结合，在世界上首次成功培育了鲫鲤杂合异源四倍体种群，并已利用这种杂合异源四倍体鱼大规模地生产三倍体鲫鱼和鲤鱼。三倍体鲫鱼与二倍体鲫鱼相比较，具有如下优点：① 生长速度快约一倍，个体大一倍以上，成活率高、适应性强、生产性能优越；② 出肉比率高约 30％，而肉质与土生鲫鱼一样好；③ 三倍体鱼不育，放养在开放水体中不会导致种质混杂，因此，在生态上是安全的。

第二节　基因工程

基因工程又称为 DNA 重组技术，它是利用基因拼接技术将基因（DNA 片断）在生物体外或体内进行重新组合，再植入某种细胞的 DNA 中去，从而改变生物的结构和功能，创造出人类所需要的生物新品种的技术。

基因工程中操作的单位是整个基因,因此,基因工程是在分子水平上进行的改造和设计生物的结构和功能的生物工程技术。自 1973 年首次成功地实现 DNA 重组以来,在 30 多年的时间里,基因工程发展迅速,日益成熟,应用越来越广泛,已经成为现代生物技术的核心技术。

一、DNA 重组的基本工具

(一) 限制性内切酶

1960 年,瑞士科学家沃纳·阿尔伯在观察大肠杆菌时,发现了一种能切割 DNA 的酶。1968 年,他首次分离出这种酶,并命名为"限制性内切酶"。1970 年,美国约翰·霍普金斯大学微生物学家史密斯成功地分离出专一性很强的 DNA 限制性内切酶,这种酶能够专一识别 DNA 序列,并在 DNA 链上确定的位点处将其切开。此后新的内切酶不断被发现和分离,目前已从约 300 种不同的微生物中分离到了 500 多种限制性内切酶。

正是由于这种具有特异性识别和切割功能的限制性内切酶的发现,使我们可以在任何 DNA 分子上的特异的位点处将其剪断,获取特定的 DNA 片断,对生物的基因组织结构进行深入的分析和研究,为 DNA 的重组建立了基础。因此,限制性内切酶又被形象地称为"分子剪刀"。它是大自然赐予人类的珍贵礼物之一。

(二) DNA 连接酶

1967 年,包括科学家阿尔伯、史密斯等在内的世界上 5 个实验室几乎同时而且独立地从大肠杆菌中分离并提取出了连接酶。这种酶能神奇地将 DNA 分子相邻的两端或是被"剪刀"断开的 DNA 片断重新连接起来,修复好 DNA 链的断裂口。因此,连接酶又被形象地称为"分子针线"。它和内切酶是一对好搭档,一个切,一个接,共同在 DNA 分子重组中扮演重要角色。只要在用同一种"分子剪刀"剪切的两种 DNA 碎片中加上"分子针线",就会把两种 DNA 片段重新连接起来。

正是因为有了限制性内切酶、连接酶等一系列基因工程的"重要工具"的发现,人们才能够将所需要的目标基因与基因载体重组,并顺利地导入到受体细胞中,黏在受体细胞 DNA 的特定位置上,使基因工程得以实现。

二、基因工程的操作程序

（一）获取所需的基因（目标基因）

目标基因可以从生物基因中分离，具体操作方法是：首先从某种生物特定的细胞中取出染色体，去掉染色体上的蛋白质，剩下的就是 DNA 分子；再根据目标基因在 DNA 分子上的确切位置，利用限制性内切酶，在特定位置上切断 DNA 分子，就可以得到所需要的基因了。

目前，人们已经能够通过多种途径和方法来获取目标基因，如利用反转录酶来取得天然基因，采用化学合成的方法制取目标基因等。

（二）将目标基因与基因载体相结合

基因载体的任务就是将目标基因送回到生物体内去检测其生物活性。

为什么要将目标基因与基因载体结合，而不能直接用显微注射法把目标基因直接引入受体细胞中去？因为世界上的任何生物都有保卫自己不受异种生物侵害和稳定地延续自己种族的本领。异源基因如果单独直接闯入受体细胞中去，就会被受体细胞中的限制性内切酶所破坏，既无法保存，更谈不上增殖和发挥功能。因此，为了使目标基因能顺利进入受体细胞，并能够在受体细胞中复制和表达，必须将目标基因与一种特别的 DNA 分子重组，这种特别的 DNA 分子就是基因载体。

（三）重组目标基因的导入

将外源重组目标基因转入到受体细胞中的过程，称为基因导入或基因转移。外源重组目标基因在受体细胞中要能够自主复制、转录、翻译，得以表达。由于受体生物特征的差异以及基因工程目的的不同，基因导入的方法也就不同。主要有转化、转染、电穿孔导入法、基因枪射入法、显微注射法、脂质体介导法等。

（四）转基因细胞或个体的鉴别与筛选

在对受体细胞进行了外源重组目标基因的导入处理后，有些细胞可能并没有外源基因的进入，而有些细胞可能在导入外源目标基因后因各种原因而不能使外源基因表达。

因此,必须对被进行了基因转移处理的细胞或个体进行鉴别,以筛选出导入了外源目标基因的转基因细胞或个体。

（五）对筛选出的转基因细胞或个体进行培养、检测

最后,对筛选出的转基因细胞或个体进行大量培养,并检测导入的外源基因是否表达。如果以上工作都获得了成功,则基因技术工程就实现了。

1972 年,美国斯坦福大学生物化学家伯格使用一种限制性内切酶切开 SV40 病毒的环形 DNA,再用同一种酶切外源 DNA 片断,两者很容易黏合,形成种杂交分子,世界上第一批重组的 DNA 分子诞生了。这标志着基因工程技术实验与应用研究的启动。

目前,基因工程技术在人类疾病治疗,动物、植物和微生物领域的实验研究与应用方面发展迅速,并受到人们的高度关注。

三、人类基因性疾病的研究与基因疗法

对于人类本身,自人类基因组图谱绘制完成之后,认识各种疾病基因以及这些基因同其他基因和环境的相互作用,成为科学家们进一步深入研究的重大课题。有专家预言,在 2010～2020 年间,对困扰人类的一些疑难疾病来说,基因疗法将成为一种普通的治疗方法。

基因疗法是指用基因工程技术将修补好的或经改造的基因注入人体,替代不正常基因进行工作而达到治疗目的。对基因疗法的研究始于 20 世纪 70 年代末,目前,研究工作已有很大进展,在美国、中国、荷兰已进入临床试验性治疗阶段。

（一）遗传病的基因疗法

目前,已知的遗传病有 5000 多种,如先天愚型、先天缺陷患儿、先天性心脏病、糖尿病等。在美国,因患遗传病住院的人数占病床总数的 1/4;在我国,遗传病的相对发病率呈逐年增加的趋势。

科学研究发现,遗传病都是由于遗传基因的结构和功能出现问题而引起的。因此,科学家们设想通过矫正缺陷基因或替换不正常基因的方法,从根本上治愈遗传病。

2001 年 4 月底,法国巴黎纳盖尔医院宣布,利用基因疗法对患有遗传性免疫缺乏症的两个孩子进行了治疗并获得成功,使他们有可能像正常儿童一样生活,而不用再生活在无菌玻璃罩中。

（二）癌症的基因疗法

1983 年以来，科学家们共发现了约 36 个人类癌基因，并发现 70％的癌基因集中在染色体遗传学较弱的片断附近。这个区域对化学致癌物、物理辐射特别敏感，基因容易发生改变。如果染色体从某个癌基因处发生断裂，则正常的基因控制系统就会被破坏，从而导致癌变。

近几年，癌症的基因疗法研究取得了令人瞩目的突破。目前，癌症的基因疗法的研究方向主要在五个方面：① 导入信息药物抑止癌恶性基因的表达；② 导入外源基因增强正常细胞对化疗和放疗的抗性；③ 导入外源病毒酶基因，在肿瘤细胞内将低毒的原药转化为高毒药物，有针对性地杀伤癌细胞；④ 导入细胞因子基因，刺激对癌细胞的免疫反应；⑤ 导入外源基因纠正抑癌基因的缺陷，恢复抑癌功能。

2006 年，美国癌症研究所（NCL）共对 17 名患有重症皮肤癌——黑色素瘤的病人实施了基因疗法，其中两人疗效显著。这种基因疗法的具体方法是将病人的一种名为"T 细胞"的免疫白细胞取出一部分，对其进行基因改造，然后再输回病人体内。经过改造的 T 细胞能进行自我复制，而且能产生某种癌细胞抗原受体。这种抗原受体能识别黑色素瘤细胞，并引导 T 细胞"群起而攻之"。美国癌症研究所首席外科专家史蒂文·罗森伯格说，两名患者经过 18 个月的治疗，目前肿瘤已经消失，没有任何复发迹象。专家认为，这是世界首例通过改变人体免疫细胞基因来治疗癌症的基因疗法，它在临床试验阶段的成功具有重大的意义。

（三）心脏病的基因疗法

目前，世界各国的遗传学家正在对引起冠心病的约 12 个基因进行攻关研究。1983 年，遗传学家迈克尔·布朗和约瑟夫·戈尔茨坦首次发现了与冠心病有关的一种有缺陷的基因，携带这种基因的人，不能有效地清除能引起冠心病的低密度脂蛋白，约每 500 人中有一人携带这种变异的基因。布朗和戈尔茨坦的发现使他们获得了 1985 年诺贝尔医学奖。近几年，又发现了另一种有缺陷的基因，这种基因阻碍人体产生高密度脂蛋白，而高密度脂蛋白能清除血管壁上的胆固醇。这种基因与在 40 岁以后发生的冠心病有关联。大约每 25 人中就有一人携带这种基因，因而使它成为心血管疾病最常见的基因诱因。

2001 年 12 月，美国研究人员采用给危重冠心病患者注射利于内皮血管生长和增长的基因（VEGF），而使患者心脏的血流量增加，病症得以缓解。接受这种疗法的 16 位患者中,9 位患者受损的冠心区冠状动脉部分或全部恢复了活力。每周心绞痛的平均次数由治疗前的 48 次降至目前的 2 次。

除此之外,基因疗法在治疗糖尿病、血友病、关节炎等疾病的研究方面也取得了一定进展。基因疗法研究是一项艰难而充满风险的工作,目前对基因疗法研究的进展并不是很快。基因疗法在成为标准的治疗方式之前,尚有许多障碍需要克服。

我国对人类基因组研究十分关注,在国家自然科学基金、"863 计划"以及地方政府等多渠道的经费资助下,北京、上海两地已建立了具备先进科研条件的国家级基因研究中心,在基因工程研究的关键技术和成果产业化方面均有突破性进展。目前,我国人类基因组研究已经走在世界先进行列,在蛋白基因的突变研究、血液病的基因治疗、食管癌研究、分子进化理论研究、白血病相关基因的结构研究等项目的基础性研究上,有的成果已处于国际领先水平,有的已形成了自己的技术体系。而乙肝疫苗、重组 α 型干扰素、重组人红细胞生成素,以及转基因动物的药物生产器等 10 多个基因工程药物,均已进入了产业化阶段。

四、转基因动物研究及应用

对于动物、植物等其他生物体,人类能够根据需要利用基因工程技术对生物体有利经济的性状的基因进行组合,因此,具有潜在的巨大生产力和经济价值。

1982 年,美国科学家应用 DNA 重组技术构建了牛的生长激素重组基因,用显微注射的方法,将其注入到小鼠受精卵的雄性原核中,培育出快速生长、个体比普通鼠大一倍的"超级鼠"。"超级鼠"的诞生,拉开了转基因动物研究的序幕,经济动物转基因研究在世界范围内迅速兴起。目前,人们对兔、鱼、牛、羊、猪、鸡等经济动物的转基因研究已经取得了一系列令人振奋的成果和进展。

(一)转基因鱼

鱼类是最重要的经济动物之一,也是人类食物的主要蛋白质来源之一。因此,利用转基因技术对养殖鱼类的生产性能和商品品质进行优化组合,是具有巨大经济价值的研究目标。

近 20 年来,我国在淡水鱼类的抗病育种上取得了可喜的研究成果。1985 年,我国基因工程学家朱作言领导的研究组将人的生长激素基因通过显微注射法导入泥鳅的受精卵中,培育出生长速度快、个体超大的超级泥鳅,在世界上第一次获得了外源基因表达成功的转基因鱼。现在,朱作言研究组又与我国从事鱼类发育与育种研究的刘筠研究组共同合作,将重组的草鱼生长激素基因分别导入了四倍体鱼品系和二倍体鲤鱼品系,得到了生长优势明显的转基因四倍体鱼群体和二倍体鱼群体。有望在几年之内，生产性能卓越、商品品质优良、食用安全的转基因鲫鱼和鲤鱼将投入大规模生产。

目前，世界各国的几十个实验室对鲤鱼、鲫鱼、泥鳅、鳟鱼、鲑鱼、大马哈鱼等十几种鱼类进行了转基因研究，其中多例获得表达，有的还能遗传后代。据报道，加拿大、新加坡、美国等国的科学家合作将大马哈鱼的生长激素基因转移到鲑鱼的受精卵中，培育出比普通鲑鱼大 36 倍的特大型转基因鲑鱼。

（二）转基因哺乳动物

与鱼类不同，哺乳动物都是体内受精和体内发育的。因此，制备转基因哺乳动物的难度比制备转基因鱼类的难度要大。

1. 动物乳腺生物反应器技术

在现阶段，培育转基因哺乳动物的主要目的是利用其乳腺作为生物反应器，高效生产人类所需要的蛋白质药物。利用转基因动物-乳腺生物反应器来生产基因药物，就好比在动物身上建"药厂"，从动物的乳汁中源源不断地获得目标基因的产品。与传统的制药技术相比，具有不可比拟的优越性，主要表现在：产量高、易提纯、具有稳定的生物活性、投资成本低、药物开发周期短和经济效益高等。国外经济学家曾算过一笔账，若用其他生产工艺（如哺乳动物细胞株培养系统）来生产 1 g 药物蛋白质，成本需 800～5000 美元，而利用转基因动物的乳腺反应器只需 0.02～0.5 美元，如将干扰素基因、乳铁蛋白基因等转入奶牛，利用转基因牛乳腺生产的药用蛋白比利用细胞培养生产的成本可低近一万倍。从药物生产开发周期来看，普通新药从研制开发到上市，整个过程需 15～20 年，如果利用转基因动物-乳腺生物反应器，新药生产周期为 5 年左右。而从目标基因导入受精卵到成熟泌乳，转基因羊只需 18 个月，转基因牛也只要 25～29 个月。

在目前技术水平下，转基因羊与转基因牛相比，其制备成本低、难度小，因此，利用转基因羊来生产药用蛋白是当前的最佳选择。到目前为止，人们已经将人的凝血酶原激活酶、抗胰蛋白酶（是治疗遗传性 ATT 缺乏症和肺气肿的重要药用蛋白质）、凝血因子 IX、生长激素、白细胞介素 2、尿激酶等重要的药用蛋白质基因与多种乳腺特异性启动子重组，培育出了转基因绵羊和山羊，合成的药用蛋白质都分泌到了乳汁中。

在我国，动物乳腺生物反应器技术研究为国家"973 计划"和"十五"攻关重大课题。早在 20 世纪 80 年代履吉院士就提出乳腺生物反应器的设想，并与他的合作者一起成功地获得了表达乙肝病毒表面抗原的转基因兔，为通过转基因动物获取珍贵药品打下了基础。之后，上海医学遗传研究所与复旦大学遗传所合作，于 1996 年 10 月成功研制出 5 头携带有人凝血因子 IX 基因的转基因羊（3 公 2 母），其中 1 头母羊已于 1997 年 9 月生产,进入泌乳期,其分泌的乳汁中含有活性的人凝血因子 IX 蛋白,这种凝血因子是治疗血友病的珍贵药材。中国科学院发育生物学研究所与扬州大学合作,将 EPO 基因(促红细胞生成素)和人乙型肝炎表面抗原基因(HbsAg)导入山羊,获得了两种乳腺特异表达的转基因山羊。

在转基因猪研究方面,有人已经将人的珠蛋白基因转移到猪的受精卵中,培育出的转基因猪在血液中出现了人的血红蛋白。这项研究对利用转基因猪生产的人血红蛋白来辅助医疗输血带来希望。同时,利用转基因猪来生产人类医疗移植的器官,解决器官来源问题的研究正在进行之中。

2. 转基因动物食品正走近人类

尽管人们对转基因食品还心存疑虑,但大量的转基因植物食品,如转基因大豆、玉米、西红柿等已经来到我们身边。与此同时,转基因动物食品也正走近人类。

虽然目前转基因动物食品还未获得市场的"准入证",但研究人员一直没有放弃对这类产品的开发,因为这是一个市场潜力巨大的高科技产品。2005 年,美国波士顿大学的研究人员从土壤中的线虫中提取出脂肪-1 基因,然后将这种基因转移给实验动物小鼠,结果在转基因小鼠体内发现了较多的 $\omega-3$ 脂肪酸,而且它们的后代也富含 $\omega-3$ 脂肪酸。研究人员认为,用同样的方法也可以培育出富含 $\omega-3$ 脂肪酸的鸡、牛、羊、猪等。美国波士顿麻省总医院的研究人员也正在培育能产下富含 $\omega-3$ 脂肪酸蛋的鸡。由于 $\omega-3$ 脂肪酸早已证明对人体健康十分有益,它可以预防高血压病和心脏病的发生、阻止血管硬化、有利于大脑的发育,同时,还能够减少老年痴呆症的发生,因此,富含 $\omega-3$ 脂肪酸的鸡、鸡蛋、牛、羊、猪等食品无疑是今后占领市场的高科技产品。尽管如此,出于对环境和人类健康安全性的考虑,转基因动物食品的上市也不会像转基因鱼那样很快获得美国 FDA 的批准。

(三)转基因家禽

用转基因技术改造现有家禽品种的遗传特性,可以提高家禽的抗病能力、提高饲料转化率、降低禽蛋中的胆固醇含量和脂肪含量以及改善禽肉的品质等。但是,用目前的技术直接制备转基因家禽的难度相当大。

2007 年 1 月,英国爱丁堡罗斯林研究所的科学家们培育出了第一代转基因鸡,这种鸡所产的鸡蛋中含有可以治疗癌症和其他疾病的药用蛋白。科学家们先从母鸡的体内取出雄性胚胎,对这些胚胎进行基因修正,使其基因中含有人类蛋白质,然后再注入普通鸡蛋,这些鸡蛋孵化出的公鸡与普通母鸡繁衍出的下一代就是转基因鸡。目前,他们已培育出若干个品系的转基因鸡,可以产生针对不同疾病的多种医用蛋白。如:含有人类干扰素的转基因鸡蛋可广泛用于治疗多种硬结症,每年这种药品在全球有几百万英镑的市场需求;含有 Mir24 的一种转基因鸡蛋,可以治疗关节炎。除此之外,该研究所还针对皮肤癌等癌症培育出了一系列转基因鸡。许多疑难病症如帕金森症、糖尿病和一系列癌症的治疗有望通过这种技术取得突破。目前这种鸡在食用安全性问题上,还有待于进一步研究论证。

五、转基因植物研究进展与应用

植物细胞具有全能性,在理论上,植物任一部位的细胞都可以通过培养和诱导再生出完整的植株。因此,用基因工程的方法改造植物、制备转基因植物要比改造动物、制备转基因动物容易得多。目前,转基因技术已经广泛应用于多种植物的生物遗传改造。如:水稻、小麦、大麦、黑麦、玉米、马铃薯等粮食作物;棉花、大豆、烟草、向日葵、亚麻、甜菜等经济作物;番茄、甜椒、胡萝卜、黄瓜等蔬菜作物;梨子、苹果、葡萄、草莓等水果;以及兰花、康乃馨等花卉。据报道,目前世界上转基因农作物的播种面积已经达到 4000 万公顷,到 2010 年,预计全世界转基因农作物的市场总值将达到 3 万亿美元。

目前,转基因植物的研究目标主要是:(1)提高农作物产量,改良农产品品质;(2)研制抗虫转基因农作物;(3)研制抗病毒转基因植物;(4)培育耐干旱、低温、盐碱的转基因农作物;(5)培育可作为生物反应器的转基因植物,产生出可分解的塑料原料、医药用蛋白质、工业用脂肪、糖类等;(6)培育能固氮的转基因作物等。

近几年,我国的转基因植物研究和产业化进程成绩喜人。Bt 基因是最早被利用的杀虫基因。自从 1987 年我国首次获得转 Bt 基因的烟草和番茄以来,已相继获得了转 Bt 基因的棉花、水稻、玉米等。在国家"863 计划"的支持下,中国农业科学院生物技术研究所成功地人工合成和改造了 Bt 基因,并将 Bt 基因转入棉花主栽品种,获得了高抗棉铃虫的转基因棉花品种和品系,总体抗虫能力达到 80% 以上,目前具有我国自主知识产权的抗虫棉花已大面积推广使用。

2003 年,韩国汉城大学生物工程研究所用基因分割转移法培育出高产荞麦新品种。这种新品种是将野生荞麦中的遗传基因分割转移到人工栽培的荞麦中,然后经过 4 代杂交后获得稳定的新种。新品种荞麦的特点:抗病力强、自花授粉率高、产量比普通品种提高 55%～65%。

六、转基因微生物及应用

转基因微生物的研究,其目的是利用微生物的生物合成能力和工业化发酵过程,大规模生产微生物本来不能合成的或合成量很少的各种重要物质和工业原料。由于微生物的结构和生活都相对比较简单,基因的表达调控易于人工控制,因此,对微生物进行基因过程操作也相对比较方便和容易。所以,微生物基因工程是目前技术比较成熟、应用成果比较多、研究比较活跃的基因工程领域。

微生物基因工程主要应用于各种重要的人蛋白药物的生产,抗生素的生产、大分子多聚物的生产,以及生物净化、清除污染等领域。许多已经造福于人类的基因工程成果大多是用转基因微生物生产的。

在转基因微生物生产药用蛋白质方面,目前已有 20 多种经过严格的动物检测和临床测试后,经批准已经投入市场,主要是干扰素、胰岛素、人和动物用的生长激素等。

目前,基因工程技术正以令人目不暇接的速度迅速发展,包括 PCR(聚合酶链式反应法)基因扩增技术、DNA 序列测定技术、基因突变技术等一大批新技术正在走向成熟。

知 识 点 归 纳

1. 现代生物技术,又称为生物工程。它是以现代生物科学的理论和方法为基础,按照人类的需要改造和设计生物的结构和功能,以便更经济、更有效、更大规模地生产人类所需要的生物产品的技术。

2. 现代生物技术主要包括:细胞工程、基因工程、蛋白质工程、酶工程和微生物(发酵)工程。其中细胞工程和基因工程是现代生物技术的核心。

3. 细胞工程是指在细胞水平上重组细胞的结构和内含物,以改变生物的结构和功能的生物工程技术。细胞工程是生物工程的核心技术。

4. 细胞培养技术是将动物或植物的器官、组织或经处理分散的细胞,置于模拟生物体内环境的培养基中培养,使其在离体情况下生存、生长、发育乃至繁殖的技术。细胞培养又称为组织培养,它是整个生物工程重要的基础技术。

5. 动物的细胞虽然具有遗传的全能性,但除卵子以外,都不具有发育的全能性。

6. 细胞融合技术是通过人工诱导把两种或两种以上遗传性不同的生物细胞融合在一起,从而获得兼备两个亲本遗传性状的杂交细胞的技术。

7. 抗体是生物体内产生的一种对入侵病菌起抵御作用的蛋白质。而专门对某种抗原起抵御作用的单一纯净的抗体,即单克隆抗体。

8. 通过胚胎移植技术产生的羊,称为试管羊;通过细胞核移植技术产生的羊,称为克隆羊。

9. 细胞核移植技术是指将一个细胞的细胞核移植到另一个去核的卵细胞中,形成具有新的遗传基因的生物个体的技术。

10. 染色体工程是指以染色体为操作单位,通过染色体的添加、换代、易位等方式有目的地改造生物的结构和功能的技术。

11. 基因工程是利用 DNA 重组技术进行生产或改造生物产品的技术。

12. 基因疗法是指用基因工程技术将修补好的或经改造的基因注入人体,替代不正常基因进行工作而达到治疗的目的。

思考与探索

1. 什么是细胞工程? 细胞工程的主要工作领域有哪些?
2. 简要说明基因工程的基本原理和操作程序。
3. 阐述转基因技术在农业上的应用。
4. 什么是动物乳腺反应器技术? 简述我国动物乳腺反应器技术的最新研究成果。
5. 查阅资料:转基因动物研究的最新成果。

第十三章　21世纪生物技术的热点领域

本 章 导 读

　　本章将介绍当前生物工程技术中三个热点领域的研究现状和发展前景。它们是克隆技术、生物芯片和干细胞的研究。

　　目前,生物技术在世界各国备受重视,它的成果已经在解决人类的粮食、能源、医疗、环境等问题上显示出了重要作用。现代生物技术作为能够改变人类未来的最重大的技术之一,已经成为21世纪高技术的核心。我国高科技的"963"计划和"十一五"攻关课题,也把生物技术列为重点发展项目。2003年,中国科学院院长路甬祥称:中国的生命科学近几年发展较快,许多领域已走到了世界前列,是中国未来最有希望获得诺贝尔奖的领域。

第一节　克隆技术的研究现状与应用

　　1997年2月23日,英国爱丁堡罗斯林研究所利用绵羊自身的体细胞,运用克隆技术,培育出世界上第一只哺乳动物克隆体——克隆绵羊"多莉"。多莉的诞生,意味着利用人的体细胞也可能"克隆"出人来,因此,引起了全世界的关注和关于克隆人的争议。

一、克隆与克隆技术

(一)克隆的概念

　　"克隆"一词来源于英文"clone"的音译,即"无性繁殖"。在生物学术语里,克隆是指从同一个生物个体经过无性繁殖而来的,具有与母体完全相同的遗传基因的后代以及由这些后代所组成的群体。克隆的本质特征是生物个体在遗传组成上的完全一致性。

（二）关于克隆技术

克隆有植物克隆和动物克隆，两者在技术操作上是有区别的。

植物克隆是指从植物体细胞（或枝条和小芽）直接再生出的新个体。由于植物的体细胞具有发育的全能性，因此植物克隆技术相对来说非常简单。许多植物都可以通过植物组织培养、扦插或嫁接的方法，产生出大量在遗传上完全一致的克隆植株。植物克隆不仅不需要经过受精过程，而且完全不需要生殖细胞的参与。

动物克隆是指不经过受精过程，而通过细胞核移植技术，将体细胞的细胞核移植到去核卵细胞中，再运用生物学方法，诱导卵子发育而形成的新个体。由于所有高等动物的体细胞虽然具有生物个体的全部遗传基因，但都没有发育的全能性，不能单独发育成为一个完整的生物个体，只有卵子才具有发育成生物个体的能力，因此动物克隆需要卵子的参与。动物克隆技术特别是哺乳动物克隆技术，不仅技术难度非常大，而且技术程序也非常复杂。

动物克隆技术的操作程序包括四个方面：① 供体细胞（提供细胞核的体细胞）的准备；② 去核卵细胞的准备；③ 细胞核移植；④ 克隆动物胚胎的培养。

由于克隆细胞与母体细胞的基因完全相同，所以，由克隆细胞培育和繁殖出的克隆动物，其性状与母体完全相同。

二、多莉并不是与母体完全一样的克隆

克隆绵羊"多莉"的克隆过程：首先，科学家们从一只 6 岁的芬兰母羊的乳腺中提取出一个普通细胞，将这个细胞的细胞核分离出来备用。再从苏格兰黑面母羊体内取出未受精的卵细胞，通过显微操作的方法移出卵细胞的细胞核，并将芬兰母羊的乳腺细胞核与苏格兰黑面母羊的去核卵细胞融合，再将重组的卵细胞放电激活，促使它分裂发育成胚胎。最后，当胚胎生长到一定程度时，将它植入第三只母羊的子宫中，经过正常妊娠产下"多莉"。因此，克隆绵羊"多莉"没有父亲，但却有三位母亲。

我们知道，任何一个高等生物的细胞或个体都有两套独立的遗传系统。一套是由细胞核里的全部基因所组成的遗传系统，这是主要的遗传系统，负责生物体结构和细胞绝大部分的生命活动；另一套是由细胞质里的线粒体、叶绿体中的 DNA 所组成的细胞质遗传系统，线粒体在细胞生命活动中具有极其重要的功能，与许多生理活动密切相关。细胞质遗传系统与细胞核遗传系统有着密切的关系，但是线粒体、叶绿体 DNA 上的基因是

细胞核的染色体上所没有的,因此细胞质遗传系统的功能不能由细胞核遗传系统来代行。由于动物的精子不为后代提供细胞质,所以高等动物的线粒体都是来自于母亲,与父亲无关。

克隆羊多莉的细胞核来自于芬兰母羊,细胞质来自于苏格兰黑面母羊,所以多莉是芬兰母羊的复制体。但多莉的细胞质与芬兰母羊是不一样的,线粒体DNA分析也确认了多莉的线粒体来自于苏格兰母羊。所以,多莉在遗传上并不是与芬兰母羊完全一样的复制体。多莉在生理上与其母体也有着明显的差别。

但是多莉的诞生的确显示了用克隆技术复制与母体完全一样的生物个体的可能性。如果去核卵细胞和体细胞是来自于同一个生物个体,产生的个体才是与母体完全一样的克隆。

三、克隆技术的研究进展与应用

(一)克隆技术的早期发展状况

20世纪60年代,英国科学家利用青蛙肠子上的皮细胞的细胞核进行移植,培育出"克隆青蛙",揭开了克隆时代的序幕。70年代,我国生物学家童第周,将红鲤鱼的细胞核与鲫鱼的细胞质进行组合,培育出"鲤鲫移核鱼"。这种鱼生长快、肉味美、蛋白质含量高。90年代开始,科学家们将含有遗传信息的细胞核,移植到一个没有受精的去核卵细胞中,开始了哺乳动物的克隆试验研究。

(二)体细胞克隆哺乳动物的研究进展与应用

1. 世界上第一只克隆哺乳动物的诞生

1997年2月,英国爱丁堡罗斯林研究所的科学家正式宣布,世界上第一只哺乳动物的克隆体——克隆绵羊"多莉"诞生。

1998年4月13日,"多莉"顺利产下雌性小羊羔"邦妮",证明克隆羊具有正常生育能力。

1999年12月,罗斯林研究所的科学家发现,他们用克隆"多莉"的方法克隆出4只基因完全相同的克隆羊。这四只克隆羊的性别与提供体细胞的成年动物一致,但长大后其外观和性情并非完全相同。

2005年6月23日,降生在陕西杨凌西北农林科技大学种羊场的世界首批成年体细胞克隆山羊"阳阳",迎来了她5岁的生日,据"阳阳"的培育者、我国著名动物胚胎工程专家张涌教授介绍,目前已四代同堂做了太姥姥的"阳阳",经全面检查生长发育一切正常,没有出现人们所担心的克隆动物早衰和多病的现象,如今"阳阳"和她的女儿"庆庆"、外孙女"甜甜"、曾孙女"笑笑"无忧无虑、幸福健康地生活在一起。据了解,张涌教授目前正在从事利用克隆技术进行动物乳腺生物反应器的研究工作,并已取得了重要的进展。

2. 克隆牛

1998 年 2 月,法国克隆牛"玛格丽特"出生。但它出生不久就发生脐带感染,一个多月后不治死亡。经研究确认,玛格丽特存在严重的基因缺陷,克隆过程严重干扰了小牛正常的基因功能,从而使它的免疫功能低下,无法抵御疾病和感染的困扰。

1999 年 2 月,韩国汉城国立大学成功克隆出一头雌性小牛。

1999 年 6 月,著名华裔科学家杨向中用牛耳皮细胞培育出克隆牛"艾米"。2000 年,他又用一头 13 岁的老母牛的体细胞成功地克隆出 10 头牛犊,并发现所有这些克隆牛的"生物"年龄与其他正常生育的牛犊完全一样。通过 DNA 分析发现克隆后代并无早衰现象,排除了成年动物的克隆后代可能出现未老先衰的疑虑。

日本在克隆牛研究中居于领先地位,到 1999 年 9 月,日本开展克隆牛研究的单位达90 个,培育出体细胞克隆牛 98 头。

2001 年 10 月 13 日,中国首例克隆牛在深圳市绿鹏公司转基因动物繁殖基地诞生,1小时后不幸夭折。12 月 22 日,中国山东莱阳农学院利用牛胎儿皮肤上皮细胞克隆的两头牛犊"康康"和"双双"诞生并健康存活。

2006 年 1 月 2 日,由中国农业大学李宁教授主持的转基因体细胞克隆牛项目,在成功培育了第一批转基因体细胞克隆牛的基础上,又从中选出 4 头乳腺高表达的具有极高商业价值的转基因体细胞克隆牛进行再克隆实验研究,成功培育出了 6 头小母牛。这批"二次克隆"牛来源于 1 头健康的转基因体细胞克隆牛耳朵成纤维细胞。专家表示,这批再克隆牛的出生,代表我国利用动物乳腺生物反应器技术和转基因克隆技术已经达到世界先进水平,为具有巨大经济价值的克隆体规模化生产打下了坚实基础。

3. 克隆猪

2000 年 3 月 5 日,英国 PPL 公司利用与克隆羊"多莉"相似的技术首次成功克隆了 5只小猪。由于猪易于繁殖,其器官在大小和功能上与人体器官较为接近,因此,科学家们设想将转基因技术与克隆技术相结合,培育转基因克隆猪,以解决人类器官移植手术中的器官来源问题。

2005 年 8 月 5 日,我国第一只克隆小香猪在河北诞生。负责该项目的中国农业大学潘登科博士介绍,经过一年多的科技攻关,课题组总共进行了 3 次试验。同年 1 月份,课题组先后将实验室构建的克隆胚胎植入了 16 头白色母猪体内进行试验,结果其中一头怀孕并顺利生产。目前,克隆小猪健康状况良好。据潘登科博士介绍,猪的体细胞克隆难度比牛、羊大得多,此前仅有英国、日本、美国、澳大利亚、韩国及德国获得过猪的体细胞克隆后代,我国因此成为第7个拥有自主克隆猪能力的国家。此外,开展猪的体细胞克隆具有极其重要的意义,在医学上可以为人类异种器官移植研究以及疾病模型研制提供理想的材料,在农业上可以丰富地方猪品种改良以及作为地方优良猪种保种的手段。

4. 克隆猫

2002年初,世界上第一只体细胞克隆猫诞生了,名为CC(Copy Cat,即复制猫)。这只克隆猫是美国科学家用传统方法培育出的,由于猫的毛皮颜色等不仅仅与基因有关,所以,CC花白的毛色与生它的花斑猫母亲完全不同,与它的基因母亲也不完全相同。CC来到这个世上很不容易,科学家共进行了188次实验才获得成功。

2003年6月,美国“遗传存储与克隆”公司采用染色质转移技术成功克隆了两只猫。这种新技术比传统克隆技术更安全有效,克隆出的动物与基因提供者之间的相像度很高。这两只名为“塔布利”和“巴巴·嘉奴氏”的小猫都是借腹孕育。

5. 克隆兔

2002年4月,法国农业研究所成功地推出了世界上首批克隆兔。由于兔卵的活化和附着时间很难掌握,因此克隆兔比克隆其他哺乳动物的难度要大得多。法国科学家们采用了和克隆羊“多莉”一样的方法,培育了2000多个转基因卵细胞,但最后只有6只培育成功,其中2只在哺乳期夭折。在存活的4只兔子中,两只已经产下了健康的后代。

科学家们希望这些克隆兔的诞生能为人类医学研究以及药物提炼提供方便。一般在动物实验中常使用老鼠,但是法国科学家相信,兔子可能是比老鼠更好的实验材料,因为它们在生理上和人类更接近,从进化的角度说,兔类比鼠类更加接近灵长类动物。科学家通过基因改造可以让这些兔子患上人类常患有的疾病,然后找出发病原因和治疗办法。克隆兔的成功诞生,意味着通过实验室可以获得大量基因上完全相同的兔子用于医学研究,帮助人们找到一些疾病的发病原因以及治疗方法。在动物乳腺生物反应器技术的研究中,兔子是最理想的动物。虽然兔子的产奶量比羊低,但是兔子比羊容易照顾和喂养,从母体受孕到幼兔产奶一般不出半年。因此,如果科学家能改造兔子,让它们的乳液中含有一些能治疗人体疾病的有用物质,那么克隆兔子就可以成为大规模生产这种物质的一种好方法。正基于此,法国科学家们克隆出了这些兔子,并使克隆家族再添新成员。

6. 克隆骡

2003年5月,美国科学家成功培育出一头小公骡,取名“爱达荷宝石”。骡子是驴、马交配而成的杂交动物。父亲是驴,母亲是马,骡子的染色体为单数,无法分裂,不能形成成熟的生殖细胞,因此,通常骡子没有生育能力。

“爱达荷宝石”是科学家在经过了307次尝试和几十次失败的怀孕后,终于顺利降生的克隆体。

7. 克隆猴

2000 年 1 月，美国科学家第一次成功地克隆出灵长类动物——克隆猴"泰特拉"。"泰特拉"采用的是与克隆羊"多莉"完全不同的方法——胚胎细胞克隆技术，即科学家将一个含有 8 个细胞的早期胚胎分裂为四份，再将它们分别培育成新胚胎，唯一成活的只有"泰特拉"。与"多莉"不同的是，"泰特拉"既有母亲，也有父亲，它只是人工"四胞胎"之一。科学家将利用这些克隆猴进行糖尿病和帕金森症的研究。

8. 克隆大熊猫早期胚胎

1999 年 3 月，中科院动物研究所和福州大熊猫研究中心合作首次培植成功异种克隆大熊猫早期胚胎，这表明我国的大熊猫研究再次走到世界前列。

对动物进行同种克隆是有条件的，例如克隆"多莉"羊，必须有三只母羊同时参加试验。全世界的大熊猫总数约 1800 只左右（人工圈养 160 多只，野生放养约 1600 只），其中 78％的雌性大熊猫不孕，90％的雄性大熊猫不育，因此每年能排出成熟卵子的雌性大雄猫只有 100 多只，自然繁殖和人工繁殖的成功率都很低，要取得多个成熟卵细胞进行同种克隆试验几乎不可能。

1997 年 3 月，中科院动物研究所陈大元教授首先提出"异种克隆大熊猫"的设想，就是将大熊猫的体细胞植入另一种动物的成熟卵细胞内。但哺乳动物的异种克隆在国内外尚未有成功先例。福州大熊猫研究中心全力支持陈大元教授的研究，1998 年 10 月 11 日，科研人员选择了一只年轻的雌性大熊猫，从它身上取下血液和乳腺等部位体细胞，经过培养将其植入去掉细胞核的兔子卵细胞内。半年后，培育出一批早期胚胎。经中科院专家测试证明，这些早期胚胎是世界上最早克隆出来的大熊猫早期胚胎。

克隆异种大熊猫研究有异种核质相容、囊胚着床和克隆个体 3 个难题，目前已经攻克前两个，若制备的胚胎能够在异种动物体内全程发育，克隆大熊猫就有可能成功了。也就是说，我国距成功克隆大熊猫只差最后一个难题了。陈大元称，为解决最后一个问题，他们已进行无数次试验，先后把大熊猫的体细胞与猫、兔等动物的卵子进行重构形成胚胎，再在猫、兔、黑熊等动物身上进行试验，均未成功。目前，科学家仍在进行试验。

我国利用克隆技术至少已经成功培育出克隆鼠、克隆猪、克隆兔、克隆羊、克隆牛等五种哺乳动物，虽然目前我国的克隆技术与克隆"多莉"的技术水平还存在差距，但仍处于世界先进水平。

四、关于克隆人问题

自从体细胞克隆羊"多莉"诞生后，从理论上讲，这种技术完全可以用来克隆人。一时间,关于克隆人的问题引起了世界性的争议。

（一）现有技术无法克隆人

2003年4月10日,美国《科学》杂志发表了科学家根据最新实验研究的分析结果,文章指出,运用现有技术水平可能无法克隆人。

美国科学家利用现有的4种细胞核移植技术,对724个恒河猴卵细胞进行了克隆实验,共获得33个克隆猴早期胚胎,但将它们移植到代孕动物体内后,这些胚胎无一真正孕育。而且目前根据体细胞克隆技术进行的克隆猴试验全部以失败告终。科学家们研究分析后发现,在剥离母猴卵细胞DNA时一种重要蛋白被破坏,从而导致被克隆卵细胞无法正常分裂生长,并引起染色体过度异常,直接造成母猴无法怀孕。

在通常情况下,染色体在复制和排列过程中需要借助纺锤体,但在克隆猴细胞中纺锤体结构出现紊乱,而且对克隆猴细胞纺锤体的形成具有重要作用的绝大多数蛋白质也出现缺损。其可能原因在于,灵长目动物繁殖过程中对纺锤体组装的要求比其他哺乳动物"更为严格"。

（二）克隆人的争议

在与人相关的克隆研究上,目前,科学界将其分为治疗性克隆和生殖性克隆两种。治疗性克隆是利用胚胎干细胞克隆人体器官和组织,供医学研究和临床治疗使用。生殖性克隆就是指通常所说的克隆人。

由于克隆人违背了生命伦理原则,因此世界上绝大多数科学家、国际人类基因组伦理委员会和各国政府都明确表示反对。而治疗性克隆能够解决人类器官移植治疗中紧缺的器官来源问题,对人类健康和医学研究具有重要意义,目前,美国、英国、日本等许多国家都在进行治疗性克隆的研究。但治疗性克隆与克隆人之间毕竟只有一步之遥,因此目前这项研究工作,科学家们一直是在秘密而谨慎小心地进行着。

我国政府和科学家的观点是,反对克隆人,但不反对治疗性克隆的研究,主张将克隆技术应用于医学或其他领域,为人民健康和医学研究服务。

第二节 生物芯片技术的研究及其应用前景

生物芯片技术产生于20世纪90年代初,它的出现是近年来高新技术领域中极具时代特征的重大进展,是物理学、微电子学与分子生物学综合交叉形成的高新技术。由于这一技术可能形成巨大的产业,因此成为 21 世纪国际生物技术研究与开发的热点。

一、什么是生物芯片和生物芯片技术?

生物芯片是指能对生物分子进行快速并行处理和分析的薄形固体器件,一般只有指甲盖大小。目前已开发出的生物芯片都是 DNA 芯片,又称基因芯片。

生物芯片技术通过微加工工艺在厘米见方的芯片上集成成千上万个与生命相关的信息分子,它可以对生命科学与医学中的各种生物化学反应过程进行集成,从而实现对基因、配体、抗原等生物活性物质进行高效快捷的测试和分析。简单地说,生物芯片技术是指对成千上万的 DNA 片段同时进行处理分析的技术,例如基因组 DNA 突变谱和 mRNA 表达谱的检测等。

生物芯片技术的具体方法,是将大量(通常每平方厘米点阵密度高于 400)探针分子固定于支持物上后与标记的样品分子进行杂交,通过检测每个探针分子的杂交信号强度来获取样品分子的数量和序列信息。

基因芯片技术的主要特点是:① 技术操作简单;② 自动化程度高;③ 序列数量大;④ 检测效率高;⑤ 应用范围广;⑥ 成本相对低。

二、生物芯片产生的时代背景

(一)遗传信息迅猛增长

随着人类基因组(测序)计划的完成以及分子生物学相关学科的迅猛发展,越来越多的动植物、微生物基因组序列得以测定,基因序列数据正在以前所未有的速度迅速增长。然而,怎样去研究如此众多基因在生命过程中所担负的功能就成了全世界生命科学工作者共同的课题。为此,建立新型杂交和测序方法以对大量的遗传信息进行高效、快速的检测、分析就成为生命科学研究领域一项重要而紧迫的任务。

(二)相关学科与技术的高度发展和相互渗透

当代与信息产业相伴随的计算机、精密机械等科学技术是大规模解析基因信息的基础,而基因芯片从实验室走向工业化却是直接得益于探针固相原位合成技术和照相平板印刷技术的有机结合以及激光共聚焦显微技术的引入。它使得合成、固定高密度的数以万计的探针分子切实可行,而且借助激光共聚焦显微扫描技术可以对杂交信号进行实时、灵敏、准确的检测和分析。

（三）科学的发展与人类的进步要求进行大规模基因信息的解析

鉴于基因芯片的多种用途和其远大的发展前景，不少生命科学研究机构和生物技术公司都先后参与了这项技术的研究。据不完全统计，目前仅国内就有 10 多家单位从事该技术的研究与开发工作，全世界估计至少有二三十家。其中主要代表为美国的 Affymetrix 公司。该公司专门从事 DNA 芯片的研究与开发，并且已有相关的产品和设备问世。Affymetrix 公司集中了多位计算机、数学和分子生物学专家，每年的研究经费在 1000 万美元以上，于 20 世纪 90 年代实现了 DMA 高密度的集成，目前已达到每个芯片上集成 40 万种不同的 DNA 片段。经历了 10 多年的研究与开发，它目前已拥有多项专利。

生物芯片技术已被广泛地应用于诸多领域，包括生物医学、临床诊断学和基因组学研究。像半导体技术一样，它的研究与开发已成为一个重要的产业方向。

三、世界上第一块生物芯片的产生及其影响

1996 年底，美国加州旧金山 AFFYMATRIS 公司 Steven Fodor 等充分结合并灵活运用了照相平板印刷、计算机、半导机、激光共聚焦扫描、寡核苷酸 DNA 合成、荧光标记探针杂交及分子生物学的其他技术，创造了世界上第一块 DNA 芯片或 DNA 阵列，即基因芯片。

基因芯片一出现就引起广泛的关注，在基因克隆的研究中首先得到了应用，如遗传作图、基因诊断、位置克隆、功能克隆和 DNA 序列分析等。更重要的是基因芯片技术能确定细胞的基因表达谱，随着人类基因组计划的实施，预计 3～5 年间将克隆完所有基因，若把人类所有基因制成的基因芯片用于科学研究，将开创生命科学研究的新纪元。

为什么基因芯片技术会产生如此巨大的反响，关键就在于它不仅仅是生命科学研究的技术革命，而且使生命科学的研究思维发生了深刻变化。对于复杂的生命系统，以往总采用单因素或多因素的分解分析方法，但因素间网络化的相互作用使传统的分解分析方法越来越难以适应当前生命科学研究的需要。基因芯片技术恰好能填补此空缺，它以一种综合、全面、系统的观点来研究生命现象，并充分利用了生命科学、信息学等当今带头学科的成果，它已成为后基因组时代生命科学研究强有力的工具，同时又带动了蛋白质芯片等生物芯片新技术的不断发明，使生命科学研究的思维方式正经历一场深刻的变革。

四、生物芯片的用途与应用前景

利用生物芯片技术,一次可以对被检测对象进行多个指标的检验。目前,生物芯片主要应用于生命科学实验研究和医学临床诊断等方面。

(一)生物芯片在生命科学研究上的用途与应用前景

目前,生物芯片等高新技术已成为发展生命科学的有力工具。

随着人类基因组计划的完成,通过基因芯片技术能确定细胞内所有基因的表达谱,可同时获得成千上万个基因活化的模式。如用基因芯片技术检测早期胚胎发育不同阶段基因的表达,并借助计算机可重建胚胎发育过程中各基因程序性的启闭模式;它也能为肿瘤发展中的基因开关及表达程序的研究提供强有力的工具,利用它可随时获取肿瘤细胞生长各期与肿瘤生长有关基因的表达模式,使科学家对胚胎发育、细胞癌变等重要生命现象有一个综合、全貌性的了解。在基因诊断方面,新上市检测癌基因 p53 和珠蛋白突变的基因芯片,一改过去用聚合酶链式反应(PCR)、印迹杂交这些技术单一位点的检测方式,一次就能测定样本所有潜在的突变位点。这种全面、系统的方法,使我们能真正体会到用基因芯片技术系统研究的巨大威力。

(二)生物芯片在医学研究上的用途与应用前景

现在我们所看到的生物芯片都是 DNA 芯片,也就是基因芯片。生物芯片未来可以发展到蛋白质芯片、组织芯片、传感器芯片和药物芯片。

DNA 芯片在临床诊断上有什么用途? 运用 DNA 芯片,可以发现基因突变,知道生物体基因是否良好,是否感染了病毒和细菌。在还没有发病时,就可以用 DNA 芯片来诊断清楚,有利于早期治疗这些疾病。例如,对于人类的 5000 多种遗传疾病,运用 DNA 芯片,就可以在婴儿出生前,通过产前诊断预知婴儿是否从父母那里遗传到了疾病。因此,这是一项很有用的技术。在 DNA 芯片基础上,发展出了基因诊断,又称为分子诊断技术。

蛋白质芯片和 DNA 芯片的用途基本相同,也可以用于各种疾病的诊断,但蛋白质芯片还可以检测病理变化的状态。药物芯片是在一个很小的芯片里,放几十种、上百种药物,根据身体的需要,释放药量,如对于糖尿病人,结合传感器芯片可以随时监测血液中糖的浓度,血糖一旦偏高,就指挥药物芯片释放胰岛素,控制住血糖。这样就可以达到只在病人需要的时候,放出身体需要量的药物,大幅度减少药的用量,减少副作用。再如注射用药,在针剂刚打下去时,药在血液中的浓度很高,过一阵就被身体代谢掉了,因此很难维持一个稳定的药物浓度。利用这两种生物芯片,就可以在需要的时候释放需要量的药物,达到最佳的治疗效果。

基因芯片技术这种高效敏感检测基因表达方法的问世,是生命科学研究方法上的革命,它能较系统地分析真核细胞的基因表达。随着新基因的不断克隆和人类基因组计划的完成,可以认为基因芯片技术也一定会像计算机芯片那样不断扩大容量,升级换代,在医药及生命科学研究中得到广泛应用。同时,它打破了以往“一种疾病一个基因”的研究模式,这种系统、全面、综合的研究思维对今后生命科学的研究将产生重大的影响。基因芯片技术的出现带动了蛋白质芯片类似技术的产生,以全新思维方式研究生命科学的时代已经到来。

第三节　干细胞研究与疾病治疗

21世纪初,一些国际著名刊物将人类胚胎干细胞的研究列为20世纪末世界十大科技成就之首,并认为胚胎干细胞的研究将成为21世纪最具发展和应用前景的领域。由于胚胎干细胞具有形成所有组织和器官的能力,利用干细胞培育出的组织和器官,对于人类的器官移植、癌症治疗和其他许多重大疾病的治疗具有重要的意义,又由于目前胚胎干细胞的来源、人/动物细胞核移植、克隆人等问题涉及人类生命伦理,因此,干细胞的研究受到了各国政府、科学界和公众的高度关注。

一、干细胞的概念

(一)干细胞概念

干细胞是人体及其各种组织细胞的原始细胞,具有高度自我更新、高度增殖和多项分化发育潜能等特性。干细胞的“干”译自英文“stem”,为“树”、“干”和“起源”的意思。类似于一棵树干可以长出树杈和树叶、开花、结果等。机体的各种细胞、组织和器官,甚至完整的生物都是通过干细胞分化发育而成的。

(二)干细胞的分类

干细胞分为全能干细胞、多能干细胞和专能干细胞三类。全能干细胞可以分化形成所有的成体组织细胞,甚至发育成为完整的个体,如受精卵、胚胎干细胞;多能干细胞具有多项分化的潜能,可以跨系或跨胚层分化形成除自身组织细胞外的其他组织细胞,如造血干细胞、神经干细胞、间充质干细胞、皮肤干细胞等;专能干细胞的分化方向较单一,其作用是维持某一特定组织细胞的自我更新,如肠上皮干细胞、角膜干细胞等。

受精卵分裂形成胚胎干细胞,胚胎干细胞具有形成所有组织和器官的能力,即具有"全能性"。胚胎干细胞逐步定向分化,朝着特定的组织器官发展,形成各种多能干细胞。多能干细胞失去全能性而变得较为专一,多能干细胞继续分化,将生成更加专一化的细胞,即专能干细胞。专能干细胞只能分化为一种类型的"终端"细胞,如神经干细胞可以分化成各类神经细胞;造血干细胞可以分化成红细胞、白细胞等各类血细胞。

最新的研究表明,组织特异性干细胞同样具有分化成其他细胞或组织的潜能。例如,造血干细胞也会分化成脑细胞、心肌细胞和肝脏细胞;脑干细胞也能分化成血细胞和骨骼肌细胞。干细胞分化的多样性为干细胞的研究和应用提供了更广阔的空间。

二、神奇的胚胎干细胞

胚胎干细胞是由受精卵分裂产生的、尚未进行任何分化的早期干细胞。它的神奇之处在于它可以分化成人体所有的细胞、组织和器官。受精卵经过3～5天的增殖,会形成几十个非常特殊的内层细胞,提取这些细胞中的任意一个置于子宫内,就可以发育成一个完整的人体。这些内层细胞就是胚胎干细胞。

人类有许多疾病都是由于人体的一部分细胞、组织或器官出现病变、老化、损伤等引起的,如白血病、心脏病、肾衰竭、帕金森综合症、皮肤烧伤等。如果能从胚胎中提取干细胞进行培养,再通过特殊的生物化学方法诱导它分化成特定的组织或器官,如脑组织、骨髓、眼角膜、心脏、皮肤等,就可以解决医疗性器官移植中器官紧缺的问题。而干细胞研究与动物的体细胞克隆技术相结合,则可以解决器官移植中排异反应的问题,这是21世纪生物工程技术领域最具影响力的研究课题。

三、干细胞研究的进展与疾病治疗

从理论上讲,胚胎干细胞可以分化成各种组织细胞,形成各种器官。但目前人类对干细胞的研究还处于相当基础的研究阶段,对于胚胎干细胞向不同组织细胞"定向分化"的条件还不清楚,从而限制了干细胞的临床应用。弄清楚胚胎干细胞发育的调控机理,从而在体外培养扩增胚胎干细胞是目前干细胞研究的主要内容之一。

（一）胚胎干细胞

早在20多年前,科学家就从小鼠中分离得到了胚胎干细胞(ESC),研究证实,分离的小鼠胚胎干细胞可以在体外培养分化成各种细胞,如神经细胞、造血干细胞和心肌细胞。令人惊奇的是,这些细胞还具有自发发育成某些器官的趋势。科学家发现,在一定的培养条件下,一部分胚胎干细胞会分化为胚状体(与小的跳动的心脏极相似),另一部分会发育成包含造血干细胞的卵黄囊。如果将小鼠胚胎干细胞移植到重度复合免疫缺损小鼠体内时,胚胎干细胞能够发育成肌肉、软骨、骨骼、牙齿和毛发等组织。但是,至今还没有用干细胞在体外培养成完整器官的报道。

直到1998年科学家才在人胚胎中分离得到胚胎干细胞并且在实验室培养。1998年11月,美国威斯康星大学的汤姆生教授和约翰·霍普金斯大学的吉尔哈特教授通过不同的方法获得了具有无限增殖和全能分化潜力的人胚胎干细胞。这一成就奠定了在体外生产各种人体细胞、组织和器官的基础。

（二）造血干细胞

造血干细胞(HSC)分布于骨髓、外周血和脐血中。尤其是脐血中含有大量的造血干细胞,可用于造血干细胞的移植,为造血干细胞的分离提取提供了有效的资源。

造血干细胞是造血细胞的"种子",体内所有血细胞,包括红细胞、白细胞、血小板等,都由它发育分化而来,也是人们认识最早的干细胞之一。造血干细胞还具有自我复制能力,能产生新的造血干细胞以自我补充,从而生生不息。

造血干细胞移植,可用于白血病的治疗,即先用化疗或放疗的方法杀灭患者体内的白血病细胞,摧毁其免疫和造血功能,然后,将正常人的造血干细胞输入患者体内,重建造血和免疫功能,达到治疗疾病的目的。此外,造血干细胞移植还可用于治疗重症再生障碍性贫血、地中海贫血、恶性淋巴瘤、多发性骨髓瘤等血液系统疾病以及小细胞肺癌、乳腺癌、神经母细胞瘤等多种实体肿瘤。

目前,造血干细胞移植已经取得了肯定的疗效,由于医疗技术的进步,一般也比较安全。但造血干细胞不能在人群中随意移植,只有两个人的白细胞抗原一致,才能进行造血干细胞移植。同时,造血干细胞移植对患者的身体条件和年龄也有一定的限制。

（三）间充质干细胞

间充质干细胞(MSC)是分化发展为成骨细胞、成软骨细胞、脂肪细胞、成肌肉细胞和骨髓基质细胞的干细胞。人在成年后,该细胞主要存在于人的骨膜下和骨髓腔中,也分布于肌肉、胸腺和皮肤中。

20世纪70年代中期,科学家建立了骨髓MSC分离培养方法,促进了对MSC的多向分化性的深入研究。科学家发现,MSC与其他干细胞有着密切的联系,如骨髓MSC具有支持体外造血的作用;MSC也参与了免疫细胞发育过程。因此,MSC在造血干细胞移植中具有重要的价值。另外,MSC在体外具有极强的增殖能力,抽取少量的骨髓即可满足细胞治疗的需要。目前,对MSC本身生物学特性的认识还只是初步的,许多现象还有待于进一步研究。

（四）神经及其他干细胞

神经干细胞存在于成体神经组织中,具有再生神经元、星形胶质细胞和少突状细胞的潜在能力。

研究表明,成年哺乳动物的神经元缺乏再生能力,中枢神经受到损伤后几乎无法恢复,这也是神经创伤及神经变性难以治愈的主要原因。近年来,已经从胚胎以及成年的脑组织中分离、纯化出神经干细胞。它们具有自我修复和增殖的能力,还具有分化成成人脑细胞的能力。神经细胞不仅能促进神经元的再生及脑组织的修复,而且通过基因操作,神经干细胞可以作为载体用于神经系统疾病的基因治疗。另外,神经干细胞的移植是目前治疗帕金森病的有效方法之一。

胚脑干细胞的移植可用于脑损伤、帕金森病和老年痴呆症等疑难病症的治疗,向人们展示了十分诱人的前景。

四、世界各国的干细胞研究概况

在干细胞研究方面,美国是世界上最先进的国家之一。从最初的骨髓移植算起,干细胞研究在美国已进行了30多年。1998年,美国科学家成功用人类胚胎干细胞在体外生长和增殖,带动了全世界干细胞工程研究的热潮。目前,大批美国公立、私立机构都在研究干细胞的各种获取渠道以及它们的分化功能,并已发现可以从骨髓、胚胎、脂肪、胎盘和脐带等渠道获得干细胞。

　　英国的干细胞研究在世界上也处于领先地位。2001年1月,英国第一个将克隆研究合法化,允许科学家培养克隆胚胎以进行干细胞研究,并将这一研究定性为"治疗性克隆"。科学家可以破坏被生育诊所废弃的胚胎用于干细胞和其他研究,也可以通过试管内受精培养研究用胚胎。现在,新的法律允许研究人员通过克隆制造干细胞,但研究中使用过的所有胚胎必须在14天后被销毁。

　　在日本,干细胞研究是"千年世纪工程"的核心内容之一。为了能科学安全地进行干细胞研究,日本政府在2001年8月通过了干细胞研究指南。指南规定,用于研究的胚胎细胞只能从那些被废弃和用于生育治疗目的的胚胎中获取。这一指南有可能允许日本实验室进行用胚胎干细胞培育组织的研究。关于克隆人和制造精子、卵子的研究在日本则被严格禁止。

　　以色列尚未制定管理干细胞克隆研究的法律,允许破坏胚胎以进行干细胞研究。以色列科学家于2001年8月初宣布,首次成功用人类胚胎干细胞培育出了心脏细胞,这些心脏细胞具有自然跳动的功能。1999年,以色列通过法律禁止克隆人,法律在5年内有效。

　　据新加坡国立大学医院消息,干细胞研究在新加坡正在进行之中。2001年新加坡政府任命了一个哲学、科学和法律专家组,专门研究与生物技术研究有关的伦理道德问题。政府在2000年还拨款5亿美元以推动私立部门的生命科学研究。

五、胚胎干细胞研究的伦理问题

　　近几年,关于胚胎干细胞的研究(即治疗性克隆)在世界范围内引发了比克隆人更加激烈的伦理争论。

　　所谓治疗性克隆,是指先从病人的身上提取一细胞,将该细胞的遗传物质置入一个去核卵细胞中,使该卵细胞分裂形成早期胚胎,从早期胚胎中提取胚胎干细胞,再将胚胎干细胞进行相应的技术处理,培育出病人所需要的各种组织。再造的细胞、组织和器官的基因与病人的基因相同,避免了移植过程中的排斥反应。通过这项技术,许多疾病都可以得到有效治疗。而胚胎干细胞具有形成270种人体细胞的能力,因此,胚胎干细胞有可能成为21世纪最重要、最理想的人体器官替代物的原料。

　　但是,治疗性克隆涉及到人类胚胎在法律及伦理上的定位、人类胚胎的利益与成人的利益冲突等问题,因此引发了世界范围内的对胚胎干细胞研究的争论。持反对意见的学者认为,人类胚胎作为人类大家庭中的一员,同样拥有人的尊严和人的生命权。人类不能像对待物品、动物胚胎那样随意处置人类胚胎。另外,治疗性克隆需要大量人的卵子,将引发卵子的商品化问题,危害人类健康。

专家认为,政府和非政府组织应该支持和鼓励以治疗为目的的人类干细胞研究,但应遵循四条伦理原则:尊重原则、知情同意原则、安全有效原则和防止商品化原则。

六、干细胞研究与应用的产业化前景

组织器官的缺损或功能障碍是人类健康所面临的主要危害之一,也是引起人类疾病和死亡的最主要的原因。据美国的一份资料显示,每年有数以百万计的美国人患有各种组织、器官丧失功能或功能障碍疾病。每年需手术治疗修复的患者达 800 万人次,年耗资超过 400 亿美元。我国每年烧伤、烫伤病人达 500～1000 万例,白血病、再生障碍性贫血病人 10 多万例,肿瘤病人 150 多万例,骨损伤病人 300 多万例,需面部软骨修复病人 30 多万例,需肾移植病人 6～12 万例。由此可见,以组织器官的替代和修复为主要内容的干细胞与组织工程技术具有巨大的社会需求。

干细胞治疗也几乎涉及人体所有的重要组织和器官,为解决人类难以治愈的疾病带来了希望。美国的调查表明,通过干细胞研究与应用有望治愈的疾病(如癌症、糖尿病、心血管疾病、帕金森病、自身免疫性疾病、严重烧伤等),其患病人数达 1.28 亿。而我国的患者人数远远超过这个数字。由此形成的医药市场和经济效益巨大,每年世界上用于这些疾病的治疗费用高达数千亿美元。

巨大的社会需求和经济效益,已经构成了一个巨大的医疗市场,并带动了一批新兴的医疗产业的崛起。目前国际上已经开发出多种可调控干细胞分化因子。美国、德国等国家的一些干细胞研发公司也开始通过其技术服务,对多家临床医院的不同患者进行个体化的干细胞治疗。此外,以脐带血干细胞库为代表的干细胞保存业务也在美国、欧洲、日本以及中国的许多城市开展,并延伸至胚胎干细胞、各种组织干细胞以及干细胞相关的基因资源的保存与服务。同时,干细胞研究与应用在基因功能分析和新基因发掘、物种改良、转基因动物、新药开发等方面的发展和渗透,将带动和促进这些相关高技术领域的交叉与发展,从而形成一个新兴的、具有巨大潜力的高技术产业群,必将产生巨大的社会效益和经济效益。

目前,世界各国都在投入大量的人力和财力进行研究,力争在干细胞领域中获得领先地位。因此,发挥我国干细胞研究优势,联合基础研究、临床治疗和组织工程学等多方面力量,使干细胞研究与应用成为我国生物科技领域新的经济增长点,对我国在新的医疗技术领域占有优势具有重大的意义。

知 识 点 归 纳

1. "克隆"的英文含义是无性繁殖。它是指生物体经过无性繁殖产生的与母体遗传基因完全相同的后代组成的群体。"无性繁殖"和"基因相同"是克隆的两个基本特征。

2. 动物克隆是指不经过受精过程,而通过细胞核移植技术,将体细胞的细胞核移植到去核卵细胞中,再运用生物学方法,诱导卵子发育而形成的新个体。动物克隆需要卵子的参与。

3. 生物芯片是指能对生物分子进行快速并行处理和分析的薄形固体器件。目前已开发出的生物芯片都是 DNA 芯片,又称基因芯片。

4. 生物芯片技术是指对成千上万的 DNA 片段同时进行处理分析的技术。

5. 基因芯片技术的主要特点：① 技术操作简单；② 自动化程度高；③ 序列数量大；④ 检测效率高；⑤ 应用范围广；⑥ 成本相对低。

6. 干细胞是人体及其各种组织细胞的原始细胞,具有高度自我更新、高度增殖和多项分化发育潜能等特性。生物体内的各种细胞、组织和器官,甚至完整的生物个体都是通过干细胞分化发育而成的。

7. 干细胞分为全能干细胞、多能干细胞和专能干细胞三类。全能干细胞可以分化形成所有的成体组织细胞,甚至发育成为完整的个体,如受精卵、胚胎干细胞；多能干细胞具有多项分化的潜能,可以跨系或跨胚层分化形成除自身组织细胞外的其他组织细胞,如造血干细胞、神经干细胞、间充质干细胞、皮肤干细胞等；专能干细胞的分化方向较单一,其作用是维持某一特定组织细胞的自我更新,如肠上皮干细胞、角膜干细胞等。

8. 胚胎干细胞是由受精卵分裂产生的、尚未进行任何分化的早期干细胞。它可以分化成人体所有的细胞、组织和器官。

9. 造血干细胞是造血细胞的"种子",体内所有血细胞,包括红细胞、白细胞、血小板等,都由它发育分化而来。同时,造血干细胞还具有自我复制能力,能产生新的造血干细胞以自我补充。

思考与探索

1. 简述克隆技术的应用与发展。

2. 什么是生物芯片技术? 简要说明生物芯片技术产生的时代背景。

3. 生物芯片有何用途? 它的发展前景如何?

4. 举例说明干细胞研究对人类疾病治疗的影响。

5. 查阅资料：干细胞研究的最新进展。

第十四章 空间技术

本 章 导 读

空间技术是20世纪中期发展起来的综合性工程技术,也是当代高技术的核心技术之一。空间技术综合应用了当今科学和高新技术各个领域的研究成果,已成为衡量一个国家的科学技术水平和工业发展程度的重要标志。空间技术包括运载器、航天器和地面测控系统。经过50年的努力,从人造地球卫星、载人飞船到空间站的建立,空间技术得到了飞速的发展,不仅为人类带来了巨大的经济效益和社会效益,而且促进了人类对空间资源的开发利用,促进了人类未来的经济发展和社会的文明进步。

最近几年,我国的空间技术发展迅速,随着"神舟五号"、"神舟六号"载人飞船的发射成功,标志着我国的载人航天技术已进入世界先进行列。

第一节 空间技术概述

空间技术也称为航天技术,它是探索、开发和利用太空以及地球以外天体的综合性工程技术。物理学、电子技术、自动控制、计算机、材料学、真空技术、喷气推进以及制造工艺、医学、生物学等众多基础科学与高新技术相互交叉、渗透,形成空间技术完整的科技体系。空间技术不仅广泛应用于国防、国民经济、科学研究的众多领域,同时促进了对宇宙奥秘、生命起源之谜的探索。在当今世界上,空间技术已成为衡量一个国家科学技术水平和工业发展程度的重要标志。

一、空间与空间技术

（一）空间技术中的空间——外层空间

外层空间是指地球大气层以外、离地表 100～120 km 以上的空间。空间技术中的空间并不是指地球表面以上的所有空间。我国 2003 年发射的"神舟五号"载人飞船的远地点为 350 km，近地点为 200 km；2005 年发射的"神舟六号"载人飞船的高度约为 300 km。

通常，人们把在大气层里航行称为航空，在大气层以外、太阳系以内的范围航行称为航天，而在太阳系以外的空间航行称为航宇。航天和航宇通称为宇宙航行。

（二）空间技术面临的四大难题

外层空间是人类需要揭示的未知领域，同时也存在大量的特殊资源，如高真空和高洁净环境资源、超低温资源、微重力环境资源、太阳能资源、月球及其他行星资源等，对其中任何一项的开发都会给人类带来巨大的利益。而人类要进入外层空间，首先必须克服以下四大难题。

1. 克服地球引力

在地球表面运动的物体，其速度只有达到 7.9 km/s（第一宇宙速度），才能成为地球的卫星；达到 11.2 km/s（第二宇宙速度），才能成为太阳的一颗卫星；达到 16.7 km/s（第三宇宙速度），才能够飞出太阳系。

2. 克服真空

地面上大气压力很大（1.013×10^5 Pa），气体密度很大，但随着高度的增加，它们会迅速减少，因此，一般发动机的飞机，上升高度的极限是 27 km 。

3. 适应温度的剧烈变化

在地球上最大温差不过正负 40℃；在离地球不远处的空间向阳面可达 200℃，背阴面则低到 -100℃；在远离恒星的空间，环境温度接近绝对 0 度（- 273℃），而在恒星附近，温度又可达几百到几千度。

4. 暴露在有害辐射之中

近地空间（地球周围的空间）有一个强辐射带，其中各种波长的电磁辐射、宇宙线、高能粒子流等，都对人类有极大的危害。

（三）空间技术的特点

空间技术是当代高技术的核心技术之一,由于它涉及的是人类从未去过的外层空间,并且要受到严酷的环境条件制约,因此,空间技术具有以下特点:

（1）技术特异性:人类进入外层空间需要面临极端的空间条件和极其复杂的技术要求,这与地球表面的环境和技术要求是完全不同的,如火箭推进技术、航天材料技术、脱轨控制技术、生命保障技术、跟踪检测技术以及遥远的大范围信息获取技术等。

（2）综合系统性:空间技术是一个极其复杂的庞大系统,它包括喷气推进技术、火箭制导技术、航天器的姿态和轨道控制技术、生命保障和环境控制技术等,整个大系统要保持协调一致的运转,必须运用系统工程的方法。

（3）全球共享性:其一,空间资源是全人类的共同财富,为世界各国所共享。其二,空间技术是高投入、高风险、高难度的综合性工程技术。因此,空间资源需要通过广泛的国际协作来共同开发。

二、空间技术的三大主体技术

空间技术是一项综合性工程技术,它主要包括:运载火箭的研制、航天器的制造、地面测控系统的建立和实施三大主体技术。

（一）运载火箭的研制

运载火箭是将卫星、飞船等航天器送到空间的工具。它是提供航天器足够能量的动力装置,以保证航天器具有足够的速度,克服地球引力和空气阻力冲出地球大气层。

目前,世界各国已研制出的运载火箭有几十种。其中,巨型运载火箭的质量达2000～3000 t,能把上百吨质量的航天器送上太空。

按照射程的远近,火箭一般可分为近程、中程和远程三种。近程火箭的射程在2000 km以内,中程火箭的射程在2000～8000 km之间,远程火箭的射程为8000 km以上,射程在10000 km以上的又叫洲际火箭。火箭的射程取定于发动机熄火时火箭达到的速度。要提高火箭的速度,不能靠增大火箭的尺寸,而是要靠提高推进剂的性质和减轻火箭的质量。运载火箭大多采用液体推进剂,如第一、二级可用液氧和煤油作推进剂,第三级可使用液氧和液氢作推进剂。为提高火箭的速度,通常采用多级火箭推进的方法。

用于发射航天器的运载火箭大多为三级火箭。当运载火箭将航天器送入太空预定的高度后,运载火箭与航天器分离,航天器以一定的速度围绕地球、太阳及其行星飞行,飞行方向与地面或太阳及其行星的表面平行。

运载火箭也可以运载弹头,当运载火箭与弹头分离时,弹头的速度与地面成一个向上的角度,沿抛物线落入大气层,飞向预定目标。这种带有弹头的运载火箭实际上就是弹道式导弹。在技术上,把卫星换成弹头,改变飞行程序,卫星运载火箭就变成了远程和洲际导弹;反过来,将远程和洲际导弹改变飞行程序就可以用来发射卫星。

(二)航天器的制造

在地球大气层以外的宇宙空间按照天体力学规律运行的飞行器,称为航天器,如人造地球卫星、宇宙飞船、空间站、空间探测器等。

从 1957 年至今,世界各国已经成功地发射了 5000 多个各类航天器,有近 60 个国家投资发展空间技术,有 170 多个国家和地区应用空间技术的成果,总投资量达 7000 多亿美元。

航天器有无人航天器和载人航天器两类。

无人航天器主要有人造地球卫星和空间探测器两种。截至目前,世界各国已发射的航天器中,人造地球卫星占 90％以上,卫星大多环绕地球沿着椭圆型轨道运动,高度一般为一百至数百千米,但有时因任务需要,也可达几千到几万千米。例如,通信和导航卫星的高度(远、近地点)为 39105 km 和 1250 km。空间探测器包括月球探测器和星际探测器。星际探测器是需要摆脱地球引力飞向其他行星、对太阳系范围内的宇宙空间进行考察的航天器,其中发射最早的和最多的是火星探测器。星际探测器将为 21 世纪星资源开发打下坚实的基础。

载人航天器包括载人飞船、空间站和航天飞机。将卫星体积增大使之可以乘人,并配备好维持生命的系统和返回地球的设备,就成为宇宙飞船。空间站是比宇宙飞船体积更大、活动更自由、携带更多科学仪器设备的航天器。它是从地面搬到天上的实验室,可以长时间地在环绕地球轨道上运行,进行规模更大、项目更多的科学实验活动。这种航天器又被称为空间实验室。空间站一般重达几十吨,可居住体积几百立方米。航天飞机是一种有人驾驶的、可以重复使用的航天器,它是往返地球与外层的空间运载工具。航天飞机像火箭那样垂直发射,像飞机那样水平滑跑着陆,在空间做机动和变更轨道的飞行,所以,它集运载火箭、航天器和飞机的本领于一身。

（三）地面测控系统的建立与实施

地面测控系统是指在地面对航天器进行跟踪、遥测、遥控和保持通信联系的系统。通过地面测控系统，可以对航天器进行控制、调节，获取航天器捕捉的各种信息。

要对航天器进行跟踪测量并控制其运行和功能，必须建立由航天测控中心和若干测控站组成的航天测控和数据采集网。测控系统是整个航天系统的重要组成部分，一般利用已有的人造地球卫星来实现对各种航天器的高百分率的跟踪和高精度的预报。测控技术是航天器发射、运行和应用全过程中不可缺少的技术。它包括对航天器的跟踪、观测，获得相对于地面的运动信息，掌握航天器的动态轨迹和运行情况，接收航天器发送来的遥测数据，获得航天器内部的工程参数，了解各部分的工作状态，并通过向航天器发送控制指令，控制航天器的运动以及内部各种装置的工作，使航天器能够按照地面指令要求改变运行轨迹和姿态等。

第二节　火箭技术的发展现状与前景

火箭技术在航天工程技术中占有十分重要的地位，火箭技术的发展起源于军事作战的需要。火箭技术水平的高低，决定了火箭的速度，也就决定了火箭将运载物发射到太空的能力。1957年10月4日，苏联利用多级火箭成功地发射了世界上第一颗人造地球卫星，标志着人类进入了空间时代。

一、中国火箭技术的发展现状

中国是古代火箭的发明国。

从1956年开始，我国在著名火箭专家钱学森教授的主持下，展开现代火箭的研制工作。1970年4月24日"长征一号"运载火箭首次成功地将"东方红1号"卫星送入预定轨道，使中国成为世界上第3个独立研制和发射卫星的国家，为中国航天技术的发展迈出了重要的一步。截至2007年6月1日，中国的"长征"系列运载火箭已发射了第100次，火箭发射成功率超过90%，达到了世界一流火箭发射成功率的标准。目前，中国已形成了"长征一号"、"长征二号"、"长征三号"和"长征四号"4个系列，共14个型号的"长征"系列运载火箭，具备了发射低、中、高不同轨道，不同类型卫星的能力，成为我国具有自主知识产权和较强国际竞争力的高科技产品。

"长征一号"运载火箭是一种三级火箭，主要用于发射近地轨道小型航天器，能把

300 kg 重的卫星送入 440 km 高的近地轨道。"长征一号 D"运载火箭是"长征一号"火箭的改进型。"长征一号"火箭的发射成功,奠定了"长征"系列火箭发展的基础。

"长征二号"运载火箭是一种两级火箭,能把 1.8 t 的卫星送入距地面数百千米的椭圆形轨道。改进型"长征二号 C"火箭,采用了大推力液体火箭发动机,近地轨道的运载能力增加到 2.4 t,火箭的可靠性也大大提高。"长征二号 D"火箭,也是一种两级液体火箭,运载能力进一步提高。"长征二号 E"捆绑式火箭,是以加长型"长征二号 C"为芯级,并在第一级周围捆绑四个液体助推器组成的低轨道两级液体推进剂火箭,能把 8.8~9.2 t 的航天器送入近地轨道。1975 年 11 月 26 日,"长征二号"火箭完成了中国第一颗返回式卫星的发射任务,成为继苏联、美国之后世界上第三个掌握了卫星回收技术的国家。1987 年 8 月 5 日,我国用"长征二号"运载火箭首次为外国公司提供了卫星搭载服务,并获得了广泛的赞誉,使包括美国在内的许多国家与我国签订了租用我国火箭发射卫星的合同。1992 年 8 月 14 日,"长征二号 E"捆绑式运载火箭成功地为澳大利亚发射了一颗美国制造的通讯卫星,再次向世界表明中国的火箭技术已经达到世界一流水平。

"长征三号"运载火箭是在"长征二号"火箭基础上于 1984 年研制成功的,增加的第三级采用低温高能液氢液氧发动机。至 1993 年底,"长征三号"已成功发射 6 颗实用通信卫星。在此基础上,又开发出"长征三号甲"、"长征三号乙"和"长征三号丙"。"长征三号"火箭的成功发射,是中国火箭发展史上一个重要的里程碑:它首次采用了液氢、液氧做火箭推进剂;首次实现火箭的多次启动;首次将有效载荷送入地球同步转移轨道。1990 年 4 月 7 日,"长征三号"火箭把亚洲卫星公司的美国制造的"亚洲一号"卫星送入轨道,表明中国已加入了国际卫星发射市场的竞争。

"长征四号"系列运载火箭包括"风暴一号"、"长征四号"、"长征四号甲"、"长征四号乙"等火箭。"长征四号"是"长征三号"火箭的同宗型号。不同的是,"长征四号"火箭三级都采用常规推进剂(四氧化二氮,偏二甲肼)。其地球同步转移轨道的运载能力为 1.25 t,太阳同步轨道的运载能力为 1.65 t。1981 年 9 月 20 号,"风暴一号"首次将 3 颗科学实验卫星同时发射升空,成为世界上第 4 个用一枚火箭发射多颗卫星的国家。

2007 年 4 月 14 日,我国成功发射一颗北斗导航卫星。这次发射的卫星和用于发射的"长征三号甲"运载火箭分别由中国航天科技集团公司所属中国空间技术研究院和中国运载火箭技术研究院研制。

2007 年 6 月 1 日,我国在西昌卫星发射中心用"长征三号甲"运载火箭,成功将"鑫诺三号"通信卫星送入太空。这是"长征"系列运载火箭的第 100 次发射。

目前,我国已计划研制更大推力的运载火箭,力争将低轨道运载能力提高到 9 t,同步轨道的运载能力提高到 2.5~4.5 t,为将来实现发射我国自己的航天飞机和空间站打下基础。

二、世界各国火箭技术的发展现状

（一）美国的火箭技术

美国是世界上火箭技术最先进的国家之一。1958 年 2 月 1 日，由美国著名的火箭专家冯·布劳恩主持研制的丘比特 C 运载火箭，将美国第一颗人造卫星探险者 1 号送上太空，开辟了美国征服太空的新纪元。

此后，美国先后用几种中程和洲际导弹，经过改进研制成为雷神、宇宙神、大力神以及德尔塔等几种不同用途的运载火箭。目前，宇宙神、德尔塔和大力神运载火箭已进入国际发射市场。

雷神液体运载火箭是美国发射早期小型卫星（如发现者号）的运载火箭，1959 年以来已发射 400 多次，现已不常用。

宇宙神系列运载火箭由美国通用动力公司制造，已连续生产 30 多年。目前经常使用的是宇宙神-阿金纳 D 号和宇宙神-半人马座号两种型号。前者能把 2 t 重的有效载荷送入 500 km 高的地球轨道；后者的近地轨道最大运载能力为 4 t。它们除作为月球探测器和火星探测器的运载工具外，曾用来发射过通信卫星和水星号载人飞船。自 1959 年以来已发射 500 多次，是使用最广泛的一种运载工具。

德尔塔系列运载火箭由美国科麦道公司研制生产，至今已发射 180 多次。德尔塔号三级火箭有两种型号。一种的同步转移轨道运载能力为 1.4 t，另一种的同步转移轨道运载能力为 1.8 t。德尔塔火箭于 1960 年 5 月首次发射，它先后发射过先驱者号探测器，泰罗斯气象卫星，云雨号卫星，辛康号卫星，国际通信卫星 II、III 号等。

大力神系列运载火箭由马丁·玛丽埃特公司研制生产，共有 6 种型号。大力神火箭的最大有效载荷为 15 t。发射地球同步转移轨道卫星的运载能力最大达 4.5 t。大力神系列火箭至今已有 150 多次发射纪录。它主要发射各种军用卫星，也发射了太阳神号、海盗号、旅行者号等星际探测器。

（二）苏联的火箭技术

苏联也是世界上火箭技术最发达的国家之一。1957 年 10 月 4 日，苏联用卫星号运载火箭把世界上第一颗人造地球卫星送入预定轨道运行，打开了人类进入太空的大门。

苏联的运载火箭基本上按标准化、系列化发展。其研制的运载火箭有：卫星号运载火箭（二级）、东方号运载火箭（三级）、闪电号和联盟号运载火箭、能源号运载火箭（二级）

和质子号运载火箭。

卫星号运载火箭奠定了苏联航天运载工具发展的基础,并成功发射了 3 颗人造卫星。东方号火箭因发射东方号宇宙飞船而得名,1961 年 4 月 12 日把世界上第一位宇航员加加林送上地球轨道飞行。闪电号和联盟号两种系列火箭是 1961 年研制成功的,相继用来发射了 7 个金星号、10 个月球号、1 个火星号探测器和数十颗闪电号通信卫星。联盟号火箭因发射联盟系列载人飞船而得名,它是由东方号三级火箭改进第三级后的新型三级运载火箭。能源号的运载火箭为两级火箭。

在苏联的航天活动中,质子号运载火箭的发射最为频繁,对苏联的航天活动有着举足轻重的作用,它是目前世界上运载能力最大的火箭之一。其中最大的一种四级火箭全长 44.3 m,底部最大直径 7.4 m,起飞重量 800 t。这种火箭可将 21 t 重的有效载荷送上近地轨道。1965 年 7 月 16 日,质子号运载火箭首次发射,将一颗重达 12.2 t 的卫星送入预定轨道,1971 年 4 月 19 日又成功发射重 17.5 t 的礼炮 1 号空间站,从 1971 年到 1973 年相继发射了 6 个火星号探测器,1974 年发射第一颗静止轨道卫星宇宙 637 号,1975 年到 1983 年陆续发射了金星号探测器,1984 年发射两个维加号哈雷彗星探测器,1986 年又把第三代空间站和平号送入太空。

1987 年 5 月 15 日,苏联从拜科努尔航天中心发射成功一枚超级运载火箭。这种巨型火箭的起飞推力为 3500 t,能把 100 t 有效载荷送上近地轨道。

(三) 欧洲国家的火箭技术

欧洲国家的火箭技术可谓后起之秀。1973 年 7 月,法国倡仪并联合西欧 11 个国家成立欧洲空间局,着手实施研制阿丽亚娜火箭计划。

阿丽亚娜火箭至今已研制成功 4 种型号。从 1979 年 12 月 24 日第一枚阿丽亚娜 1 型火箭发射成功起至 1994 年 1 月底,共发射 63 次,其中仅 6 次失败。阿丽亚娜 1 型火箭是一种三级火箭,长 47.39 m,直径 3.8 m,发射重量 200 t,能将 1.7 t 的有效载荷发射到地球同步转移轨道。阿丽亚娜 1 型火箭共发射 11 次,其中 1 次失败。阿丽亚娜火箭中最大的一种型号是阿丽亚娜 4 型火箭中的第五种 AR44L,采用 4 个液体助推火箭,同步转移轨道运载能力达 4.2 t。欧洲空间局从 1985 年开始研制阿丽亚娜 5 型火箭,用于发射 6.8 t 的地球同步轨道卫星。

阿丽亚娜系列火箭的成功,是欧洲联合自强的象征,它在国际航天市场的角逐中占有重要地位,世界商业卫星的发射业务大约有 50% 由阿丽亚娜火箭承担。

三、火箭技术的发展前景

人类的宇宙活动由近及远,逐步向宇宙空间扩展。目前,我们已经由地球进入太阳系,迟早有一天人类的活动将走出太阳系,扩大到银河系和宇宙。目前使用的运载火箭,几乎都是以推进剂燃烧获得推力的化学火箭。化学火箭可作为发射人造卫星、登月宇宙飞船和航天飞机的运载器,但要进行火星、木星探测以及太阳系以外的宇宙飞行,化学火箭的速度就显得不足。因此,迫切需要开发一种能够飞往银河系以外的新式火箭,科学家们提出了离子火箭、原子火箭、光子火箭等设想,其中有些已进入研究阶段。

离子火箭是把铯、水银等金属原子离子化,快速喷射获得推力而飞行的。现正研究离子火箭用于太阳系以内的行星探测。它虽然比化学火箭的推力小得多,但具有长时间保持推力的优点,适合于小型航天器远距离使用。

原子火箭主要是在核反应堆中加热液氢,从尾部喷出氢气获得推力而飞行的火箭。原子火箭可获得每秒几千千米的速度,飞临距太阳系最近的恒星需要几百年的时间。目前原子火箭的研制还存在难以解决的问题,美国正在研究开发这方面的技术。

光子火箭是利用粒子和反粒子之间的反应提供能量而获得推力的火箭,其速度可提高到接近光速。往返离太阳系最近的恒星只要几年的时间。如距离太阳最近的恒星是约 4.3 光年的半人马座,利用化学火箭到那里需几十万年,利用离子火箭也需 6000 年,而使用光子火箭只需 5 年的时间便可到达。但光子火箭还只是在设想之中,要实现它还有极其漫长的路要走。我们相信,随着科学技术的发展,人类的梦想终会变成现实。

第三节　无人航天器的应用与开发

无人航天器主要有人造地球卫星和空间探测器两种。目前已开发的航天器 90% 以上都是人造地球卫星,是目前发射数量最多、用途最广、发展最快的航天器。空间探测器又称为宇宙探测器或深空探测器,探测的主要目的是:了解太阳系的起源、演变和现状;通过对太阳系内的各主要行星的比较研究进一步认识地球环境的形成和演变;了解太阳系的变化历史;探索生命的起源和演变。

一、人造地球卫星的应用

目前,人造卫星已从试验阶段进入实用阶段。按照用途和功能,人造卫星可分为科学卫星、技术试验卫星和应用卫星。

　　科学卫星是用于科学探测和研究的卫星，主要包括空间物理探测卫星和天文卫星，用来研究高层大气、地球辐射带、地球磁层、宇宙线、太阳辐射等，并可以观测其他星体。

　　技术试验卫星是进行新技术试验或为应用卫星进行试验的卫星。航天技术中有很多新原理、新材料、新仪器，其能否使用，必须在天上进行试验；一种新卫星的性能如何，也只有把它发射到天上去实际"锻炼"，试验成功后才能应用；人上天之前必须先进行动物试验……这些都是技术试验卫星的使命。

　　应用卫星是直接为人类服务的卫星，它的种类最多，数量最大，包括：通信卫星、气象卫星、侦察卫星、导航卫星、测地卫星、地球资源卫星、截击卫星等。其中通信卫星和导航卫星是目前应用最广泛、也是最热门的领域之一。

二、通信卫星的开发与应用

　　通信卫星实际上是太空中的一个无线电通信中转站。通信卫星反射或转发无线电信号，实现两个地面站之间或地面站与航天器之间的信息传输。一颗静止轨道通信卫星大约能够覆盖地球表面的 40%。在赤道上空等间隔分布的 3 颗静止通信卫星可以实现除两极部分地区外的全球通信。1984 年 4 月 8 日，我国用自制的大型运载火箭发射成功的通信卫星，其传输信息的覆盖面不仅包含我国的全部领土，还覆盖周围一些国家和地区，是继美国、苏联、日本、欧洲之后第五个能够独立发射这种卫星的国家。1986 年 2 月，我国实用通信卫星发射，并在东经 103°赤道上空定点成功。1988 年 3 月 8 日我国又发射了一颗通信卫星，标志着我国空间技术进入了新的阶段。2005 年 4 月 12 日，我国在西昌卫星发射中心用"长征三号 B"捆绑式运载火箭，成功地将"亚太六号"通信卫星送入太空。这是自 1999 年以来，我国首次进行的国际商业通信卫星发射。30 多年来，中国已成功研制并发射 60 多颗人造地球卫星，完成由试验卫星向应用型卫星的转化。

三、导航卫星的开发与应用

　　导航卫星是一种专门用于给舰船和飞机导航的卫星。用卫星导航不受气象条件和航行距离的限制，导航精度高。目前，国际上使用的导航卫星网是由美国发射的 5 颗子午仪导航卫星组成的。全球导航卫星系统是从 1982 年 10 月 2 日开始启动的。1993 年 9 月拥有 12 颗卫星的这一系统正式运行。2005 年该系统卫星集群的卫星从 2004 年的 14 颗增加到 17 颗。未来几年卫星集群将由使用寿命为 7 年的新一代"全球导航卫星系统- M"型卫星和使用寿命为 10 年的"全球导航卫星系统- K"型卫星扩充。

（一）我国的北斗导航卫星系统

负责北斗导航系统运营的北斗星通公司总裁周儒欣指出，中国目前的绝大多数卫星导航应用都是建立在美国的 GPS 之上的，一旦发生战争美国关闭应用，后果不堪设想，中国必须有自主的卫星导航系统，这就是建立北斗系统的意义。

2007 年，我国正式开始组建拥有自主知识产权的全球卫星导航系统——北斗卫星导航系统。该系统建成后由 5 颗静止轨道卫星和 30 颗非静止轨道卫星组成，定位精度为 10 m，能满足中国及周边地区用户对卫星导航系统的需求。

2000 年 10 月 31 日和 12 月 21 日，我国先后发射了两颗北斗一号导航试验卫星。2003 年 5 月 25 日，第三颗北斗一号导航试验卫星发射成功，作为备份星与前两颗工作星组成了中国完整的第一代卫星导航定位系统，即北斗一号导航试验系统。北斗一号是世界上第一个区域性卫星导航系统，2007 年 2 月 3 日，中国第四颗北斗导航试验卫星北斗 1D 发射升空。2007 年 4 月 14 日，我国在西昌卫星发射中心用“长征三号甲”运载火箭，又成功地将一颗北斗导航卫星（COMPASS - M1）送入太空。这是第一枚名称前没有冠以“试验”两字的北斗导航卫星，卫星准确入轨。这颗卫星的发射成功，标志着我国北斗卫星导航系统正式开始组建。根据计划，北斗系列卫星将在未来几年里陆续发射，并进行系统组网和试验，逐步扩展为全球卫星导航系统。未来的北斗卫星导航系统由非静止轨道卫星和静止轨道卫星组成，30 颗非静止轨道卫星的名称将从北斗 M2 排到北斗 M30，5 颗静止轨道卫星将从北斗 G1 排到北斗 G5。这个系统将为交通运输、气象、石油、海洋、森林、通信、公安、国防等部门提供高效的导航定位服务。北斗卫星导航系统未来将提供两种服务方式，即开放服务和授权服务。开放服务是在服务区免费提供定位、测速和授时服务，授时精度为 50 ns，测速精度 0.2 m/s。授权服务是向授权用户提供更安全的定位、测速、授时和通信服务以及系统完好性信息。

（二）世界各国的导航卫星

目前美国的卫星导航系统叫 GPS 系统，是世界上第一个覆盖全球范围的卫星导航定位系统，由美国国防部运作，目前在轨工作卫星 28 颗，定位精度 20 m，测速精度 0.1 m/s。

俄罗斯的卫星导航系统叫格洛纳斯系统，于 1976 年开始建设，目前在轨只有 6 颗卫星可用，不能独立组网，定位精度 30～100 m，测速精度 0.15 m/s。俄罗斯计划今年发射 8 颗卫星补齐这一系统。

欧盟的伽利略系统由欧盟主导，中、韩、日、澳、俄等国参与，计划发射 30 颗卫星。美国已和欧盟达成协议,凡作为军事用途之伽利略系统,一律不对第三国开放使用。

四、空间探测器概述

空间探测器包括月球探测器和星际探测器。星际探测器是需要摆脱地球引力飞向太阳系内其他行星或飞出太阳系对宇宙空间进行考察的太空航天器。空间探测器实现了对月球和太阳系以内行星的逼近观测和直接取样探测,开创了人类探索宇宙的新阶段。

世界上现有的探测器都是美国和苏联发射的。探测器中发射最早的和最多的是火星探测器。自 1959 年 1 月苏联发射了第一个月球探测器——月球 1 号开始,40 多年来,已有几十个空间探测器成功地飞往太阳系各大行星,并在金星和火星降落,收集到大量宝贵的资料,这些资料表明目前尚未发现任何生命存在的迹象。

五、美国空间探测器的开发

紧接苏联之后,美国陆续发射了多种月球探测器和星际探测器。

"水手号"是美国最初飞往水星、金星和火星的星际探测器。1965 年,美国的"水手 4 号"探测器在距火星表面约 10000 km 的上空飞过,发回了 22 张火星照片,使人类第一次看到了火星的近貌;1969 年,"水手 6 号"和"水手 7 号"在距火星表面约 3000 km 的地方飞过,发回了 200 张火星照片;1971 年,"水手 9 号"进入围绕火星飞行的轨道,成为火星的第一颗人造卫星,科学家根据"水手 9 号"发回的资料,绘制出了一幅火星地图。

"先锋号"星际探测器是人类开始寻找宇宙人的先驱者。1972 年开始,美国先后发射了"先锋 10 号"和"先锋 11 号",它们上面都带有一个宽 15 cm、长 23 cm 的金属标记牌。标记牌上刻有一对男女人体画像,表明地球上有人,男人举起右手向宇宙人表示亲切的问候。在他们的背后是这艘探测器的外形图。金属牌下面有 10 个圆圈和一只小的探测器,表示这只探测器是从太阳系中的地球发射出去的,金属牌的左面部分是表示地球上的人类所认识的物理学和天文学,最上面的两个圆圈表示地球上的氢分子结构。携带金属牌的目的,是让宇宙人看到地球人的形象并能够按照金属牌上表示的位置来寻找我们。"先锋"探测器目前已离开太阳系,进入银河系。

"海盗号"是在"水手号"的基础上发展起来的,是专门用于探测火星的探测器。1975 年,"海盗 1 号"和"海盗 2 号"在经历了 11 个月的飞行后,分别在火星表面着陆,拍摄了火星表面照片,测量了火星表面温度、大气湿度、风速等,分析了火星表面的土壤等,并将大量的资料发回地球。资料显示,火星是一个干燥、寒冷和荒凉的世界,上面布满沙丘、岩石和火山口。在火星上既没有发现火星人，也没有找到任何生命存在的迹象。

"旅行者号"是人类为寻找地外生命而发射的星际探测器。1977 年 8 月和 9 月，美国先后发射了"旅行者 1 号"和"旅行者 2 号"探测器。探测器上带有表明人类起源和发展情况的记录信息，并把这些信息称之为"地球之音"。其中有反映 20 世纪地球及其生命活动的照片 115 幅（照片中有 2 幅介绍中国的情况，一幅是长城风光，一幅是中国人正在用餐）。有人类各种问候语言 60 种，各种乐曲 27 种，自然音响录音 35 种，这些信息可以在空间保存 10 亿年左右。目前，"旅行者"号已跨越了木星、土星、天王星、海王星和冥王星，正以 17.2 km/s 的速度飞离太阳系，估计 4.7 万年以后，可到达太阳系以外的另一颗恒星。

六、苏联空间探测器的开发

苏联的空间探测器主要是金星探测器和火星探测器。

苏联是最早向金星发射探测器的国家，"金星"号系列探测器对金星进行了持续 24 年的探测考察。1961 年 1 月 24 日苏联第一个金星探测器"金星 1 号"发射上天，但飞到距金星 1×10^5 km 的位置时与地面的通信中断。之后，苏联连续发射了金星 2～6 号探测器，其中"金星 4 号"着陆舱还未到达金星表面就被高气压压瘪了。其他探测器由于出现故障，均未成功登陆。直到 1970 年 12 月 15 日"金星 7 号"终于成功实现在金星的软着陆，首次向地球传回了金星表面的情况。金星表面大气压强，至少为地球的 90 倍，温度高达 470℃。1972 年到达金星表面的"金星 8 号"化验了金星土壤，还对金星表面的太阳光强度和金星云层进行了电视摄像转播，金星上空显得极其明亮，天空是橙黄色，大气中有猛烈的雷电现象。之后，金星 9 号、10 号、11 号、12 号，都成功地在金星表面实现软着陆。

1971 年 12 月，苏联的"火星三号"首次在火星表面实现软着陆，发回了许多探测资料。资料显示火星空气稀薄、气候寒冷，气温约为 -85℃～-30℃。在火星土壤中没有发现微生物，二氧化碳很多，但没有找到有机分子，没有发现任何表征生命的迹象。

七、星际探测的新进展

1996 年 11 月 7 日和 12 月 4 日，美国分别发射了火星探路者和火星全球探测者。火星探路者探测器于 1997 年 7 月 4 日在火星着陆，利用无线漫游车进行了考察并发回了壮观的火星全色全景照片。1998 年火星探路者停止工作。火星全球探测者于 1997 年 9 月 11 日进入预定轨道，它载有 7 台探测器，主要观测火星的大气、气温、地表、有无水的存在、生命迹象等。2003 年 6 月 10 日和 7 月 7 日,美国发射了"勇气"号和"机遇"号火星探测器,获得了许多火星上存在水的证据。2005 年 8 月 12 日美国"火星勘测轨道飞行器"从肯尼迪航天中心成功发射升空。"火星勘测轨道飞行器"是迄今为止最新、最大的火星探测飞船,它装载了许多新型科学仪器。它的首要使命是探索火星上水源的历史和分布情况,解答火星上是否诞生过生命、现在是否还存在生命、生命诞生或消失的原因等问题。此外,它探测到的火星水资源分布信息,将为未来登陆火星的航天员提供帮助。2007 年 8 月 4 日,美国"凤凰"号火星着陆探测器发射升空,任务是火星北极"探冰"和监测极地气候,寻找生命存在所需的水。"凤凰"号火星探测器将于 2008 年 5 月底前后飞抵火星。

2003 年 9 月 21 日,美国宇航局的"伽利略"号探测器在科学家们的安排下撞向木星大气层,结束了它 14 年来对木星及其卫星的探测工作。它创造的纪录有:绕木星运行 34 周,与木星主要卫星 35 次相遇,发回包括 1.4 万张照片在内的 3 万兆比特数据,在木星的三颗卫星上发现了地下液态盐水存在的证据,第一次从轨道上对木星系统进行了完整考察,第一次对木星大气进行了直接测量。

"卡西尼-惠更斯"土星探测计划是欧洲航天局和美国宇航局的一个合作项目,主要任务是对土星及卫星进行空间探索。其中,"卡西尼"号探测器是由美国方面设计制造的轨道探测器,主要承担对土星及其卫星的空间探索;"惠更斯"号是欧洲航天局设计制造的着陆器,主要承担对土星最大卫星——土卫六表面的探测。1997 年"卡西尼"号携带着"惠更斯"号发射升空,经过约 3.5×10^9 km 飞行,于 2004 年飞抵土星附近。由于土卫二不断发出巨大的热量,科学界对此极为关注,希望了解其中奥秘。"卡西尼-惠更斯"土星探测工作计划至 2010 年结束。

2006 年 1 月 19 日,美国宇航局冥王星探测器"新视野"号在佛罗里达州卡纳维拉尔角空军基地发射升空,"新视野"号的飞行速度超过 8.047×10^4 km/h,是迄今为止发射速度最快的航天器,预计 2015 年 7 月抵达冥王星。"新视野"号将是人类第一个造访冥王星的探测器。2007 年 2 月 28 日,"新视野"号到达距离木星的最近点,启动了 7 个摄像头和传感器,对木星及其四大卫星进行了细致的观察和拍摄,并将搜集到的信息发送回地球。冥王星探测项目耗资约 7 亿美元。科学家认为,研究冥王星有助于加深对太阳系形成的理解。

目前,空间探测已向太阳系以外行星发展。不久的将来,人类不仅能发射空间探测器,而且将有可能乘坐星际飞行器飞向其他行星,实现星际航行的梦想。

第四节　载人航天器的发展现状与前景

载人航天技术是空间技术中的重要组成部分,载人航天器主要包括宇宙飞船、航天飞机和空间站。从 1961 年第一艘载人宇宙飞船升空开始,目前全世界已有 300 多人亲历了航天飞行,其中,美国、苏联占 90%以上。在载人航天技术中,美国在登月飞船和航天飞机方面有很大的优势,但在宇宙空间站的建设上,经验最丰富、技术力量最雄厚的当属于苏联。

一、宇宙飞船

将人造地球卫星的体积增大使之可以乘人,并配备好生命保障系统和返回地球的设备,就成了宇宙飞船。载人宇宙飞船可分为三种:绕地球运转的飞船、登月飞船和星际飞船。目前,星际载人飞船尚在开发之中。

（一）绕地球运转的宇宙飞船

通常所说的宇宙飞船绝大部分都是环绕地球轨道运转的飞船。它是一种运送航天员到达太空并安全返回的一次性使用航天器。它能基本保证航天员在太空短期生活并进行一定的工作。运行时间一般是几天到半个月,通常只能乘 2～3 名航天员。

宇宙飞船最重要的用途之一就是为空间站和月球基地等接送航天员和物资,且费用较航天飞机低许多。以前的“和平号”空间站和“礼炮号”系列空间站以及美国“天空实验室”空间站,都是用宇宙飞船作为天地往返的交通工具的。苏联“联盟 15 号”飞船,曾在“礼炮 7 号”的空间站与“和平号”空间站之间来回飞行并对接,成为世界上第一辆太空“公共汽车”。

1. 世界上第一个载人宇宙飞船

1961 年 4 月 12 日,苏联成功地发射了世界上第一个载人宇宙飞船——“东方 1 号”,飞船由乘员舱和设备舱及末级火箭组成,总重 6.17 t,长 7.35 m。外侧覆盖有耐高温材料,能承受飞船再入大气层时因摩擦产生的摄氏 5000℃左右的高温。乘员舱只能载一人,航天员可通过舷窗观察或拍摄舱外情景。飞船环绕地球一周后,脱离轨道返回地球。在距地面 7 km 时,航天员加加林从座舱里弹出,靠降落伞安全降落在田野上,完成了划时代的飞行。东方 1 号宇宙飞船打开了人类通往太空的道路。之后,东方二、三、四、五、六号飞船相继发射,都获得了成功。继东方号之后,苏联又发射了“上升号”、“联盟号”,

共进行了十几次载人宇宙飞行。

2. 美国的宇宙飞船

1961 年 5 月 5 号，美国首次发射了载人宇宙飞船——"水星"号。"水星"号系列飞船共进行了 6 次载人飞行，主要考察人在宇宙空间的适应性以及飞船上各种仪器设备的工作性能。美国第二代宇宙飞船是"双子星座"。"双子星座"系列飞船共进行了 11 次载人飞行，主要尝试解决两个飞行器的轨道交会、对接、宇航舱外活动和变轨飞行等问题，为"阿波罗"载人登月做好技术上的准备。

3. 我国"神舟"号宇宙飞船

我国于 1992 年开始研制"神舟"号宇宙飞船。1999 年 11 月 20 日，我国酒泉卫星发射中心成功地发射了"神舟一号"实验飞船。江泽民同志为试验飞船题名"神舟"号。继"神舟一号"发射成功之后，我国又于 2001 年和 2002 年分别发射了"神舟二号"、"神舟三号"和"神舟四号"宇宙飞船，都取得了成功。

"神舟"一至四号的未载人试验飞行，不仅考察了飞船的生命保障系统的工作情况，而且还进行了大量的科学实验，如空间生命科学、空间材料学、空间天文和空间物理、生物育种等。"神舟二号"宇宙飞船装有空间晶体生长炉、空间生物培养箱、宇宙天体高能辐射监测仪、大气密度探测器等 60 多种实验设备。"神舟三号"飞船从太空带回的试管种苗，虽然返回地面才 10 来天，但生长速度却是正常情况的 5 至 7 倍。

2003 年 10 月 15 日，我国第一个载人宇宙飞船——"神舟五号"成功发射，航天员杨利伟踏入太空，标志着我国的载人航天技术已进入世界先进行列。

2005 年 10 月 12 日，我国又一只载人宇宙飞船——"神舟六号"发射成功。"神舟六号"以 7.8 km/s 的速度，在距地面 343 km 的圆形轨道上飞行。经过 5 天的宇宙航行，10 月 17 日航天员费俊龙、聂海胜安全地返回地面。

据我国"长征"火箭总设计师透露，我国将在"神舟七号"实现宇航员出舱，"神舟八号"发射目标飞行器（专门用于对接），"神舟九号"实现无人对接，"神舟十号"则实现载人对接。今后的载人飞船发射时间间隔将大大缩短，目标飞行器发射当年就可以发射对接飞船。

（二）登月宇宙飞船

登月宇宙飞船是一种脱离地球轨道，以载人登月为目的的宇宙飞船。

1. 阿波罗宇宙飞船

1969 年 7 月 20 日，美国航天员尼尔·阿姆斯特朗和埃德温·奥尔德林乘"阿波罗 11 号"宇宙飞船首次成功登上月球，实现了人类登上月球的梦想。从 1969 年 11 月到 1972

年 12 月,美国共进行了 5 次成功的"阿波罗"飞行,共有 12 名航天员登上月球。这一系列"访问"大大丰富了人类对月球的认识。每次"阿波罗"飞行都对月球表面进行广泛考察,搜集大量月球岩石、土壤标本,其中仅从月球带回地球的月岩样品就达 440 kg。"阿波罗"飞行同时把许多仪器安装在了月球上,进行科学研究。阿波罗登月计划完成之后,美国决定在今后的几十年内不再进行登月旅行。

"阿波罗"登月计划只是一个起点。它留下了许多未竟的事业。许多宏伟设想还有待实现,许多突破还有待完成。

2. 各国登月计划竞争激烈

2004 年 1 月,我国绕月探测工程被批准立项,标志着月球探测工程正式启动。这是我国深空探测的重要一步。我国月球探测的主要目的是从科学的角度去了解月球这个离我们最近的天体,发展航天工程技术。我国计划在 2007 年之前环绕月球进行不接触月表探测,2007 年 10 月 10 日我国发射了第一个月球探测器"嫦娥 1 号",实现环月探测;计划在 2012 年之前进行月球登陆探测;在 2017 年之前实现在月球表面着陆,并采样返回。考虑到我国科学技术水平、综合国力和国家整体发展战略,2020 年或稍后的一个时期,我国月球探测工程以无人探测为主。

2005 年 2 月,在成功发射了一枚搭载多用途卫星的 H2A 火箭后,日本宇宙航空研究开发机构开始制定日本太空开发的远景规划,其中包括雄心勃勃的登月计划:5 年内研制出能够在月球进行探险的机器人;10 年内开发出能够使人类在月球长期停留的一整套技术;20 年内建月球基地。2007 年 9 月 14 日,日本成功发射首颗绕月探测卫星"月亮女神",这是继美国"阿波罗"登月后世界最大规模的探月活动。

日本制定的登月计划及其实施活动,使世界各国在登月探险方面的竞争变得更加激烈。

美国布什总统宣布:力争在 2015 年让航天员重返月球。美国航空航天局也于 2006 年 12 月公布"重返月球"计划:于 2020 年开始建立月球基地,进行地球人小规模短期移民,并在 4 年内完成永久性定居。如果这个计划得以执行,这将是人类开始在太阳系进行载人太空探索的第一步,月球定居点将成为一个人类未来登陆火星的中途站。

由于资金严重短缺,俄罗斯从 1996 年开始就没有进行过星球探测活动。但目前,俄罗斯正重新启动太空发展计划,已经研制出新式登月飞船。

欧洲航天局计划在 2008 年之前向月球发射一颗卫星,在 2009～2010 年向月球发射登陆器,在 2020 年将航天员送上月球。

近几年,印度的空间技术发展较快。印度计划在 2008 年发射第一艘无人登月飞船"月球飞船-Ⅰ号",准备在 2015 年前进行更多的登月活动。

二、航天飞机

与卫星、宇宙飞船不同的是，航天飞机是可以重复使用的航天器，它是往返于地球和太空之间的空间运输工具。

1981 年 4 月 21 日，经过 10 年的研制开发，世界上第一架航天飞机——美国"哥伦比亚"号成功升起。它是第一架用于在太空和地面之间往返运送航天员和设备的航天飞机。

美国宇航局的第二架航天飞机是"挑战者"号。"挑战者"号的第一次飞行在 1983 年 4 月，航天飞机由轨道飞行器、固体燃料火箭推进器和外燃烧箱共同构成。轨道飞行器是一种用来在太空和地面之间往返运送航天员和设备的带有机翼的太空飞机。"挑战者"号共进行了 9 次飞行，最后一次飞行（飞机失事）是在 1986 年。

美国建造的第三架航天飞机是"发现"号，1984 年 8 月 30 日"发现"号航天飞机首次航行。2006 年 7 月 4 日，美国"发现"号航天飞机在肯尼迪航天中心再次发射升空。这是"发现"号第 32 次出征，比任何其他航天飞机的飞行次数都多，也是美国航天飞机的第 115 次飞行。

在美国航天飞机的历史上，"发现"号战绩辉煌，曾将包括"哈勃"太空望远镜在内的 20 多颗各类卫星及探测器送入太空。两次航天飞机失事，最终都是"发现"号"义不容辞"地挑起重返太空的重担。1986 年 1 月 28 日，"挑战者"号升空 73 s 后爆炸，美国航天飞机发射被迫暂停。32 个月后，"发现"号在各方关注下完成了重返太空的使命。2003 年 2 月 4 日，"哥伦比亚"号失事。两年多之后，又是"发现"号勇担重任，完成了"哥伦比亚"号失事后的首次太空飞行。

中国在近期内不考虑航天飞机的研制。虽然航天飞机具有可反复使用、在空中操作灵活的优点，但由于航天飞机的成本和维护费用非常高，而且多次使用增加风险，因此，中国目前使用运载火箭运送航天器。

三、空间站

为了开发太空，需要建立长期生活和工作的基地。随着空间技术的进步，人们开始了空间站的建设。目前，在空间站的建设上，起步最早、技术力量最雄厚的是俄罗斯。

（一）苏联礼炮号空间站

1971 年 4 月 19 日，苏联发射了第一座空间站"礼炮 1 号"，从此载人太空飞行进入一个新的阶段。"礼炮1号"空间站由轨道舱、服务舱和对接舱组成,呈不规则的圆柱形,总长约12.5 m,最大直径4 m,总重约18.5 t。它在约200 km高的轨道上运行,站上装有各种试验设备、照像摄影设备和科学实验设备。与联盟号载人飞船对接组成居住舱,容积100 m³,可住6名航天员。"礼炮1号"空间站在太空运行6个月,相继与联盟10号、联盟11号两艘飞船对接组成轨道联合体,每艘飞船各载3名航天员,共在空间站上停留26天。"礼炮1号"完成使命后于同年10月11日在太平洋上空坠毁。

苏联一共发射了7座"礼炮号"空间站,"礼炮7号"空间站载人飞行累计达800多天,直到1986年8月才停止载人飞行。

(二)美国天空实验室

美国在1973年5月14日发射成功一座叫天空实验室的空间站,它在435 km高的近圆空间轨道上运行,先后接待3批9名航天员到站上工作。这9名航天员在站上分别居留28天、59天和84天。天空实验室全长36 m,最大直径6.7 m,总重77.5 t,由轨道舱、过渡舱和对接舱组成,可提供360 m³的工作场所。1973年5月25日、7月28日和11月16日,先后由阿波罗号飞船把航天员送上空间站工作。在此期间,航天员用58种科学仪器进行了270多项生物医学、空间物理、天文观测、资源勘探和工艺技术等试验,拍摄了大量的太阳活动照片和地球表面照片,研究了人在空间活动的各种现象。1974年2月第三批航天员离开太空返回地面后,天空实验室便被封闭停用,直到1979年7月12日在南印度洋上空坠入大气层烧毁。

(三)苏联"和平号"空间站

苏联"和平号"太空站于1986年2月20日发射升空,它是集苏联第一代、第二代空间站的经验建造的第三代空间站,是世界上第一个多舱空间站。

"和平号"是一阶梯形圆柱体,全长13.13 m,最大直径4.2 m,重21 t。它由工作舱、过渡舱、非密封舱三个部分组成,共有6个对接口。"和平号"作为一个基本舱,可与载人飞船、货运飞船、4个工艺专业舱组成一个大型轨道联合体。四个专业舱都有生命保障系统和动力装置,可独立完成在太空机动飞行。其中一个是工艺生产实验舱,一个是天体物理实验舱,一个是生物学科研究舱,一个是医药试制舱。最大的轨道联合体总长达35 m,总重70 t,俨然像一座太空列车,绕地球轨道不停地飞驰。1988年12月21日从"和平号"上归来的两名航天员季托夫和马纳罗夫,创造了在太空飞行整整一年的新纪录。

2001 年 3 月 23 日,"和平号"超期服役走完了 15 年的坎坷路程,带着它创下的无数成就坠入大气层,从地球轨道上消失了。15 年来"和平号"接待了来自 12 个国家的 100 多位航天员,完成了 24 个国际性科研计划,进行了 1700 多项、16500 个科学实验,帮助 15 个国家的科学家完成了空间研究,研制产生了 600 项日后可供工业应用的新技术。

（四）国际空间站

由美、俄、日、加等 16 个国家合作建设的国际空间站始建于 1998 年,正在建设中的国际空间站属于第四代空间站,而前三代均为苏联建造。国际空间站是现在唯一停留在太空中的空间站。

国际空间站是人类航天史上首次多国合作建造的最大空间站,预计总投资 1000 多亿美元。计划分 3 个阶段实施。第一阶段是准备阶段,已于 1994～1997 年完成。第二阶段是初期装配阶段。在这一阶段将把国际空间站的主体舱"曙光"号和连接舱发射到太空进行组装,空间站的核心部分服务舱将发射升空并同"曙光"号和"团结"号对接。这期间空间站将初具规模并可运载 3 人飞行。在第三阶段,将把美国的居住舱、欧洲航天局和日本制造的实验舱送入太空,对接成功后标志着国际空间站的最终建成,届时可以有 7 名航天员同时在太空工作。

最终建成的国际空间站,其规模是俄罗斯"和平"号空间站的 5 倍。它的太阳能电池板张开后,空间站的面积约有两个足球场那么大,它有十几个相互连接的舱室,包括 6 个实验舱、1 个居住舱、3 个节点舱等。整个空间站相当于两个波音 747 飞机的内部空间。人们将可以在国际空间站进行各种科学实验,获得在地球上无法获得的科学研究成果。目前,空间站已建成"曙光"、"星辰"等 6 个舱以及机械臂和太阳能电池等外部设施。届时即使普通百姓,也可随时感觉到国际空间站的存在,在浩瀚的夜空,人们会看到一颗新的"星体",除月亮和金星外,那第三颗最亮的"星星"就是国际空间站。

国际空间站原计划 2006 年建成,但由于从 2001 年起美国大幅度削减了航天预算,俄罗斯航天经费紧缺以及 2003 年"哥伦比亚"号灾难导致美国航天飞机被迫暂停飞行,空间站建设工作大受影响。国际空间站何时完成建设,目前尚不得而知。

知 识 点 归 纳

1. 空间技术也称为航天技术,它是探索、开发和利用太空以及地球以外天体的综合性工程技术。

2. 空间技术中所指的空间,即离地表 100～120 km 以上的外层空间。

3. 人们通常把在大气层里航行称为航空；在地球大气层以外、太阳系以内的范围内航行称为航天，而在太阳系以外的空间航行称为航宇。航天和航宇通称为宇宙航行。

4. 空间技术面临的四大难题是：① 克服地球引力；② 克服真空；③ 适应温度的剧烈变化；④ 暴露在有害辐射之中。

5. 空间技术的三大主体技术：运载火箭的研制、航天器的制造和地面测控系统的建立与实施。

6. 运载火箭是将卫星、飞船等航天器送到空间的工具。

7. 截至 2007 年 6 月 1 日，中国"长征"系列运载火箭已发射 100 次，火箭发射成功率超过 90%，达到了世界一流火箭发射成功率的标准。目前，中国已形成 14 个型号的"长征"系列运载火箭。

8. 航天器是指在地球大气层以外的宇宙空间按照天体力学规律运行的飞行器，如人造地球卫星、空间探测器、载人飞船和航天飞机等。

9. 航天器分为无人航天器和载人航天器两类。无人航天器主要有人造地球卫星和空间探测器两种，其中人造地球卫星占 90% 以上，空间探测器包括月球探测器和星际探测器；载人航天器包括载人飞船、空间站和航天飞机。

10. 星际探测器是需要摆脱地球引力飞向太阳系内其他行星或飞出太阳系对宇宙空间进行考察的太空航天器。其中，发射最早的和最多的是火星探测器。

11. 航天飞机是一种有人驾驶的、可以重复使用的航天器，它是往返地球与外层的空间运载工具。航天飞机像火箭那样垂直发射，像飞机那样水平滑跑着陆，在空间做机动和变更轨道的飞行，所以，它集运载火箭、航天器和飞机的本领于一身。

12. 宇宙飞船最重要的用途之一就是为空间站和月球基地等接送航天员和物资。

13. 地面测控系统的功能，是实现在地面对航天器进行跟踪、遥测、遥控和保持通信联系。

思考与探索

1. 试比较当前我国的火箭技术与世界各国火箭技术的差距，阐述火箭技术的发展前景。

2. 当前人造地球卫星有哪些重要的应用领域？谈谈近期我国人造地球卫星发射的最新信息。

3. 讨论我国"神舟"号宇宙飞船的发展历程以及未来的发展计划，我国月球探测工程的最新信息。

4. 美国是空间探测器技术最先进的国家，美国近期发射的空间探测器有哪些？它们的目的是什么？

5. 查阅资料：目前国际空间站的建设进展状况。

第十五章　现代激光技术

本　章　导　读

　　激光技术是 20 世纪 60 年代产生的最重大、最实用的科技成就之一。也是 21 世纪最活跃的高新技术之一。

　　激光具有方向性、单色性、相干性极好和亮度极高的特性,激光技术与现代通信技术、计算机技术、建筑装潢技术、机械加工技术、生物技术、医疗技术、农业技术等相互结合,不断开发出现代激光技术的应用新领域,带动了科学技术许多领域的新突破。

第一节　激光技术概述

　　激光产生于 20 世纪 60 年代。40 多年来,激光技术的应用与创新发展迅猛,现代激光技术与其他高新技术和传统技术相结合形成许多应用技术新领域,比如光电技术、激光医疗与光子生物学、激光加工技术、激光检测与计量技术、激光全息技术、激光光谱分析技术、非线性光学、超快激光学、激光化学、量子光学、激光雷达、激光制导、激光分离同位素、激光可控核聚变、激光武器等等。这些交叉技术与新的学科的出现,大大地推动了传统产业和新兴产业的发展。

一、第一台激光器的产生

　　1958 年 12 月,在美国哥伦比亚大学工作的汤斯和在美国贝尔电话实验室工作的肖洛,联手研究微波激射器,并把他们的研究成果写成论文,发表在美国的《物理学评论》杂志上。论文题目是《红外和光学激射器》,文章论述了获得激光的可能性和实验方法。可以认为这是激光器发展的起点。

1960年5月,美国休斯实验室的梅曼,根据他在斯坦福大学读博士研究生时对微波激射器的研究基础,采用红宝石晶体做激光器的工作物质,制成世界上第一台激光器(见图15-1)。

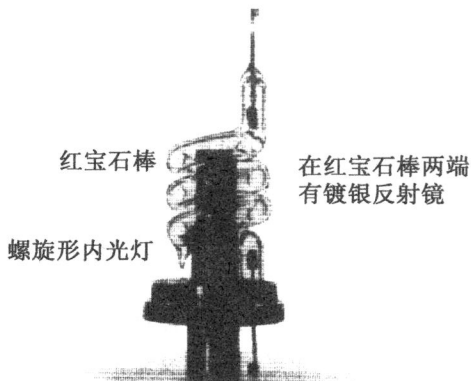

红宝石棒

在红宝石棒两端
有镀银反射镜

螺旋形内光灯

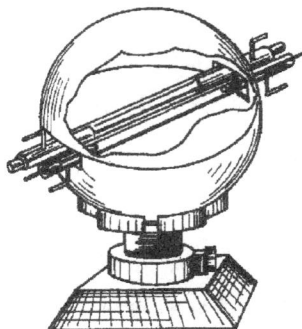

图 15-1 世界上第一台激光器   图 15-2 我国第一台激光器

第一台激光器一问世,便得到迅速发展。不久,用其他固体材料以及用氖、氦混合气体做工作物质也相继获得了激光。到1960年末,制成的各种激光器已达10多种。

我国第一台激光器在1961年9月问世(见图15-2)。它是由中国科学院长春光学精密机械研究所、中国著名光学专家王之江教授主持研制的,王之江教授至今仍被中国光学界尊称为"中国激光之父"。

中国第一台激光器诞生之后,一直到1964年,还没有一个统一的名字。有人根据Laser的发音,把它称作"莱塞"、"雷射";有人根据其英文含义,把它称为"光受激发射放大器"、"光激射器"、"光量子放大器"、"光量子振荡器"等。名称不同,影响了学术交流和激光技术的应用。1964年著名科学家钱学森教授给Laser起名为"激光"。这个名称既反映了"受激辐射"的科学内涵,又表明它是一种很强烈的新光源,贴切而又简洁,得到学术界的一致赞同并一直沿用至今。

二、激光的特性

普通光源的光与激光有什么区别?普通光源的光是非定向的,均匀地射向四面八方,光源所张的立体角为4π,呈球形;而激光就像一条直线,基本上只朝一个方向发射,可称得上是严格的平行光。因此,激光与普通光源的光具有不同的特性。

（一）方向性好、亮度高

普通光源发出的光都是向四面八方射出，发出的光可以照亮眼前周围的地方，但照亮的距离不大。通常，要把照明的距离扩大，可以用各种光学仪器（如凸透镜等）把向各个方向发射的光聚集到需要照明的方向，如汽车的前车灯、探照灯等就是用这个方法增大照明距离的。而激光不同，激光天性就是只朝一个方向发射的光，射出的光束发散角很小，是高度平行的光束。如探照灯的光，其发散角约为 0.01 rad。激光的发散角一般为 $10^{-3} \sim 10^{-6}$ rad。因此，激光能够传播很远的距离。

因为方向性好，其亮度也就高。例如发散角为 0.001 rad 的激光，其亮度是相同功率普通光的 1.26×10^7 倍。1962 年，人类第一次从地球发射由红宝石激光器产生的激光束，照亮了月球表面。一台普通红宝石激光器发射出的光束射到月球上，形成的光斑尺寸只有几百米，加上光色鲜艳，在晴朗的夜空，用眼睛就能见到月球上有一红色光斑。

由于激光的亮度极高，一束中等强度的激光，可以在焦点处产生几千度到几万度的高温，在工业上成功地应用于精密打孔、焊接和切割。

（二）单色性好

我们知道，光的颜色取决于光的波长。从红色到紫色，光的频率逐渐增大，而波长逐渐减小。每个频率或相应的波长对应一种颜色。普通光源发出的光，其颜色是比较复杂的。如太阳光包括了从紫外至远红外的所有光，所以它谈不上单色性。而光的单色性好，也就是光的颜色纯。一种光所包含的波长范围越小，它的颜色就越纯，即单色性越好。

以往较好的单色光源有氖灯、氦灯、氪灯、氢灯等，其中氪 86 光源发射的红光，波长范围只有 4.7×10^{-4} nm，具有单色性之冠的美誉。而激光的单色性比它更好，特制发红光的 He - Ne 激光器，波长范围只有 2×10^{-9} nm。

利用激光单色性好的特点，可装饰舞台、高楼、商店门面等，使得被装饰物更加鲜艳夺目。在化学工业中，有单色光协助，可提高产量、改善产品质量等。

（三）相干性极好

由光的干涉条件可知：只有频率相同、振动方向相同、相位差恒定的两束光相遇，才会产生稳定的光的干涉现象，即产生明暗相间的条纹。这样的两束光称为相干光。

普通光源的光在频率、相位和传播方向上是各不相同的，属于非相干光，不容易产生光的干涉现象。而激光的频率、相位和传播方向是相同的,因此,相干性极好。物理学中通常用相干长度来表示光的相干性,相干长度越长,光的相干性就越好。特制的氦-氖激光器输出的光束相干长度达 2×10^7 km,而单色性之冠的氪灯发射的红光,其相干长度也只有 38.5 cm。因此,如果应用激光进行精密测量,它的最大可测长度比普通光源大 10万倍以上。

利用激光相干性极好的特征,可进行全息照相、激光测量,实现光的干涉等。

三、激光原理

自然界存在两种不同的发光方式。

$$发光方式\begin{cases}自发辐射\xrightarrow{\text{产　生}}普通光\\[2mm]受激辐射\xrightarrow{\text{产生并加以放大}}激　光\end{cases}$$

什么情况下会产生自发辐射？什么情况下会产生受激辐射？

根据原子结构理论,原子的内能是量子化的。这些分立的原子能量值称为原子的能级。原子最低的能级称为基态,其余的能级都称为激发态。处于基态的原子若受到外界的作用,如光照射或电子的碰撞,获得能量而从基态变为激发态,这一过程称做激发;反之,处于激发态的原子若放出能量,则从激发态变为基态或低级激发态,这种变化称为跃迁。个别原子处在哪个能级上是随机的,并通过相互碰撞和电磁辐射的作用而不断发生跃迁。在热平衡下,各能级上的原子数目服从一定的统计规律,高能级上的原子数目总小于低能级上的原子数目(见图 15-3)。

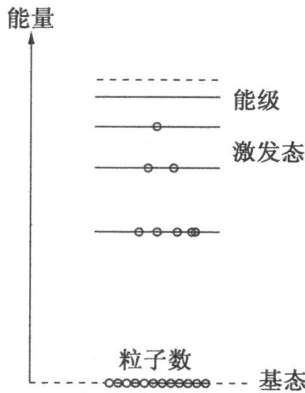

图 15-3　原子的能级和粒子数分布

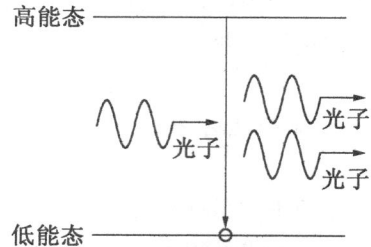

图 15-4　原子受激辐射

处于激发态的原子是不稳定的。原子从高能态跃迁到低能态有两种方式:一是没有外界作用,激发态原子会自发辐射光子返回基态,这一过程称为自发辐射,普通光源发光就属于这种;二是处于激发态的原子在自发辐射前,受到外来光子的刺激作用,从高能态跃迁到低能态,同时辐射一个与外来光子的频率、偏振态及传播方向都相同的光子,这就是受激辐射(见图 15-4)。

简单地说,输入一个外来光子,则输出两个与外来光子一模一样的光子(其中一个是原外来光子)。若能创造一个条件,使受激辐射占优势并持续进行下去,实现受激辐射的光放大,这样得到的光就是激光。

要使受激辐射占优势,处于高能态的原子数要多于处于低能态的原子数,这种分布是不平衡态粒子分布,称为粒子数反转分布。

激光器是实现粒子数反转、受激辐射占优势,并实现受激辐射光放大的装置,也就是产生激光的装置。

四、激光器简介

(一)激光器的结构

激光器种类很多,但结构大致相同。都是由工作物质、激励源和谐振腔三部分组成(见图 15-5)。

工作物质是激光器的发光材料,类似于白炽灯中的钨丝或气体放电光源中的气体。但激光器所采用的材料,必须具有适当的能级结构,能实现粒子数反转而产生受激辐射,如红宝石、半导体等。

激励源是向工作物质输入能量的装置。由激励源发出的光使工作物质受到激励而

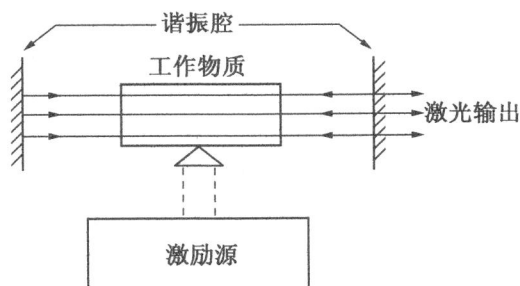

图 15-5　激光器结构简图

产生粒子数反转,即把大量的原子从基态激励到激发态。常用的激励源有:高压氙灯、氪灯、放电气体、电子束、化学反应能等。

谐振腔的作用是使某一定方向和一定频率的光得到放大,而抑止其他方向和频率的光,最终获得单色性好、同一方向的激光。

谐振腔由两块平行的反光镜组成,一块反射率为 100%,另一块根据需要设计成不同的反射率,即有适量的透过率,激光就是从这块反射镜输出的。

（二）激光器的种类

激光器的种类很多，随着科学技术的发展，各种不同用途、不同型号的激光器不断涌现。激光器的分类方法有多种，按照工作物质分为气体、液体、固体、半导体等激光器，按照功率分为微功率、小功率、中功率、大功率激光器，按照用途分为工业用、医用、测量用、通信用激光器等。以下几种是按工作物质不同分类的主要激光器。

1. 气体激光器

最常见的气体激光器是氦-氖激光器。由于发出光束的方向性和单色性好，又可连续出光，氦-氖激光器是当今使用最多的激光器，主要用于全息照相、精密测量和准直定位等。

氩离子激光器是气体激光器的典型代表，它可以发出鲜艳的蓝绿色光，并能连续出光，输出功率超过 100 W，可用于眼科手术、海下勘测作业等。

气体激光器结构简单、造价低廉、操作方便，输出的激光功率也较稳定，相干性很好，因此，气体激光器是目前种类最多、应用最广的一类激光器。

2. 液体、化学和半导体激光器

液体激光器又称为染料激光器，因为它的工作物质是一些有机或无机染料溶液。液体激光器的波长范围很广，同一台激光器，既可以产生红光，也可以产生绿光，甚至可以产生任何颜色的光，在光谱测量技术中具有特殊重要的应用价值。

化学激光器是利用化学反应来产生激光的，如氟原子和氢原子发生化学反应时，能产生处于激发状态的氟化氢分子。这样，当两种气体迅速混合后，便能产生激光。因此不需要其他能量，就能直接从化学反应中获得很强大的光能。军事上令人危惧的死光武器就是化学激光器的一项应用。

半导体激光器的工作物质是各种半导体材料，如砷化镓、铝镓砷、碲化锌等。这类激光器一般只有火柴盒大小，是一种微型激光器。其主要优点是成本低、体积小、结构简单，适用于飞机、军舰、野外作业等。2001 年，瑞士科学家研制出一种波长为 9 μm 的新型半导体红外激光器。有望在不久的将来，人们可以利用它从因特网上下载一部完整的电影或通过高清晰度视频电话聊天。

3. 固体激光器

固体激光器应用最广的是红宝石激光器。世界上第一台激光器就是红宝石激光器。固体激光器的特点是工作物质小、机械强度高，容易得到大功率的激光脉冲（脉冲输出功率可达 10^{13} W 以上）。固体激光器广泛应用于微型打孔、焊接、切割等工业加工，测距、雷达、致盲武器等国防军事以及青光眼的治疗等医学领域。

4. 原子激光器

1997 年,美国麻省理工学院的物理学家首次用钠原子获得与普通激光有某些相似特性的原子激光,引起了物理学界的普遍关注。这是世界上首次获得原子激光。

第二节　现代激光技术的应用

由于激光具有一系列特有的优异性能,它一问世,便以惊人的速度迅速普及。激光使光纤通信成为现实,激光开发了信息存储技术,激光是科学研究的得力助手,在机械工业、医学、生物、军事等各个领域,我们越来越多地看到激光技术的应用。

一、激光精密测量

(一)长距离的精密测量

随着机床、自动制图机、掩模制作机、集成电路制作机等工作机械大型化、精密化、数值控制化的发展,需要长尺子高精度地确定其位置。在军事上,要确定远处的目标和距离,也需要长尺子。没有适用的长尺子怎么办? 激光具有很好的方向性和相干性,采用光的干涉方法能实现长距离的精确测量,而且方便快捷。如用特制氦-氖激光器输出的红光,最大量程可达 20 km;用脉冲激光测距仪,测 20 km 的目标距离,误差仅 0.5 m,测量所需时间不到 1 s;利用激光相干性高的特点发展的相位测距法,测距精度更高,对 8000 km 远的卫星测距,误差仅 2 cm。

1983 年第 17 届国际计量大会通过长度单位米的新定义:米是 $\frac{1}{299792458}$ s 的时间间隔内光在真空的行程的长度。在重新定义米的讨论中,决定用精确测量的激光频率,导出光波波长,从而复现长度单位米。

(二)速度的精密测量

在工业生产和工程技术上经常会遇到速度的测量,如导弹的飞行速度、卫星的运动速度、列车的行驶速度等。激光干涉测速技术是运用光学多普勒效应发展起来的一门测试技术,它利用激光照射在运动物体上产生的反射光多普勒频移,或利用从运动物体表面散射回来的激光衍射花样发生的移动,确定物体的运动速度。这一技术测量的速度范围很宽,应用也较广,可以测出低到 0.07 mm/s,高到每秒几百米的速度。它既可用于测量高速运动物体在极短时间内的速度变化,也可测量冲击波作用下各种材料的自由面速度和内部粒子速度,对研究高温高压等极端条件下材料的物理和力学响应特性具有重要价值。该技术自 20 世纪 70 年代提出以来,主要用于各种武器的实验与测试,具有很强的军事应用背景。

据《光明日报》2007 年 4 月 25 日报道:经过 30 余年的应用与发展,我国激光干涉测速装置(简称 VISAR)的研制最近取得了重大突破——由中国工程物理研究院流体物理研究所(中物院一所)自行研制的激光干涉测速系统,其性能指标达到了国际先进水平,为我国武器研制、新材料科学、天体物理和地球物理等领域的实验研究工作提供了先进的测试手段。

(三)激光准直导向

光沿直线传播。激光的亮度高,方向性好,是良好的天然准直线和导向指示线,准直精度高,操作方便快捷。如造船采用激光准直定中心线,精度提高一个数量级,工效提高 10 倍。波音 747 巨型飞机用激光指示精确地对准 28 m 长的机翼机架。用激光引导280 t 的隧道掘进机在 2.5 km 长的的隧道内作业,偏差不超过 16 mm。

(四)激光无损检测

质量检测是保障产品质量合格率的重要手段。以激光相干性和单色性为基础的检测技术,速度快、漏检率低,可以直接在生产线上检测出产品内部的缺陷以及缺陷的大小和位置,并进行产品的分类。

二、激光信息处理

随着科学技术的发展,需要存储、传递和处理的信息量与日俱增。激光技术能够大幅度地提高信息处理能力。

光盘是利用激光写入和读出信息的光学信息存储器。它用激光代替机械唱针,避免了机械摩擦,故光盘的使用寿命可达 10 年以上。

目前光纤通信已进入实用化阶段。要保证信息的良好传递,在光纤管中传播的、载有信息的光束必须是单色光,激光的单色性很好,因此,光纤通信只有在激光问世后才得以实现。

光波具有独立传播的性质,几束光交叉在一起不会发生相互影响,而电流则没有这个性质。因此,利用光波束来代替电流构造计算机,将会获得更高的计算速率和容量。

此外,激光图像处理技术是一种高速信息处理技术,可与计算机图像处理互为补充。在显示技术方面,激光液晶大屏幕已成为新一代电视的主角。

三、强激光的工业应用

用透镜聚焦的太阳光可以把火柴、纸片点燃。激光的亮度比太阳光高 10^{11} 倍,经光学系统聚焦的激光束可以使金属瞬间熔化,进行各种机械加工,还可以制造廉价核燃料。

(一)激光加工技术

聚焦起来的激光束内光功率密度可以极高。如一台普通的激光器,在 1 ms 内发射 100 J 的光能量,用透镜聚集,在焦点上光功率密度可达 1.3×10^{11} W/cm²,即使材料表面对光的吸收率为 1%,也可以使大多数金属瞬间加热熔化、气化。利用激光高能量的特性,可以进行各种机械加工,如打孔、切割、焊接、雕刻、热处理等。

激光加工的优点是:精度高(一般都可以达到 1 μm 以下)、速度快、费用低、污染少、对原材料的损伤极小。例如,激光焊接能使平面无收缩、形变、脆化、裂缝等现象,用 100 kW 的激光器可全深透焊 36 mm 的钢板,焊速达 4.8 m/s ;化学纤维工业中所用的喷头,在直径约 10 cm 的区域内,要钻上万个直径只有几十微米的小孔,如果用人工,需要 5 个人干一个星期,而利用激光打孔,只需一个多小时就可完成,而且质量很高。

20 世纪 80 年代以来,日本、美国等国家的激光加工机床的普及率以惊人的速度增长。目前,激光加工技术已广泛应用于航空航天工业、钟表宝石轴承、金刚石拉丝模、内燃机喷油嘴等众多机械工件加工上。

(二)激光制造廉价核燃料

将核燃料从天然核矿石中提取出来,采用的是同位素分离技术。同位素分离技术在科学研究、核能利用以及军事上都有十分重要的价值。如核电站使用的核燃料铀 ^{235}U,其含铀浓度大于 3%,而天然铀矿中铀含量只有 0.72%。目前的主要分离技术是气体扩散法,其缺点是分离系数比较低,耗能大。利用激光单色性极好的特征,根据不同的同位素原子(分子)光谱的同位素位移,可以有选择地激发、电离或离解其中某种同位素原子,最后再利用物理方法或化学方法把这种同位素从混合物中分离出来。激光分离同位素可以获得比较高的分离系数,且能耗是气体扩散法的 1/20,投资成本只有气体扩散法的 1/10。

四、激光医学应用

激光医疗是激光应用于实际最早的一个领域。早在 1961 年,激光就被成功应用于眼科的激光视网膜焊接。激光在医学上的应用分为两大类:激光诊断与激光治疗。多年来,激光技术已成为临床治疗的有效手段,也成为发展医学诊断的关键技术。目前,激光治疗已被广泛用于医学治疗的各个领域。激光医疗不仅速度快、痛苦小、无感染、疗效较好,还能治疗一些疑难疾病。如激光用以治疗慢性咽喉炎、毛细血管瘤、脑膜瘤、癌症以及面部美容等。目前,激光技术在医学领域的开发应用在诸多方面都保持持续的、强劲的发展势头。

当前激光医学的出色应用研究主要表现在以下方面:光动力疗法治癌;激光治疗心血管疾病;准分子激光角膜成形术;激光治疗前列腺良性增生;激光美容术;激光纤维内窥镜手术;激光腹腔镜手术;激光胸腔镜手术;激光关节镜手术;激光碎石术;激光外科手术;激光在吻合术上的应用;激光在口腔、颌面外科及牙科方面的应用;弱激光疗法等。

五、激光生物应用

经激光照射后的植物,会引起生物遗传变异。根据这个道理,激光技术被广泛应用于农作物育种。例如,水稻、小麦等农作物的种子经激光照射后,会提前发芽、植株粗壮、生长迅速、抗病能力增强、产量提高。目前经激光育种技术培育的农作物品种已达几百个。我国采用激光育种技术培育的 3 个水稻和 3 个小麦新品种,推广种植面积达 5000 多万亩,增产粮食 5 亿多千克;培育的大豆新品种的产量比目前良种大豆高 25%,而且含油量也提高 2.6%。

经激光照射的蔬菜、果树等,可提高产量、改善品质。例如,有一种桃树,由于雄花蕊发育不全,因此产量不高。经激光照射后,培育出的沙激一号、沙激二号,座果率达到 85%,产量提高 4 倍,而且,果肉更厚更甜。广西产的沙田柚是国内外有名的优良水果,肉嫩味甜。不足的是籽太多,平均每个果子中含有 140～150 粒籽。利用激光技术进行改良之后,果内的籽已经很少,约 10% 的果内甚至一粒籽也没有,果肉更甜。而且,产量也大幅度提高,以前每棵树结不到 200 个果,现在平均每棵树能结 400 个果。

目前生物技术研究发现,激光还能改变细胞中的染色体结构,改变生物体的遗传基因。例如,用氦-氖激光器照射番鸭的精子,能使精子的寿命由 3 h 延长至 60 h;用激光照射山羊的精子,其存活时间增加 1 倍以上,且活力增强;用激光照射鸡蛋、鱼卵,其孵化率也得到提高。这对人工受精繁殖家畜具有十分重要的价值。

此外，激光技术在消灭虫害、除草和食物储藏等方面也有广泛的应用。

六、激光在军事上的应用

激光武器是一种利用定向发射的激光束直接毁伤目标或使之失效的新型武器。激光武器具有攻击速度快、转向灵活、可实现精确打击、不受电磁干扰等优点，但也存在容易受天气和环境影响等弱点。激光武器已有 30 多年的发展历史，目前，低能激光武器已经投入使用，主要用于干扰和致盲较近距离的光电传感器，攻击人眼和一些观测设备。高能激光武器按照目前技术水平，不久即可用于战术防空、战区反导和反卫星作战等。

2007 年雷锡恩公司宣布"成功试验了固体激光武器系统"。新型激光系统"综合了密集阵武器系统的现有成功技术和威力，能够在实战防御距离摧毁火箭、迫击炮弹和导弹"。

七、激光在科学研究中的应用

激光技术提供了一种时间、空间高度相干的高强度光源，为开展非线性光学的研究创造了条件；激光技术与光谱学相结合，形成了激光光谱学；激光技术与核能源技术相结合，利用激光提供核聚变所需的 5×10^7 K 的高温，实现受控热核反应，以解决人类面临的能源问题，这是目前世界上许多国家正在研究的重大课题；激光技术与生物技术相结合，为生物学向更深层次和更精确的定量化方向发展提供了许多重要的研究方法；激光技术与化学相结合，把化学研究带入了激光化学的新时代等。

此外，激光技术在计算机、激光艺术、建筑装潢等领域也有许多应用。激光技术的应用远不止上面所例举的，而且新的应用领域还在源源不断地开发之中。另外，激光技术也不是"万能"技术，由于激光具有极强的方向性，因此，激光不适合照明使用。

第三节　现代激光技术的发展前沿

一、光电子技术的发展

激光技术是光电技术及产业的基础，将推动和取代传统电子信息产业。目前全球业界公认的发展最快的、应用日趋广泛的最重要的高新技术就是光电子技术，它必将成为 21 世纪的支柱产业。

21 世纪的现代激光技术的发展将支撑并推进高速、宽带、海量的光通信以及网络通信,此外将推出品种繁多的光电子消费类产品,如新型彩电、掌上电脑电子产品、智能手机、手持音响播放设备、摄影、投影和成像、办公自动化光电设备等,以及新型的信息显示技术产品,并进入人们的日常生活中。激光产品已成为现代武器的"眼睛"和"神经",光电子军事装备将改变21世纪战争的格局。

二、激光核聚变的研究

科学家设想利用激光的高能量给核燃料"点火",实施核聚变发电,如果这一设想得以实现,将彻底解决人类目前所面临的能源问题。

核聚变也称为原子核聚变,即由轻原子核融合成为质量数较大的核。通常核聚变所需的核燃料为氢的同位素氘核和氚核。核聚变的同时,会释放出巨大的能量。如1954年3月1日,美国在太平洋的比基尼岛上爆炸的一颗氢弹,爆炸力相当于1.5×10^7 tTNT黄色炸药,约等于700多颗原子弹爆炸的当量。由此可见,核聚变反应具有潜在的巨大能量,它给人类解决能源问题带来希望。

实现大规模轻核聚变反应的一个必要的条件,是要求有足够高的温度,即至少几千万度的高温。由于高温必定伴随着高压,其压强常可达几亿个大气压,怎样才能在"瞬间"使某一轻核的混合物达到如此的高温高压? 根据目前的技术条件,氢弹爆炸是利用装在其内部的一颗小原子弹爆炸产生的高温高压,去触发氢弹核聚变的。而要利用核聚变解决能源问题,就要设法持续地、缓慢地实现轻核的聚变反应,这就是受控热核反应的设想,实现热核"爆炸"而释放能量,可能的加热方式有多种,其中一种就是激光核聚变,即将高功率激光束聚焦后照射在由氘、氚或氘-氚制成的靶丸上,产生高温高压,使氘、氚核发生聚合,同时释放出巨大的能量。目前,激光核聚变还只是科学家的一个设想,许多技术上的问题正在开发研究之中。

三、激光化学技术的发展

激光化学技术是用激光来指挥化学反应。因为激光携带着高度集中而均匀的能量,可精确地打在分子的键上,比如利用不同波长的紫外激光,打在硫化氢等分子上,改变两激光束的相位差,则控制了该分子的断裂过程,也可利用改变激光脉冲波形的方法,十分精确和有效地把能量打在分子身上,触发某种预期的反应。

激光化学的应用非常广泛。制药工业是第一个得益的领域。应用激光化学技术,不仅能加速药物的合成,而又可把不需要的副产品剔在一旁,使得某些药物变得更安全可靠,价格也可降低一些。利用激光控制半导体,就可改进新的光学开关,从而改进电脑和通信系统。激光化学虽然尚处于起步阶段,但其前景十分光明。

四、激光医疗技术的发展

激光医疗近期研究重点包括:① 研究激光与生物组织间的作用关系;② 研究弱激光的细胞生物学效应及其作用机制;③ 深入开展有关光动力疗法机制、激光介入治疗、激光心血管成形术与心肌血管重建机制的研究,积极开拓其他新的激光医疗技术;④ 对医学光子技术中重要的、新颖的光子器件和仪器设置进行开发性研究,包括开发激光手术刀等。

五、超快超强激光的开发

超快超强激光主要以飞秒激光的研究与应用为主,作为一种独特的科学研究的工具和手段,飞秒激光的主要应用可以概括为三个方面:飞秒激光在超快领域、超强领域和超微细加工中的应用。

飞秒激光在超快现象研究领域中所起的是一种快速过程诊断的作用。飞秒激光尤如一个极为精细的时钟和一架超高速的“相机”,可以将自然界中特别是原子、分子水平上的一些快速过程分析、记录下来。

飞秒激光在超强领域中的应用,归因于具有一定能量的飞秒脉冲的峰值功率和光强可以非常之高。与飞秒激光相应的能量密度只有在核爆炸中才可能存在。飞秒强光可以用来产生相干 X 射线和其他极短波长的光,可以用于受控核聚变的研究。

飞秒激光用于超微细加工是近几年才开始发展起来的,目前已有了不少重要的进展。与飞秒超快和飞秒超强研究有所不同的是飞秒激光超微细加工与先进的制造技术紧密相关,对某些关键工业生产技术的发展可以起到更直接的推动作用。飞秒激光超微细加工是当今世界激光、光电子行业中的一个极为引人注目的前沿研究方向。

六、激光军事战斗和防御系统

激光测距仪是激光在军事上应用的起点,将其应用到火炮系统,大大提高了火炮射击精度。激光雷达相比于无线电雷达,由于激光发散角小,方向性好,因此其测量精度大幅度提高。由于同样的原因,激光雷达不存在“盲区”,因此尤其适宜于对导弹初始阶段的跟踪测量。但由于大气的影响,激光雷达并不适宜在大范围内搜索,还只能作为无线电雷达的有力补充。精确的激光制导导弹,以及模拟战场上的激光武器技术运用,在激光实战演习的战场上,酷似实际战争场面。目前激光武器还在发展之中,迄今为止,还没有一个国家建立起一套科学可行的战斗和防御系统。

到目前为止,所有的激光器都是根据能级粒子数反转的原理建立激光发射的。现在,科学家正在研究开发在无粒子数反转的条件下获得激光增益。相信在不久的将来,随着新型激光器的诞生,激光技术的应用领域将更加宽广。

知 识 点 归 纳

1. 世界上第一台激光器诞生于 1960 年 5 月,由美国休斯实验室的梅曼,采用红宝石晶体做激光器的工作物质研制而成的。

2. 我国第一台激光器在 1961 年 9 月问世,是由中国科学院长春光学精密机械研究所、中国著名光学专家王之江教授主持研制的,王之江教授至今仍被中国光学界尊称为"中国激光之父"。

3. 普通光源的光与激光的区别:普通光源的光是自发辐射产生的光,射向四面八方,光源所张的立体角是 4π;而激光是由受激辐射产生的光,激光基本上只朝一个方向发射,是高度平行的光束。

4. 激光具有与普通光不同的特性:方向性、单色性、相干性极好,亮度极高。

5. 原子的能量是量子化的。分立的原子能量值称为原子的能级。原子最低的能级称为基态,其余的能级都称为激发态。

6. 在热平衡状态下,高能级上的原子数目远小于低能级上的原子数目。

7. 要使受激辐射占优势,处于高能级的原子数要多于处于低能级的原子数,这种分布是不平衡态粒子分布,称为粒子数反转分布。

8. 激光器是实现粒子数反转、受激辐射占优势,并实现受激辐射光放大的装置。

9. 激光器都是由工作物质、激励源和谐振腔三部分组成的。

10. 激光器的种类很多,有气体激光器、液体激光器、固体激光器、原子激光器等等。

思考与探索

1. 激光是怎样产生的? 它具有哪些特殊的性能?

2. 简述激光有哪些应用? 它们各是利用激光的哪些特性?

3. 结合所学专业或日常生活,谈谈激光的应用设想。

4. 查阅资料:现代激光技术的最新应用研究。

第十六章　新能源技术

本　章　导　读

　　能源是人类生存、发展以及各种社会活动不可缺少的物质基础,是国民经济发展的重要支柱,也是人类生活质量的重要保障。在目前能源结构中占有89.5%比例的煤炭、石油、天然气等石化燃料将面临枯竭。能源紧缺将是人类面临的重要问题。

　　世界能源的发展战略是:多元结构的能源系统和高效清洁的能源技术。因此,环保、高效的可再生性能源的开发是新能源技术的发展方向。

　　本章主要介绍当前新能源技术中太阳能、核能、风能的开发与利用以及我国新能源技术的现状与发展方向。

第一节　能源技术概述

　　能源是人类生存、发展以及各种社会活动不可缺少的物质基础,也是人类生活质量的重要保障,能源、材料和信息并称为现代社会的三大基石。能源问题已成为 21 世纪人类社会发展迫切需要解决的重大问题。能源技术是研究如何有效地开发、生产、保存、传递能量并通过能量形式的转换来有效利用能量的技术。它是一门涉及面广、综合性强的技术。

一、能源及其分类

(一)能源的概念

　　在生产、生活的各个方面,人类每时每刻都在利用和消耗着能量。能量有多种存在形式,如机械能、热能、光能、电磁能、风能、太阳能、化学能等。不同形式的能量可以相互转化。如天然气中的化学能通过燃烧转变为热能;热能通过蒸汽机变成机械能;蒸汽机带动发电机将机械能转变为电能;电能使电动机运转又转化为机械能等。

什么是能源? 能源是指可以为人类提供各种形式能量的物质资源,如煤炭、石油、天然气、核燃料等。

（二）能源的分类

自然界中存在的能源种类很多,能源的分类方法也很多。根据需要,我们可以将能源进行不同的分类,如按照能源的形成方式分类、按照能源的性质分类、按照能源的开发利用状况分类等。这里我们根据能源的形成方式介绍能源的分类。

能源可分为天然能源和人工能源两大类。天然能源又称为一次性能源,它是自然界中以天然方式存在的未经加工转换的原始能源,如原煤、石油、天然气、太阳能、风能、水能、核燃料等。人工能源又称为二次能源,它是指经过一次或多次加工转换而产生的能源,如电能、热能、汽油、煤油、柴油、沼气等。

天然能源又可分为再生性能源和不可再生性能源。

再生性能源是指可循环使用或不断得到补充的自然能源,如风能、水能、太阳能、潮汐能、生物质能等。实际上这些能源绝大部分都是太阳能的变种,只有潮汐能来自地球自转的旋转动能。如水能是由于太阳光照射在江河湖海上,使水汽蒸发,从而转化为可利用的水力资源;风能来自太阳对大气层的不均匀照射,从而形成气流,也就是风。

不可再生性能源是指消耗一点少一点,短期内不能再产生的自然能源,它包括煤、石油、天然气、核燃料等。不可再生性能源都是经过亿万年的漫长岁月形成的,一般开发方便,使用率高。

目前,煤炭、石油、天然气、水能、核裂变能都已得到大规模的经济开发和利用,这些能源又称为常规能源,它们在目前的能源结构中占主要地位。其中煤炭、石油和天然气均属于石化燃料,它们分别是古代植物和低等动物的遗体在缺氧条件下,通过高温高压作用,经漫长的地质年代演变而成的;而太阳能、地热能、风能、核聚变能、潮汐能、生物质能、海洋能等尚未得到大规模开发和利用,这些能源被称为新能源。由于新能源不仅是再生性或资源丰富的能源,而且其开发与利用对环境保护具有重要意义,因此成为能源开发和利用的重点。

二、能源资源统计

(一) 世界能源资源统计

根据中国科学院地理科学与资源研究所《中国自然资源数据库》2000 年对世界自然资源的统计数据和 2006 年《BP 世界能源统计 2006》统计出的当前对自然能源的开采速度,可计算出石化燃料的可开采年限(见表 16 - 1)。

表 16 - 1　世界主要能源资源调查和统计

燃料名称	煤炭/(10^8 t)	石油/(10^8 t)	天然气/(10^8 m^3)	铀/t
可采储量	9842.1	1402.8	$1.49×10^6$	$2.08×10^6$
可采储量的开采年限	162 年	40 年	65 年	65 年
预计最终开采年限	279 年	121 年	170 年	290 年

统计资料显示,由于人口的增长以及工业发展速度和人民生活水平的提高,在目前能源结构中占有 89.5% 比例的石化燃料(煤炭、石油、天然气等)将面临枯竭。虽然今后会有新的探明储量,但由于现代社会对能源的需求越来越大,能源紧缺将是人类面临的重要问题。

(二) 中国能源资源统计

我国能源资源的基本特点是:富煤、贫油、少气。目前世界能源消费构成是石油约 40%、煤炭 25%、天然气 25%、核电和其他能源约 10%;而我国是煤炭占 70%、石油和天然气约占 20%、其他能源约 10%。

据 2000 年《中国自然资源数据库》统计资料显示:中国的煤炭资源十分丰富。我国的煤炭资源总量为 $5.06×10^{12}$ t,可开采储量为 $1.145×10^{11}$ t,居世界第 1～2 位,在全球可采煤储量中占 11%。煤作为能源资源在中国国民经济发展中起着举足轻重的作用,是支持经济发展和保障人民生活的基础产业。中国 70% 以上的能源来自煤,煤在中国仍有巨大的应用前景。但煤的能源大量开发利用,带来的严重环境问题必须引起我们的高度重视。

中国的石油资源量为 $1×10^{11}$ t,可开采储量为 $3.27×10^9$ t,占世界可开采储量的 2.3%;天然气资源量为 $3.81×10^{13}$ m^3,可开采储量为 $1.37×10^{12}$ m^3,仅占世界可开采储量的 0.9%。从已探明的可开采储量看,中国的石油、天然气资源相对不足。随着经济发展和人民生活水平的提高,对油气的需求必将大幅度增加。现在中国已经成为石油净进口国,今后还会进一步增加。解决中国油、气资源的不足问题,首先是立足于开发利用中国的油、气资源。2002 年 5 月,我国第一个储量世界级的大气田"苏里格大气田"在内蒙古的苏里格庙地区被发现,这表明,中国的天然气资源尚有巨大的勘探开发前景。

核燃料资源,主要用于核反应堆发电,中国核电工业尚处于起步阶段,目前核电在全国发电总量中还不到 2%,从长远看,中国的核电事业具有广阔的发展前景。

我国的水利资源居世界第一,可开发量达 3×10^8 kW,主要分布在西南地区,目前已开发利用的还不多。我国长江三峡水利工程设计安装的 6.4×10^5 kW 机组共 26 台,年发电量可达 8.40×10^{10} kW·h,是世界上最大的水电站。2006 年 11 月开工建设的向家坝水电站,其规模仅次于三峡水电站和溪洛渡水电站,是中国第三大水电站,位列世界第四。工程计划 2008 年截流,2012 年首批机组发电,2015 年建设完工。据统计,到 2006 年,我国水电新增装机容量超过 1×10^7 kW,累计装机容量达到 1.2×10^8 kW;预计到 2020 年我国水电装机可达 1.8×10^8 kW,到 2050 年达到 2.9×10^8 kW,到那时,可开发的水力资源基本都开发出来了,我国的水电发电量将雄踞世界首位。

中国能源资源的现状是:人均能源占有量极低,优质能源资源(石油、天然气等)严重短缺,整个能源结构极不合理,相当长的时间内,还得以煤为主,将给环境和交通运输带来巨大的压力。

三、能源技术的发展方向

从世界能源发展趋势看,人类最理想的能源应该是清洁高效的,由低热值的固体燃料向高热值气态和液态燃料过渡的,具有较高的能源效率、经济效益和环境效益的新型能源。

(一)煤炭、石油和天然气在能源结构中的比例将逐步下降

据世界能源理事会预测,到 2050 年,石化燃料在世界能源结构中的比例将由目前的89.5%减少到 63%左右,其中煤炭 21%、石油 20%、天然气 22%。届时我国的煤炭在能源结构中的比例将由目前的 72%下降到 50%以下。

（二）再生性能源将快速发展

随着煤炭、石油和天然气等石化燃料的逐步枯竭，再生性能源技术将得到迅速发展。自 1973 年石油危机之后，世界上许多国家都纷纷加强了再生性能源的开发与研究。日本计划在 2020 年前投资 15500 亿日元，用于"新阳光计划"的推行，并计划到 2010 年使全日本的再生性能源占能源消费的 3.1％；法国朗期潮汐电站已运转多年；德国大力发展风力发电技术。国际系统分析研究所认为，到 21 世纪中叶，以太阳能和生物质能为主体的再生性能源将占世界能源构成的 30％以上。

（三）核能利用将是未来能源的重要支柱

目前核能的利用主要是以核裂变能转变为电能的核电站的建设。据统计到 2004 年底，全世界已有 440 座核电站（在 31 个国家和地区运行），总发电能力约为 3.6×10^8 kW，占全世界总发电量的 16％。目前正在建造中的核电站约有 40 座，计划建造的约 60 座，全部建成装机容量将近 5×10^8 kW。到那时核电将占全世界总发电量的 20％左右。

在核电站发展的同时，许多国家加强了受控核聚变的研究。据专家预测，21 世纪末核聚变能的利用研究将有重大突破。核聚变能的利用将是核能利用的第二个热点，对彻底解决人类能源问题具有重要意义。预计到下个世纪初，核能将占世界能源构成的 30％。

（四）氢能和电能将成为二次能源的两大支柱

目前，氢燃料汽车、飞机的试验都证明氢可以取代石油。2000 年 9 月在德国召开的世界氢能大会认为，在 21 世纪，氢能和电力将并列为世界二次能源的两大支柱。

二次能源的另一个重大变化是电源系统的小型化和多样化。特别是燃料电池的发展，据统计，燃料电池将在 2015 年左右进入普及推广阶段。

（五）新能源的开发

在未开发能源中，最有发展潜力的是甲烷水化物，甲烷水化物是由水分子和甲烷气体分子组成的冰状晶体，点火即可燃烧。甲烷水化物主要蕴藏在水深 300 m 以下的深海和海底地层以及永久冻土的下部。据估计，总储量超过已知的石油、煤炭和天然气储量的总和。但目前要开发这一巨大的能源宝库还有许多工作要做。

四、世界及中国的能源发展规划

（一）世界能源发展战略

目前,世界的能源消费主要是以石化资源这些不可再生性能源为主。中国是以煤炭为主,而其他国家大部分是以石油和天然气为主。

根据 1987 年联合国世界环境和发展大会提出的人类社会持续发展的概念,保护人类赖以生存的自然环境和自然资源成为当今世界共同关心的全球性问题。因此,今后世界的能源发展战略是:多元结构的能源系统和高效清洁的能源技术。

（二）中国能源发展规划

2007 年 4 月 10 日,我国正式公布了《能源发展"十一五"规划》,根据《规划》精神,在"十一五"期间,我国将要重点发展资源潜力大、技术基本成熟的风力发电、生物质发电、生物质成型燃料、太阳能利用等再生资源,以规模化带动产业化发展。

从长远的应用来说,一旦可燃矿物出现了枯竭现象,则核能就将取代可燃矿物的能源。在近期,核能将成为调节中国能源问题的主要手段。

第二节　太阳能的开发与利用

太阳能是指太阳辐射的光能。它是太阳内部不断进行核聚变反应产生热能,通过其表面以辐射方式向宇宙空间发射出来的一种巨大且对环境无污染的能源。尽管太阳射向地球的能量只占它辐射总能量的二十二万亿分之一,但每年地球表面所能接收到的太阳能至少有 7×10^{17} kW·h,这相当于目前地球上总发电能量的 8 万倍。因此,太阳能是人类最理想、潜能最大的能源。太阳能的利用与开发,始终是当前能源问题研究中受到关注的重要研究方向。

一、太阳能的利用方式

太阳能是清洁的可再生性能源。太阳能的开发与利用方式有三种。

（一）太阳能转变成热能——光/热转换

太阳能热利用设备，按其结构分为非聚光式和聚光式两种。

非聚光式太阳能热利用设备是利用"热箱"原理，将太阳能转变为热能。箱子的四个侧面和底部全部由隔热材料制成，内表面涂黑，顶部用透明的玻璃盖严，就成了"热箱"。当太阳光投射到玻璃上，大部分进入箱内，涂黑的内表面将吸收的太阳能转变为热能。用这种方法达到的温度不太高，通常在 $100℃\sim300℃$ 之间。非聚光式太阳能热利用设备有：太阳能温室、太阳能热水器、太阳能干燥器、太阳能蒸馏器、太阳房等。

聚光式太阳能热利用设备由聚光器、吸收器和跟踪器三部分组成。太阳光经过聚光器（如旋转抛物面聚光反射镜）聚焦到吸收器上转变为热能，吸收器将热能传递给内部的集热介质（如水等），提高其温度，再加以利用。跟踪器的作用是调整聚光器相对于太阳的位置，以获得最佳的集热效果。聚光式太阳能热利用设备有：太阳灶、太阳能锅炉、太阳炉等。太阳灶的焦斑温度为 $400℃\sim800℃$，用于煮饭、炒菜等；太阳能锅炉产生的蒸气可驱动热机或发电；太阳炉的焦斑温度可达 $3000℃$ 以上，可熔炼高难熔金属。

（二）太阳能转变成电能——光/电转换

太阳能的光—电转换，主要是通过太阳能电池将太阳辐射能直接转变成电能。太阳能电池种类很多，如单晶硅电池、多晶硅电池、非晶硅电池、砷化锌电池等。1969 年，科学家采用辉光放电法分解硅烷，制得非晶硅薄膜。1979 年首次用非晶硅薄膜制成太阳能电池。由于非晶硅薄膜是目前大幅度降低太阳能电池成本的十分有前途的材料，很有可能成为太阳能电池的主体。但目前非晶硅太阳能电池的光电转换效率较低，工艺技术不成熟，薄膜生产速度慢，难以大批量生产。太阳能电池一般应用在为航标灯供电，为铁路、公路信号灯和路灯供电。

（三）太阳能转变成化学能——光/化学转换

太阳能的光—化学转换，主要是利用太阳光照射半导体和电解液界面，发生化学反应，在电解液内形成电流，并使水电离直接产生氢的电池，即光化学电池。

二、太阳能热水器的利用与普及

如何直接利用太阳能,是科技人员长期以来一直努力研究和开发的重要项目,也是人们普遍关注的问题之一。太阳能热水器是目前光—热转换技术中普及率最高的一种。

目前,世界上太阳能转变为热能的利用已经很广泛,如在以色列和约旦,屋顶太阳能蓄热器已可提供 25%～65% 的家用热水。美国已兴建 100 多万个主动式太阳能采暖系统和 25 万个依靠冷热空气自然流动的被动式太阳能住宅。

我国太阳能的利用受到政府、企业和科研单位的高度重视。2007 年 4 月 26～28 日,中国国际太阳能热利用大会暨太阳能利用展览会在山东济南举行。此次大会重在强调"促进太阳能与建筑一体化的完美结合",推进我国太阳能热利用的发展。

在当前我国可再生性能源产业中,产业化道路走得最好的应属太阳能热水器产业。有关资料显示,2007 年我国太阳能热水器生产厂家超过 3000 家,其中销售收入超过亿元的有 10 多家,年生产量超过 2×10^7 m^2。到 2006 年,全国太阳能热水器使用量达到 9.5 $\times 10^7$ m^2,超过全球使用量的 50%,生产量和使用量均居世界第一。太阳能热水器产业化发展迅速,除与巨大的市场、成熟的技术有直接关系外,规模化生产也是其成功的重要因素之一,由规模化生产而带来的成本降低使太阳能热水器在过去的 10 年中年增长率达到 27%,并进入了大约 8% 的家庭。预计到 2015 年,中国家用太阳能热水器的普及率将达到 20%～30%。

三、太阳能光伏发电产业的崛起

太阳能发电是通过太阳电池将太阳能直接转化为电能。太阳电池是利用"光伏效应"在电池的两极间产生电动势的,因此,太阳电池又称为光伏电池,太阳能发电又称为光伏发电。

虽然目前太阳能发电的成本较高,大约是生物质发电(沼气发电)的 7～12 倍,风能发电的 6～10 倍,转换效率只有 15%,但由于太阳能发电不需要燃料,小容量发电系统和大容量发电系统的发电效率是一样的,在多云天气下也能发电,尤其是在使用过程中不排放任何气体,是清洁、环保的可再生性能源,因此,太阳能与其他新能源相比在资源潜力和持久适用性方面更具有优势。目前,提高转换效率、降低生产成本的光伏发电新技术的开发受到各国政府的大力扶持,光伏电池的生产已形成产业化生产规模。

最近几年,世界光伏发电产业持续以年均 30%～40% 以上的增长速度快速发展。太阳能光伏发电已成为充满朝气的高新技术新领域,是当前新能源开发的热门。从长远前景来看,太阳能光伏发电是最具潜力的战略替代发电技术。相关专家预测,到 21 世纪后期,太阳能发电将在世界电能结构中占据 80％的位置。

(一)世界各国光伏发电产业的发展

以德国、日本、美国为代表的西方发达国家相继发起和出台的光伏相关规划和政策是目前世界光伏发电产业的主要推动力。2004 年,德国对其可再生能源法律进行了修改和完善,德国政府宣布将兴建 10 万个太阳能发电屋顶的目标。德国的光伏市场一跃成为超过日本的世界最大光伏应用市场,2004 年和 2005 年德国光伏安装容量分别为363MW 和 837MW,年增长速度都超过了 130％,再次印证了光伏支持政策的驱动作用。日本政府已实现安装 7000 套屋顶太阳能发电系统。美国政府在 20 世纪末提出在每瓦1.5 美元的发电设备成本基础上实施"百万屋顶计划",以解决家庭经济用电、清洁用电的问题。经过多年努力,美国太阳能电池的应用已经从备用电力系统扩大到照明、安全系统、长途通信等范围。在德、日、美三个世界最大的光伏应用市场,以光伏集成建筑为核心的光伏屋顶并网发电市场占据了绝对的市场份额,尤其日本和德国近几年光伏年度安装几乎全部是并网应用。意大利政府大力支持发展太阳能电池发电,目标是兴建 10000个太阳能发电屋顶。

目前的光伏产品 90％左右仍然是以晶硅电池技术为主。近年光伏产业的持续高速增长以及半导体工业开始复苏导致了硅料的供应紧张,造成了光伏产业链各环节产品的价格上升,影响了光伏产能的释放。但是硅料的紧张也给新型晶硅技术和薄膜技术带来了更多的发展机会,并促使光伏制造商努力开发高效率和低硅耗的晶硅电池技术。

根据世界各主要国家光伏发展蓝图及综合因素分析,到 2010 年世界光伏产业仍然将保持 30％以上的增长速度。

(二)我国光伏发电产业的发展

我国光伏发电产业的发展具有得天独厚的资源优势,近几年,我国光伏发电制造业的发展速度很快,总体上已经成为世界第三大光伏制造国。但我国太阳能光伏产业的整体水平与发达国家还有很大的差距,技术力量不足,原材料依赖进口,导致光伏电池成本较高,是制约光伏电池大规模普及的最大障碍。

1. 资源优势

就资源储量而言,我国地处北半球,总面积 2/3 以上地区年日照时数大于 2200 h,其中西藏、青海、新疆、甘肃、宁夏、内蒙古高原均为太阳能资源丰富地区;除四川盆地、贵州省资源稍差外,东部、南部及东北等其他地区都是资源较富和中等区。太阳能资源理论存储总量相当于每年 1.7×10^{12} t 标准煤,与美国相近,比欧洲、日本优越得多。

目前,青海农牧区的 112 个无电乡全部建成太阳能光伏电站,解决了 908 个无电村农牧民的生活用电,覆盖人口 50 多万。青海全省人口 550 万,如今 1/7 的人口靠太阳能告别无电时代。在推进太阳能光伏电站建设的同时,青海省政府制作太阳能灶 66000 台,全部免费发放给干旱山区的农牧民,使 30 万农牧民用上了太阳能灶。太阳能灶操作简易,使用方便,清洁卫生,没有污染,使用年限一般可达 15 年。推广使用太阳能灶,大大减少了燃料短缺地区农牧民砍伐灌木林的数量,促进了环境保护。

2. 中国光伏制造业高速发展

2002 年以来,中国的光伏制造能力实现了跨越式的发展,生产规模以年均超过 100% 以上的速度高速增长,年生产能力超过 100 MW 的太阳能光伏电池制造企业已有 10 家,其中两家企业进入了世界前列。中国的光伏制造业总体上已经超越美国,继德国、日本之后,成为世界第三大光伏制造国。国内市场已不能消化中国制造商不断增加的产能,目前中国光伏产品主要是出口欧洲等国际市场。

2005 年中国《可再生能源法》的正式出台,为中国未来光伏并网应用市场的逐步启动起到了保驾护航的作用,未来中国光伏企业应该加紧掌握并网技术和加快新型晶硅和薄膜电池技术的研发创新,推动中国光伏产业向制造强国迈进。

3. 制约中国光伏产业发展的障碍

尽管我国有着很好的太阳能资源和光伏电池制造能力,但我国太阳能光伏产业的整体水平与发达国家相比还有很大差距,主要表现在:一是太阳能光伏产业的原材料——多晶硅严重依赖进口,自给率仅有 2.6%,从而导致光伏电池价格居高不下,而太阳能级硅料存在巨大的成本下降空间;二是太阳能光伏产业的发电系统应用的市场还很小。虽然目前已经在偏远地区通过"送电到乡"等国家工程推广了一些户用光伏发电系统和小型光伏电站,解决了部分无电人口的供电问题,但是由于太阳能光伏发电的成本较高,全国目前的光伏发电规模还很小,还没有一个太阳能光伏发电的真正商业化示范。

4. 中国光伏产业未来的发展方向

我国在太阳能光电转换方面,技术力量不足是目前未能大规模普及的主要因素,由于我国尚不具备光伏产业最核心的技术——制造太阳能电池的高纯度多晶硅提纯技术,我国 95% 的高纯度多晶硅材料依赖进口,因此太阳能电池价格高昂,太阳能发电价格也就很难有所下降。另外,太阳能电池中组件成本占整套系统的比例达到了 70%。要降低太阳能发电的成本,就得不断提高光电转换率,而目前的光电转换率一般在 15% 左右,短时间很难有大突破,这些问题都成为制约我国太阳能光伏产业发展的瓶颈。要使太阳能光伏发电得到大规模推广,实现产业化运作,就必须从技术上有所突破,加大创新能力,拥有降低太阳能电池材料成本的自主知识产权技术。根据我国"2000～2015 年新能源和可再生能源产业发展规划",到 2015 年,全国太阳电池发电系统的市场将拥有 320 MW 的容量,户用及民用光伏系统将达到 40％～50％,将开始大规模发展并网式屋顶光伏系统。

目前,我国的太阳能屋顶计划和光伏并网发电在北京、深圳、西宁等小范围地区进入了实验阶段。光伏发电成本高,无法与常规能源竞争,所以更需要政府制定强有力的法规和政策支持,以驱动我国光伏产业的商业化发展,尤其要参考德国、日本近年在光伏产业和光伏市场方面的经验。

2007 年 1 月,全国工商联新能源商会发布的《中国新能源产业年度报告(2006)》预计,2010 年我国的光伏发电产品产量可能突破 1000 MW,将成为世界最大的光伏电池生产国。

第三节　核能的开发与利用

核能是指原子核能,又称为原子能。它是原子核结构发生变化时放出的能量。重元素(如铀、钚、钍等)的原子核发生裂变时放出的巨大能量称为核裂变能;轻元素(如氘、氚等)的原子核发生聚变时放出的巨大能量称为核聚变能。核聚变所需的核燃料其储量仅仅是海水中的氘,就至少可供人类利用一千万年以上。可见,聚变形式的原子能实际上是一种"取之不尽,用之不竭"的能源。所以,虽然目前对核聚变能源的利用存在巨大的技术困难,但对受控热核反应的研究,一直是科学界乃至全人类最关注的焦点问题之一。

一、核裂变能的利用——核电站的发展

原子核裂变时释放出的能量是巨大的。1 kg 铀裂变时所释放的能量相当于 2800 t 煤或 2000 t 石油完全燃烧时所释放出的能量。核裂变首先被应用于军事目的,即原子弹的产生,其后实现了核能的和平利用,即核电站的建设。

(一) 核能发电的工作原理

核电站是核动力电站的简称。目前还只能是核裂变能发电。它主要由原子反应堆、热交换器、蒸汽轮机和发电机等设备组成(见图 16－1)。

核裂变所需的核燃料主要是重元素铀、钚和钍,核燃料在反应堆内进行裂变反应而

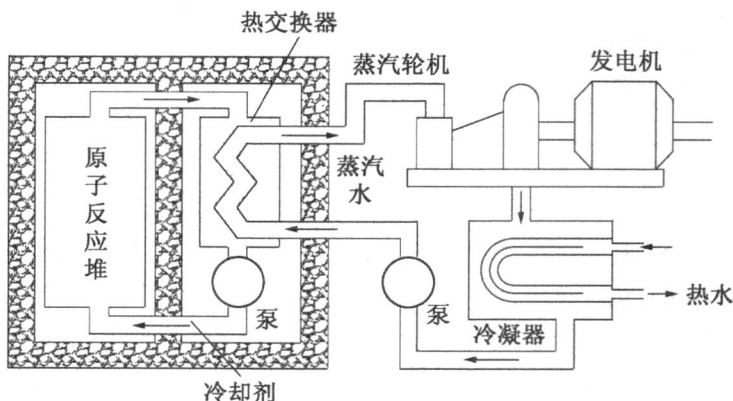

图 16-1　核电站工作原理示意图

产生大量热能,由冷却剂(水或气体)带出来,并传到热交换器中,在热交换器中冷却剂把热量传给其他水,将水加热而成蒸汽,以此驱动汽轮发电机发电。当冷却剂把热量传给水后,再用泵把冷却剂打回反应堆中去吸热。以此循环使用,不断地把反应堆中核反应的热能引出来。核电站反应堆和热交换器相当于锅炉。

核电站按其采用的反应堆类型不同,主要有压水堆核电站、沸水堆核电站、气冷堆核电站和快中子增殖堆核电站。

(二)核能发电的优点

核电站只需消耗很少的核燃料,就可以产生大量的电能,每千瓦时电能的成本比火电站要低 20% 以上。核电站还可以大大减少燃料的运输量。例如,一座 1×10^6 kW 的火电站每年耗煤三四百万吨,而相同功率的核电站每年仅需铀燃料三四十吨。核电的另一个优势是干净、无污染,几乎是零排放,对于发展迅速、环境压力较大的中国来说,再合适不过。

(三)世界核电站的建设与发展

从 1954 年苏联建成世界上第一座试验核电站、1957 年美国建成世界上第一座商用核电站开始,核电产业已经过了几十年的发展,装机容量和发电量稳步提高。

截至 2004 年底,全世界正在运行的核电机组 440 台,在建机组 26 台。这些电站主要分布在美国、法国、日本、英国、俄罗斯等 31 个国家和地区。其中美国拥有 103 座核电站,居世界首位,装机容量占全世界的 1/4;法国有 59 座核电站,居世界第二;日本有 51 座核电站,居世界第三。日本是天然能源最不足的国家之一,日本的能源政策是大力发展核电,虽然发生过核事故,但今后仍然要大量依靠核电,并计划再建 16～20 座核电站;俄罗斯有 31 座核电站;韩国有 20 座核电站等。

2004 年世界核发电量 2.6186×10^{12} kW·h,占世界总发电量的 16%。各国由于情况不同,核发电量占各个国家总发电量的比重相差较大：其中法国为 78.1%,是世界上核电比例最高的国家;美国 19.9%;英国 19.4%;日本 35%;韩国 38%;印度 2.8%。

世界上的核电技术已经发展到了第三代。第二代核电技术成熟的国家有法国、美国、加拿大、俄罗斯等,而第三代核电技术只有美国、法国掌握。目前法国正在着手研究建设第三代核电站;美国也在联合其他拥有核电先进技术的国家进行第四代核电站的研究论证工作。

(四) 中国核电站的建设与发展

我国自 1985 年开工建设第一座核电站——秦山一期核电站至今,已建成秦山、大亚湾、岭澳、田湾 4 个核电站,共 11 台核电机组:其中浙江省的秦山核电站 5 台核电机组;广东大亚湾和岭澳核电站各 2 台核电机组;江苏省田湾核电站 2 台核电机组。正在建设之中的两个核电站:浙江省三门核电站和广东省阳江核电站。还有十几个计划建设的核电站项目。

大亚湾核电站是我国第一座百万千瓦级大型商用核电站,拥有两台 9.84×10^5 kW 的压水堆核电机组,1994 年 5 月建成投入商业运行。截至 2006 年 1 月,大亚湾核电站累计实现上网电量 1.56396×10^{11} kW·h,其中输往香港 1.06155×10^{11} kW·h。

目前中国已掌握了核电站建造、安全运行、停堆换料的整套技术,成为世界上第 7 个能够自行建设核电站、第 8 个出口核电站的国家。目前国内的机组有 3 台是自主设计建造的,其余 8 台则是分别采用法国、加拿大、俄罗斯的技术。从发展阶段看,中国的核电技术接近第三代,处于自主技术成熟、批量建设的准备阶段,因此核电站数量较少。而国际上核电强国已经走过了批量建设的阶段,技术先进成熟,处于技术输出阶段。

我国目前建成和在建的核电站总装机容量为 8.7×10^6 kW,预计到 2010 年我国核电装机容量约为 2×10^7 kW,2020 年约为 4×10^7 kW。也就是说,到 2020 年我国将建成 40 座相当于大亚湾那样的百万千瓦级的核电站。

中国核电工业尚处于起步阶段,到 2004 年核电占全国发电总量的比例约为 2%,而世界上核电在全球供电量中的比例为 16%。这说明我国核电产业的发展空间依然巨大。

（五）核电站的安全问题

世界上核电站发展几十年的实践证明,核电是一种安全清洁、污染小、成本低的经济型能源。

人们担心核电站会不会像原子弹那样爆炸呢？这几乎是不可能的。其一是核燃料浓度不同。原子弹中的铀 235 为含量高达 90％以上的高浓缩铀,而核电站所用的核燃料中铀 235 的含量约为 3％,即使失控也不会发生爆炸。其二是核电站不具备引爆条件。原子弹除了要用高浓度的铀外,还有一套精密复杂的引爆系统,这种苛刻的引爆条件,在核电站里是不可能有的。其三是核电站设有严密的自动保护装置。核电站的核心装置反应堆有 4 层防护装置,还设有自动减压和自动停堆装置。目前世界核电站一半以上使用压水式反应堆,其性能稳定,对内无易燃物质,有防止放射性物质外泄的坚固的安全壳。压水堆核电站不会发生原苏联切尔诺贝利核电站那样的事故。我国建设的核电站全部采用压水堆核电站。

按国际公认的安全标准,每人每年允许承受的放射性辐射剂量为 500 mrem(毫雷姆),而核电站周围居民受核电站影响每年仅接收 0.5～1.5 mrem。我国大亚湾核电站10 km 半径范围内的 7 个环境监测站检测结果表明,核电站周围放射性本底水平与核电站建设之前相比没有发生变化。而热电厂周围居民接收的放射性剂量是核电站周围的 3 ～5 倍,热电厂每年还要向周围空间排放大量的一氧化碳、二氧化硫等废气。

核电站的基建投资加上燃料开采、加工、运输等投资,与热电厂总投资相近,但投入生产后,由于核电消耗燃料少,所以成本低,大约比热电成本低 25％～50％。

二、核聚变能的开发

轻原子核聚变时释放出的能量也是巨大的,1 kg 氘聚变时释放出相当于 $1.1×10^4$ t 标准煤的能量;太阳源源不断地辐射能量,其来源就是太阳中的两个氢核聚变为一个氦核的聚变反应,太阳的核心温度高达几千万度,所以能不断释放出这种聚变形式的原子能。

要实现大规模核聚变反应的一个必要条件是要求有足够高的温度,即至少几千万度的高温,由于高温必伴随着高压,其压力常可达几亿个大气压,怎样才能在瞬间使某一轻核的混合物达到高温高压？就目前的技术条件,只有用氢弹内部的原子弹爆炸来引发氢弹的核聚变反应。但这是一种不可控制的释放能量过程,整个爆炸过程仅为百万分之几秒。而作为一种可利用的能源,希望聚变过程能在人为控制下慢慢进行,这样的过程就叫做受控核聚变,也叫受控热核反应。操纵热核反应,使之造福与人类,一直是科学家们的夙愿。

2001 年 8 月,日本和英国科学家联合开发出一种全新的激光核聚变方法,使用这种新方法,只需过去一半的能量就能引发核聚变。这种方法适用于制造小型廉价的核聚变反应堆。激光核聚变方式是目前世界上正在研究开发的核聚变手段之一。日本在这一方面居领先地位。

2006 年 11 月,国际热核聚变实验反应堆计划启动。这是世界瞩目的人类开发新能源的宏伟计划,参加该计划的有欧盟、中国、美国、日本、韩国、俄罗斯和印度。国际热核计划将历时 35 年,总投资额为 99 亿欧元,是目前世界上仅次于国际空间站的大型国际科学工程计划,也是中国参加的规模最大的国际合作项目。

核聚变能是理想、干净的能源,是彻底解决人类能源问题的希望所在。虽然目前还处于研究阶段,还有许多高难度技术问题没有解决,还有待于激光技术、超导技术、新材料技术的进一步发展,但目前核聚变研究已经取得了一系列重要进展,实现受控热核聚变将不再是一个遥远的梦。

第四节　其他新能源的开发与利用

除了太阳能、核能以外,新能源还包括风能、地热能、氢能、生物质能、水能、海洋能等,它们都有着广阔的开发前景,但目前在能源生产和消费构成中,所占的比例还很小。

一、风能的开发与利用

风能是空气流动产生的动能,是一种蕴藏量大、分布广、可再生、无污染的能源。据估算,全世界可开发的风力资源达 2×10^{10} kW,是地球上可开发的水力资源的 10 倍是全世界每年燃烧所获得的能量的 1000 倍。但风能存在能量密度低、不稳定、地区差异大等特点,从而影响了风能利用的发展。近几年,在现代科技的支持下,风能正在成为新能源的重要成员。

风力可用于发电。一般是先将风能转换成机械能,再将机械能转换成电能。风力发电装置主要由风轮、发电机和铁塔组成。风力发电的优点是简单易行、投资小、清洁无污染。

德国倡导绿色能源的开发,是目前世界上风力发电规模最大、技术最先进的国家。截至 2000 年底,德国共有风力发电机 9375 台,总装机容量达 6112 MW,占全世界风力发电装机容量的 38% 以上。德国现有的风力发电机每年可生产 1.15×10^{10} kW·h 电,能满足全国用电需求的 2.5%。德国计划到 2020 年,实现风力发电机达到 2.5 万台,满足全国 25% 的电力需求。2001 年 6 月,德国政府和核电企业达成关闭核电站的协议。根据协议,德国目前运行的 19 座核电站大约在 2020 年将全部关闭。德国将成为世界上第一个关闭核电站的发达国家。而由此带来的能源缺口将有 60% 由风力发电来填补,目前,风力发电已成为德国政府大力扶持、能为企业带来新商机的一项新能源技术。

2002 年末,世界总的风力发电能力达到 3.1127×10^{10} W,其中德国达到 1.2×10^{10} W,居世界首位。其次是西班牙、美国、丹麦和印度。

我国风力资源丰富,风力发电技术日臻成熟。到 2006 年年底全国已建成 80 余个风电场,装机总容量达到 2.30×10^6 kW,比 2005 年新增装机 1×10^6 kW,增长率超过 80%。规模化发展对风力发电快速增长起到了重要的作用。随着大型风电机的成功研制,风电场装机规模的扩大,发电成本与油电、核电相比已比较接近,预计近年内在政策的支持下,我国风力发电将会得到进一步的发展。

二、地热能的开发与利用

地球内部蕴藏着巨大的热能。人类利用地热进行温泉洗澡、取暖、医疗等已有很长历史,但大规模开发地热用于发电,还是 20 世纪初才开始的。

在目前的技术条件下,利用地热能的方式主要有地热发电和地热取暖两种。冰岛是利用地热的典型国家,已有 40% 的居民利用地热取暖。高温的地下热水气可用来发电。意大利是世界上利用地热发电最早的国家。美国地热发电规模较大,发展速度很快,到 20 世纪 70 年代末,美国地热发电量已达 6.63×10^6 kW,居世界首位。其中最大机组容量为 1.1×10^4 kW,是目前世界上最大的机组。目前世界上已有十几个国家建立了地热发电站,我国西藏羊八井地热电站 6000 kW 的机组已投入运行。

目前,地热发电转换效率不高,只有 15%～20%,但地热发电是地热利用最有前途的方式,随着地热发电技术的不断提高,将给这一能源的开发带来活力。

三、生物质能、氢能和海洋能

生物质能是植物通过光合作用固定的太阳能。它包括地球上所有的动物、植物和微生物,以及它们的排泄物和代谢物。生物质能来源于太阳辐射能,是取之不尽的可再生性能源。据推算,地球上每年由植物固定下来的太阳辐射能是当今世界年能耗总量的 10 倍多。生物质能的利用主要通过两种方法:一是直接燃烧树木、干草、秸秆等生物质,获取热量。二是通过微生物发酵或化学方法,将生物质转换成液体或气体燃料,如沼气、酒精等。在现代高新技术的支持下,生物质能的开发与利用必将进一步发展,成为新能源的重要组成部分。

氢由于重量轻、热值高、无污染、资源丰富,从 20 世纪 70 年代初就已经开始被人们所利用。氢的能量密度远远大于汽油,在相同的燃烧效果下,氢的重量只有汽油的 1/3,且无污染。因此,氢可作为火箭、航天飞机和军用飞机等对重量敏感的航空航天燃料。同时,由于氢的燃烧效率高、废气清洁,也是未来汽车的理想燃料。但要大规模使用氢能,除了技术需要进一步完善外,最主要的问题是成本过高。若用水分解技术制取氢,虽然资源丰富,但是氢燃烧所放出的能量却正好等于用电把水分解成氢所消耗的能量,再加上氢的存储、运输等消耗,经济上是不合算的。目前,氢能的利用研究取得了许多重要进展,有望成为未来新能源利用的重要角色。

海洋能是蕴藏于海水中的再生性能源。海洋能源于太阳能,一般包括潮汐能、波浪能、海流能、海水热能等。海洋能主要是被转变成电能再加以利用。主要方式有潮汐发电、海流发电、海浪发电、温差发电等。海洋能是一项亟待开发利用的具有战略意义的新能源。随着高新技术的发展,许多国家都在积极开发海洋能。我国海洋能源的开发利用是从潮汐发电开始的,我国第一座大型双程式潮汐电站建于浙江省温岭,1980 年投入使用,目前平均每天可发电 15 h。

中国拥有丰富的再生性能源资源。据报道,2007 年国家将利用再生能源发展专项资金,重点支持风电、生物质能、太阳能等再生性能源产业体系的建设。

随着科学技术的进步,新能源开发技术成果将不断涌现,清洁、环保、经济的再生性能源的开发研究是新能源技术永恒的发展方向,也是人类生存发展的希望。

知 识 点 归 纳

1. 能源是指可以为人类提供各种形式能量的物质资源,如煤炭、石油、天然气、核燃料等。

2. 能源可分为天然能源和人工能源两大类。天然能源包括再生性能源和不可再生性能源。

3. 天然能源又称为一次性能源,它是自然界中以天然方式存在的未经加工转换的原始能源,如原煤、石油、天然气、太阳能、风能、水能、核燃料等。

4. 人工能源又称为二次能源,它是指经过一次或多次加工转换而产生的能源,如电能、热能、汽油、煤油、柴油、沼气等。

5. 再生性能源是指可循环使用或不断得到补充的自然能源。它包括风能、水能、太阳能、潮汐能、生物质能等。

6. 不可再生性能源是指消耗一点少一点,短期内不能再产生的自然能源。它包括煤、石油、天然气、核燃料等。

7. 煤炭、石油、天然气、水能、核裂变能,这些已得到大规模经济开发和利用的能源又称为常规能源,它们在目前的能源结构中占主要地位。

8. 太阳能、地热能、风能、核聚变能、潮汐能、生物质能、海洋能等尚未得到大规模开发和利用,称为新能源。

9. 核能又称为原子能,它是原子核结构发生变化时放出的能量。重元素的原子核发生裂变时放出的能量称为核裂变能;轻元素的原子核发生聚变时放出的巨大能量称为核聚变能。

思考与探索

1. 简述世界和我国的能源资源状况以及能源技术的发展方向。

2. 目前有广泛应用前景的新能源有哪几种?

3. 太阳能的开发与利用有哪几种方式? 我国光伏发电产业的现状与发展方向如何?

4. 简述我国核电站的建设状况与发展规划。

5. 查阅资料:① 受控热核反应研究的最新进展。② 新能源汽车的开发。

附　　录

Ⅰ　诺贝尔奖评选全流程

诺贝尔奖是根据诺贝尔遗嘱所设基金提供的奖项（1969 年起由 5 个奖项增加到 6 个），每年由 4 个机构（瑞典 3 个，挪威 1 个）颁发。1901 年 12 月 10 日即诺贝尔逝世 5 周年时首次颁发。诺贝尔在其遗嘱中规定，该奖应每年授予在物理学、化学、生物学或医学、文学与和平领域内"在前一年中对人类作出最大贡献的人"，瑞典银行在 1968 年增设一项经济科学奖，1969 年第一次颁奖。

1. 颁奖机构

诺贝尔在其遗嘱中所提及的颁奖机构是：位于斯德哥尔摩的瑞典皇家科学院（物理学奖和化学奖）、皇家卡罗林外科医学研究院（生理学或医学奖）和瑞典文学院（文学奖），以及位于奥斯陆、由挪威议会任命的诺贝尔奖评定委员会（和平奖），瑞典科学院还监督经济学的颁奖事宜。为执行遗嘱的条款而设立的诺贝尔基金会，是基金合法所有人和实际的管理者，并为颁奖机构的联合管理机构，但不参与奖的审议或决定，其审议完全由上述 4 个机构负责。每项奖包括一枚金质奖章、一张奖状和一笔奖金；奖金数字视基金会的收入而定。

2. 评奖过程

评选获奖人的工作是在颁奖的上一年的初秋开始的，先由发奖单位给那些有能力按照诺贝尔奖章提出候选人的机构发出请柬。评选的基础是有专业能力和国际名望；自己提名者无入选资格。候选人的提名必须在决定奖项那一年的 2 月 1 日前以书面通知有关的委员会。

从每年 2 月 1 日起，6 个诺贝尔奖评定委员会——每个委员会负责一个奖项——根据提名开始评选工作。必要时委员会可邀请任何国家的有关专家参与评选，在 9～10 月初这段时间内，委员会将推荐书提交有关颁奖机构；只有在少有的情况下，才把问题搁置起来,颁奖单位必须在 11 月 15 日以前作出最后决定。

各个阶段的评议和表决都是秘密进行的。奖只发给个人,但和平奖例外,也可以授予机构。候选人只能在生前被提名,但正式颁出的奖,却可在死后授予,如哈马舍尔德的 1961 年和平奖和卡尔弗尔德的 1931 年文学奖。奖一经评定,即不能因为有反对意见而予以推翻。对于某一候选人的官方支持,无论是外交上的或政治上的,均与评奖无关,因为该颁奖机构是与国家无关的。

3. 奖金颁发

一笔奖金,或者完全发给一个人,或者最多在两种成果之间平分,或者由两个或更多的人(实际上从未多于三人)分享,有时一笔奖金要保留到下一年度颁发;如果下一年仍不颁发奖金,则退回基金会。如果在规定日期以前获奖者拒受或未能领取奖金时,则奖金退回基金会。曾有过拒受奖金及政府禁止本国人领取诺贝尔奖的情况,然而获奖人仍被列入诺贝尔奖获得者名单中,注明"拒受奖金"字样。不论何种原因过期不领,已拒受者在说明其情况并提出申请时,可领取诺贝尔金质奖章和奖状,但不能领取奖金,该奖金已退回基金会。

如果没有人能符合诺贝尔遗嘱中所要求的那些条件或世界局势有碍于收集评选资料时,则将奖保留或停止颁奖。该奖对所有的人开放,不论其国籍、种族、宗教信仰或意识形态如何。同一获奖者可多次获奖而不受限制。物理学、化学、生理学或医学、文学以及经济学的颁奖仪式在斯德哥尔摩举行,而和平奖的颁奖仪式则在奥斯陆举行,时间为 12 月 10 日,即诺贝尔逝世周年纪念日。

Ⅱ　诺贝尔遗嘱全文

我,签名人艾尔弗雷德·伯哈德·诺贝尔,经过郑重的考虑后特此宣布,下文是关于处理我死后所留下的财产的遗嘱:

在此我要求遗嘱执行人以如下方式处置我可以兑换的剩余财产:将上述财产兑换成现金,然后进行安全可靠的投资;以这份资金成立一个基金会,将基金所产生的利息每年奖给在前一年中为人类作出杰出贡献的人。将此利息划分为五等份,分配如下:

一份奖给在物理界有最重大的发现或发明的人;

一份奖给在化学上有最重大的发现或改进的人;

一份奖给在医学和生理学界有最重大的发现的人;

一份奖给在文学界创作出具有理想倾向的最佳作品的人;

最后一份奖给为促进民族团结友好、取消或裁减常备军队以及为和平会议的组织和宣传尽到最大努力或作出最大贡献的人。

物理奖和化学奖由斯德哥尔摩瑞典科学院颁发;医学和生理学奖由斯德哥尔摩卡罗琳医学院颁发;文学奖由斯德哥尔摩文学院颁发;和平奖由挪威议会选举产生的 5 人委员会颁发。

对于获奖候选人的国籍不予任何考虑,也就是说,不管他或她是不是斯堪的纳维亚人,谁最符合条件谁就应该获得奖金,我在此声明,这样授予奖金是我的迫切愿望……

这是我唯一存效的遗嘱。在我死后,若发现以前任何有关财产处置的遗嘱,一概作废。

Ⅲ　诺贝尔的遗产

诺贝尔到底有多少资产,这是连诺贝尔自己也不十分清楚的问题。按照诺贝尔的遗嘱,要把他的全部资产变成现金,这本身就是一个牵涉到多国经济和法律的巨大工程。

经索尔曼等人数年在多国之间来回奔波,终于在 1900 年对诺贝尔遗产的清理有了一个初步的轮廓。

诺贝尔在各国资产变换为现金后的一个主要清单如下:

瑞　　典　　5796140.00

挪　　威　　94472.28

德　　国　　6152250.95

奥地利　　228754.20

法　　国　　7280817.23

苏格兰　　3913938.67

英格兰　　3904235.32

意大利　　630410.10

俄　　国　　5232773.45

总　　计:33233792.20(单位:瑞典克朗)

遗产变换为现金的总额 33233792 瑞典克朗,约为 920 万美元。不仅在当时,就是在现在,诺贝尔的这笔遗产都是一笔巨额遗产。

由于诺贝尔基金的主要基金每年是变化的,其基金所得纯收入也就每年有所不同,因此每年的每项奖金数额也就各不相同。例如,1901 年第一次颁奖时,每项奖金的数额约为 15 万瑞典克朗,约合 4.2 万美元。此后,由于在债券、股票、房地产等方面的投资获利,诺贝尔基金不断增值积累,其奖金金额也在逐年增长。到 1996 年每项奖金已增加到 740 万瑞典克朗。近几年,每项奖金的数额都在 1000 万瑞典克朗左右。2006 年各奖项的奖金均为 1000 万瑞典克朗(约合 140 万美元)。

Ⅳ　诺贝尔自然科学奖历届获奖者名录

（1901～2006）

年份	物理学奖	化学奖	生理学和医学奖
1901	W·C·伦琴（德国），发现 X 射线	J·H·范特霍夫（荷兰），发现溶液中化学动力学法则和渗透压规律	E·A·V·贝林（德国）从事有关白喉血清序法的研究
1902	H·A·洛伦兹，P·塞曼（荷兰），研究磁场对辐射的影响	E·H·费歇尔（德国），合成了糖类和对嘌呤的研究	R·罗斯（英国）从事有关疟疾的研究
1903	A·H·贝克勒尔（法国），发现物质的放射性。P·居里（法国）、M·居里（法籍波兰），共同发现并研究放射性元素钋和镭	S·A·阿伦纽斯（瑞典），提出电解质溶液理论	N·R·芬森（丹麦）发现利用光辐射治疗狼疮
1904	J·W·瑞利（英国），研究气体密度并发现氩元素	W·拉姆赛（英国），发现空气中的 6 种惰性气体元素	I·P·巴甫洛夫（俄国）从事消化系统生理学研究
1905	P·E·A·雷纳尔德（德国），阴极射线的研究	A·拜耳（德国），研究有机染料以及氢化芳香族化合物	R·柯赫（德国）从事有关结核的研究
1906	J·J·汤姆逊（英国），关于气体导电研究并发现电子	H·穆瓦桑（法国），研究氟元素	C·戈尔季（意大利），S·拉蒙·卡哈尔（西班牙）从事神经系统精细结构研究
1907	A·A·迈克尔逊（美国），发明了光学干涉仪并进行光谱学和度量学的研究	E·毕希纳（德国），发现引起发酵的物质是酶及生物化学研究成果	C·L·A·拉韦朗（法国）发现并阐明了原生动物在引起疾病中的作用
1908	G·李普曼（法国人），发明了彩色照相干涉法	E·卢瑟福（英国），提出放射性元素的蜕变理论	P·埃利希（德国），E·梅奇尼科夫（俄国）从事有关免疫方面的研究
1909	G·马可尼（意大利），K·F·布劳恩（德国），共同发明了无线电通信	W·奥斯特瓦尔德（德国），关于催化作用、化学平衡以及反应速度的研究	E·T·科歇尔（瑞士）从事有关甲状腺的生理学、病理学以及外科学上的研究

年份	物理学奖	化学奖	生理学和医学奖
1910	J·D·范德瓦尔斯(荷兰),研究气态和液态状态方程	O·瓦拉赫(德国),脂环族化合物的奠基人	A·科塞尔(德国)从事蛋白质、核酸的研究
1911	W·维恩(德国)发现热辐射定律	M·居里(法籍波兰)发现镭和钋	A·古尔斯特兰德(瑞典)关于眼睛屈光学的研究
1912	N·G·达伦(瑞典)发明了可以和燃点航标等蓄电池联合使用的自动调节装置	V·格林尼亚(法国)发明了格林尼亚试剂——有机镁试剂;P·萨巴蒂埃(法国)使用细金属粉末作催化剂,发明了一种制取氢化不饱和烃的有效方法	A·卡雷尔(法国)从事有关血管缝合以及脏器移植方面的研究
1913	H·K·昂尼斯(荷兰)关于液体氦的超导研究	A·维尔纳(瑞士)从事分子内原子化合价的研究	C·R·里谢(法国)从事有关抗原过敏性的研究
1914	M·V·劳厄(德国)发现晶体中的X射线衍射现象	T·W·理查兹(美国)致力于原子量的研究,精确地测定了许多元素的原子量	R·巴拉尼(奥地利)从事有关内耳前庭装置生理学与病理学方面的研究
1915	W·H·布拉格,W·L·布拉格(英国)借助X射线,分析晶体结构	R·威尔斯泰特(德国)从事植物色素(叶绿素)的研究	未颁奖
1916	未颁奖	未颁奖	未颁奖
1917	C·G·巴克拉(英国)发现元素的次级X辐射的特性	未颁奖	未颁奖
1918	M·普朗克(德国)对确立量子理论作出巨大贡献	F·哈伯(德国)发明固氮法	未颁奖
1919	J·斯塔克(德国)发现极隧射线的多普勒效应以及光谱线的分裂现象	未颁奖	J·博尔德特(比利时)有关免疫方面的一系列发现
1920	C·E·纪尧姆(瑞士)发现镍钢合金的反常现象及其在精密物理学中的重要性	W·H·能斯脱(德国)从事电化学和热动力学研究	S·A·S·克劳(丹麦)发现了有关体液和神经因素对毛细血管运动机理的调节

年份	物理学奖	化学奖	生理学和医学奖
1921	A·爱因斯坦(美国)发现了光电效应定律等	F·索迪(英国)从事放射性物质的研究,首次命名"同位素"	未颁奖
1922	N·玻尔(丹麦)研究原子结构和原子辐射	F·W·阿斯顿(英国)发现非放射性元素中的同位素并开发了质谱仪	A·V·希尔(英国)关于肌肉能量代谢和物质代谢问题的研究 O·迈尔霍夫(德国)关于肌肉中氧消耗和乳酸代谢问题的研究
1923	R·A·米利肯(美国)研究基本电荷和光电效应	F·普雷格尔(奥地利)创立有机化合物微量分析法	F·G·班廷(加拿大),J·J·R·麦克劳德(加拿大)发现胰岛素
1924	K·M·G·西格巴恩(瑞典)发现了X射线中的光谱线	未颁奖	W·爱因托文(荷兰)发现心电图机理
1925	J·弗兰克,G·赫兹(德国)发现原子和电子的碰撞规律	R·A·席格蒙迪(德国)从事胶体溶液的研究并确立了胶体化学	未颁奖
1926	J·B·佩兰(法国)发现沉积平衡	T·斯韦德贝里(瑞典)从事胶体化学中分散系统的研究	J·A·G·菲比格(丹麦)发现菲比格氏鼠癌
1927	A·H·康普顿(美国)发现康普顿效应 C·T·R·威尔逊(英国)发明了云雾室	H·O·维兰德(德国)研究确定了胆酸及多种同类物质的化学结构	J·瓦格纳·姚雷格(奥地利)发现治疗麻痹的发热疗法
1928	O·W·理查森(英国)发现理查森定律	A·温道斯(德国)研究出一族甾醇及其与维生素的关系	C·J·H·尼科尔(法国)从事有关斑疹伤寒的研究
1929	L·V·德布罗意(法国)发现物质波	A·哈登(英国),冯·奥伊勒·歇尔平(瑞典)阐明了糖发酵过程和酶的作用	C·艾克曼(荷兰)发现可以抗神经炎的维生素 F·G·霍普金斯(英国)发现维生素B1缺乏病并从事关于抗神经炎药物的化学研究
1930	C·V·拉曼(印度)发现拉曼效应	H·非舍尔(德国)从事血红素和叶绿素的性质及结构方面的研究	K·兰德斯坦纳(美籍奥地利)发现血型

年份	物理学奖	化学奖	生理学和医学奖
1931	未颁奖	C·博施,F·贝雷乌斯(德国)发明和开发了高压化学方法	O·H·瓦尔堡(德国)发现呼吸酶的性质和作用方式
1932	W·K·海森堡(德国)创建了量子力学	I·兰米尔(美国)创立了表面化学	C·S·谢林顿,E·D·艾德里安(英国)发现神经细胞活动的机制
1933	E·薛定谔(奥地利),P·A·M·狄拉克(英国)发现原子理论新的有效形式	未颁奖	T·H·摩尔根(美国)发现染色体的遗传机制,创立染色体遗传理论
1934	未颁奖	H·C·尤里(美国)发现重氢	G·R·迈诺特,W·P·墨菲,G·H·惠普尔(美国)发现贫血病的肝脏疗法
1935	J·查德威克(英国)发现中子	J·F·J·居里,I·J·居里(法国)发明了人工放射性元素	H·施佩曼(德国)发现胚胎发育中背唇的诱导作用
1936	V·F·赫斯(奥地利)发现宇宙射线 C·D·安德森(美国)发现正电子	P·J·W·德拜(美国)提出分子磁耦极矩概念并且应用X射线衍射弄清分子结构	H·H·戴尔(英国),O·勒韦(美籍德国)发现神经冲动的化学传递
1937	C·J·戴维森(美国),G·P·汤姆森(英国)发现晶体对电子的衍射现象	W·N·霍沃斯(英国)从事碳水化合物和维生素C的结构研究 P·卡雷(瑞士)从事类胡萝卜素类、核黄素类以及维生素A、B_2的研究	A·森特·焦尔季(匈牙利)发现肌肉收缩原理
1938	E·费米(美国)发现中子轰击产生的新放射性元素并用慢中子实现核反应	R·库恩(德国)从事胡萝卜素类以及维生素类的研究	C·海曼斯(比利时)发现呼吸调节中的机理
1939	E·O·劳伦斯(美国)发明和发展了回旋加速器并取得了有关人工放射性等成果	A·布泰南特(德国)从事性激素的研究 L·鲁齐卡(瑞士)从事萜烯、聚甲烯结构研究	G·多马克(德国)研究和发现磺胺药
1940	未颁奖	未颁奖	未颁奖

年份	物理学奖	化学奖	生理学和医学奖
1941	未颁奖	未颁奖	未颁奖
1942	未颁奖	未颁奖	未颁奖
1943	O·斯特恩(美国)开发了分子束方法以及质子磁矩的测量	G·海韦希(匈牙利)利用放射性同位素示踪技术研究化学和物理变化过程	C·P·H·达姆(丹麦)发现维生素K E·A·多伊西(美国)发现维生素K的化学性质
1944	I·I·拉比(美国)发明了著名的核磁共振法	O·哈恩(德国)发现重核裂变反应	J·厄兰格,H·S·加塞(美国)从事有关神经纤维机制的研究
1945	W·泡利(美国)发现不相容原理	A·I·魏尔塔南(芬兰)研究农业化学和营养化学,发明了饲料贮藏保鲜法	A·弗莱明,E·B·钱恩,H·W·弗洛里(英国)发现青霉素
1946	P·W·布里奇曼(美国)发明了超高压装置,并在高压物理学方面取得成就	J·B·萨姆纳(美国)首次分离提纯了酶 J·H·诺思罗普,W·M·斯坦利(美国)分离提纯酶和病毒蛋白质	H·J·马勒(美国)用X射线使基因人工诱变
1947	E·V·阿普尔顿(英国)发现高空无线电短波电离层	R·鲁宾逊(英国)从事生物碱的研究	C·F·科里,G·T·科里(美国)发现糖代谢中的酶促反应 B·A·何塞(阿根廷)发现脑下垂体前叶激素对糖代谢的作用
1948	P·M·S·布莱克特(英国)改进了威尔逊云雾室方法	A·W·K·蒂塞留斯(瑞典)发现电泳技术和吸附色谱法	P·H·米勒(瑞士)发现并合成了杀虫剂DDT
1949	汤川秀树(日本)提出核子的介子理论,并预言介子的存在	W·F·吉奥克(美国)长期从事化学热力学的研究,特别是对超低温状态下的物理反应的研究	W·R·赫斯(瑞士)发现动物间脑的下丘脑对内脏的调节功能 A·E·莫尼茨(葡萄牙)发现切割脑部前叶白质对精神病的治疗意义

年份	物理学奖	化学奖	生理学和医学奖
1950	C·F·鲍威尔(英国)开发了研究核破坏过程的照相乳胶记录法并发现各种介子	O·P·H·狄尔斯,K·阿尔德(德国)发现狄尔斯—阿尔德反应及其应用	E·C·肯德尔,P·S·亨奇(美国),T·赖希施泰因(瑞士)发现肾上腺皮质激素及其结构和生物效应
1951	J·D·科克罗夫特(英国),E·T·S·沃尔顿(爱尔兰)通过人工加速的粒子轰击原子,促使其产生核反应(嬗变)	G·T·西埔格,E·M·麦克米伦(美国)发现超铀元素	M·蒂勒(南非)发现黄热病疫苗
1952	F·布洛赫,E·M·珀塞尔(美国)创立原子核磁力测量法	A·J·P·马丁,R·L·M·辛格(英国)开发并应用了分配色谱法	S·A·瓦克斯曼(美国)发现链霉素
1953	F·泽尔尼克(荷兰)发明了相衬显微镜	H·施陶丁格(德国)从事环状高分子化合物的研究	F·A·李普曼(美国)发现高能磷酸结合在代谢中的重要性,发现辅酶A H·A·克雷布斯(英国)发现克雷布斯循环
1954	M·玻恩(德国)在量子力学和波函数的统计解释及研究方面作出贡献 W·博特(德国)发明了符合计数法	L·V·鲍林(美国)阐明化学结合的本性,解释了复杂的分子结构	J·F·恩德斯,T·H·韦勒,F·C·罗宾斯(美国)研究脊髓灰质炎病毒的组织培养与组织技术的应用
1955	W·E·拉姆(美国)发明了微波技术,进而研究氢原子的精细结构 P·库什(美国)用射频束技术精确地测定出电子磁矩,创新了核理论	V·维格诺德(美国)确定并合成含硫的生物体物质(特别是后叶催产素和增压素)	A·H·西奥雷尔(瑞典)从事过氧化酶的研究
1956	W·H·布拉顿,J·巴丁,W·B·肖克利(美国)研究半导体并发现晶体管效应	C·N·欣谢尔伍德(英国),N·N·谢苗诺夫(苏联)提出气相反应的化学动力学理论(特别是支链反应)	A·F·库南德,D·W·理查兹(美国),W·福斯曼(德国)开发了心脏导管术
1957	李政道,杨振宁(美籍华人)对宇称定律作了深入研究	A·R·托德(英国)从事核酸酶以及核酸酶辅酶的研究	D·博维特(意籍瑞士)从事合成类箭毒化合物的研究

年份	物理学奖	化学奖	生理学和医学奖
1958	P•A•切伦科夫,I•E•塔姆,I•M•弗兰克(苏联)发现并解释了切伦科夫效应	F•桑格(英国)从事胰岛素结构的研究	G•W•比德尔,E•L•塔特姆(美国)发现一切生物体内的生化反应都是由基因逐步控制的 J•莱德伯格(美国)从事基因重组以及细菌遗传物质方面的研究
1959	E•G•塞格雷,O•张伯伦(美国)发现反质子	J•海洛夫斯基(捷克)提出极普学理论并发现"极普法"	S•奥乔亚,A•科恩伯格(美国)从事合成 RNA 和 DNA 的研究
1960	D•A•格拉塞(美国)发明气泡室,取代了云雾室	W•F•利比(美国)发明了"放射性碳素年代测定法"	F•M•伯内特(澳大利亚),P•B•梅达沃(英国)证实了获得性免疫耐受性
1961	R•霍夫斯塔特(美国)利用直线加速器从事高能电子散射研究并发现核子 R•L•穆斯保尔(德国)从事γ射线的共振吸收现象研究并发现了穆斯保尔效应	M•卡尔文(美国)揭示了植物光合作用机理	G•V•贝凯西(美国)确立"行波学说",发现耳蜗感音的物理机制
1962	L•D•兰道(苏联)开创了凝聚态物质理论	M•F•佩鲁茨,J•C•肯德鲁(英国)测定出蛋白质的精细结构	J•D•沃森(美国),F•H•C•克里克,M•H•F•威尔金斯(英国)发现核酸的分子结构及其对信息传递的重要性
1963	E•P•威格纳(美国)发现基本粒子的对称性以及原子核中相互作用的原理 M•G•迈耶(美国),J•H•D•延森(德国)研究原子核壳层模型理论	K•齐格勒(德国),G•纳塔(意大利)发现了利用新型催化剂进行聚合的方法,并从事这方面的基础研究	J•C•艾克尔斯(澳大利亚),A•L•霍奇金,A•F•赫克斯利(英国)发现与神经的兴奋和抑制有关的离子机构
1964	C•H•汤斯(美国),N•G•巴索夫,A•M•普罗霍罗夫(苏联)发明微波激射器和激光器,并从事量子电子学方面的基础研究	D•M•C•霍奇金(英国)使用 X 射线衍射技术测定复杂晶体和大分子的空间结构	K•E•布洛赫(美国),F•吕南(德国)从事有关胆固醇和脂肪酸生物合成方面的研究

年份	物理学奖	化学奖	生理学和医学奖
1965	朝永振一郎（日本），J·S·施温格，R·P·费曼（美国）对基本粒子物理学具有 深刻影响的基础研究	R·B·伍德沃德（美国）对有机合成法的贡献	F·雅各布，J·L·莫诺，A·M·雷沃夫（法国）研究有关酶和细菌合成中的遗传调节机构
1966	A·卡斯特勒（法国）发现和开发了把光的共振和磁的共振结合起来，使光束与射频电磁波发生双共振的双共振法	R·S·马利肯（美国）用量子力学创立了化学结构分子轨道理论，阐明了分子的共价键本质和电子结构	F·P·劳斯（美国）发现肿瘤诱导病毒 C·B·哈金斯（美国）发现内分泌对癌的干扰作用
1967	H·A·贝蒂（美国）发现了星球中的能源	R·G·W·诺里什，G·波特（英国），M·艾根（德国）发明测定快速化学反应技术	R·A·格拉尼特（瑞典），H·K·哈特兰，G·沃尔德（美国）发现眼睛的视觉过程
1968	L·W·阿尔瓦雷斯（美国）通过发展液态氢气泡室和数据分析技术，从而发现许多共振态	L·翁萨格（美国）从事不可逆过程热力学的基础研究	R·W·霍利，H·G·霍拉纳，M·W·尼伦伯格（美国）研究遗传信息的破译及其在蛋白质合成中的作用
1969	M·盖尔曼（美国）发现基本粒子的分类和作用	O·哈塞尔（挪威），D·H·R·巴顿（英国）为发展立体化学理论作出贡献	M·德尔布吕克，A·D·赫尔希，S·E·卢里亚（美国）发现病毒的复制机制遗传结构
1970	L·内尔（法国）从事铁磁和反铁磁方面的研究 H·阿尔文（瑞典）从事磁流体力学的基础研究	L·F·莱洛伊尔（阿根廷）发现糖核苷酸及其在糖合成过程中的作用	B·卡茨（英国），U·S·V·奥伊勒（瑞典），J·阿克塞尔罗德（美国）发现神经末梢部位的传递物质以及该物质的机理

年份	物理学奖	化学奖	生理学和医学奖
1971	D·加博尔（英国）发明并发展了全息摄影法	G·赫兹伯格（加拿大）从事自由基的电子结构和几何学结构的研究	E·W·萨瑟兰（美国）发现激素的作用机理
1972	J·巴丁，L·N·库柏，J·R·施里弗（美国）从理论上解释了超导现象	C·B·安芬森（美国）确定了核糖核苷酸酶的分子氨基酸排列 S·莫尔，W·H·斯坦（美国）从事核糖核苷酸酶的活性区位研究	G·M·埃德尔曼（美国），R·R·波特（英国）研究抗体的化学结构和机能
1973	江崎玲於奈（日本），贾埃弗（美国）发现半导体中的"隧道效应"和超导物质。B·D·约瑟夫森（英国）发现约瑟夫森效应	E·O·菲舍尔（德国），G·威尔金森（英国）从事具有多层结构的有机金属化合物的研究	K·V·弗里施，K·劳伦兹（奥地利），N·廷伯根（英国）发现个体及社会性行为模式（比较行为动物学）
1974	M·赖尔，A·赫威斯（英国）从事射电天文学方面的研究	P·J·弗洛里（美国）从事高分子化学的理论、实验两方面的基础研究	A·克劳德，C·R·德·迪夫（比利时），G·E·帕拉德（美国）从事细胞结构和机能的研究
1975	A·N·玻尔，B·R·莫特尔森（丹麦），J·雷恩沃特（美国）从事原子核内部结构的研究	J·W·康福思（澳大利亚）研究酶催化反应的立体化学 V·普雷洛格（瑞士）从事有机分子以及有机反应的立体化学研究	D·巴尔的摩，H·M·特明，R·杜尔贝科（美国）从事肿瘤病毒的研究
1976	B·里克特（美国），丁肇中（美籍华人）发现中性介子椡/ψ粒子	W·N·利普斯科姆（美国）从事甲硼烷的结构研究	B·S·布卢姆伯格（美国）发现澳大利亚抗原 D·C·盖达塞克（美国）从事慢性病毒感染症的研究
1977	P·W·安德森，J·H·范弗莱克（美国），N·F·莫特（英国）从事磁性和无序系统电子结构的基础研究	I·普里戈金（比利时）主要研究非平衡热力学，提出了"耗散结构"理论	R·C·L·吉尔曼，A·V·沙里（美国）发现下丘脑激素 R·S·雅洛（美国）发明放射免疫分析法

年份	物理学奖	化学奖	生理学和医学奖
1978	P·卡皮察(苏联)从事低温物理学方面的研究 A·A·彭齐亚斯,R·W·威尔逊(美国)发现宇宙微波背景辐射	P·D·米切尔(英国)从事生物膜上的能量转换研究	W·阿尔伯(瑞士),H·O·史密斯,D·内森斯(美国)发现限制性内切酶以及在分子遗传学方面的应用
1979	S·L·格拉肖,S·温伯格(美国),A·萨拉姆(巴基斯坦)预言存在弱中性流,并对基本粒子之间的弱作用和电磁作用的统一理论作出贡献	H·C·布郎(美国),G·维蒂希(德国)研制了新的有机合成法	A·M·科马克(美国),G·N·蒙斯菲尔德(英国)开发了用电子计算机操纵的X射线断层扫描仪(简称CT扫描仪)
1980	J·W·克罗宁,V·L·菲奇(美国)发现中性K介子衰变中的宇称(CP)不守恒	P·伯格(美国)从事核酸的生物化学研究 W·吉尔伯特(美国),F·桑格(英国)确定了核酸的碱基排列顺序	B·贝纳塞拉夫,G·D·斯内尔(美国),J·多塞(法国)从事细胞表面调节免疫反应的遗传结构的研究
1981	K·M·西格巴恩(瑞典)开发出高分辨率测量仪器 N·布洛姆伯根,A·肖洛(美国)对发展激光光谱学和高分辨率电子光谱学作出贡献	福井谦一(日本),R·霍夫曼(美国)从事化学反应过程的研究	R·W·斯佩里(美国)从事大脑半球职能分工的研究 D·H·休伯尔(美国),T·N·威塞尔(瑞典)从事视觉系统的信息加工研究
1982	K·G·威尔逊(美国)提出临界现象理论	A·克卢格(英国)开发了结晶学的电子衍射法,并从事核酸蛋白质复合体的立体结构的研究	S·K·贝里斯德伦,B·I·萨米埃尔松(瑞典),J·R·范恩(英国)发现前列腺素
1983	S·钱德拉塞卡,W·A·福勒(美国)从事星体进化的物理过程研究	H·陶布(美国)阐明了金属配位化合物电子反应机理	B·麦克林托克(美国)发现移动的基因
1984	C·鲁比亚(意大利),S·范德梅尔(荷兰)对导致发现弱相互作用的传递者场粒子 $W^{\pm}Z^0$ 的大型工程作出了决定性贡献	R·B·梅里菲尔德(美国)开发了极简便的肽合成法	N·K·杰尼(丹麦),G·J·F·克勒(德国),C·米尔斯坦(英国)确立有关免疫抑制机理的理论,研制出了单克隆抗体

年份	物理学奖	化学奖	生理学和医学奖
1985	K·冯·克里津（德国）发现量子霍耳效应并开发了测定物理常数的技术	J·卡尔，H·A·豪普特曼（美国）开发了应用 X 射线衍射确定物质晶体结构的直接计算法	M·S·布朗，J·L·戈德斯坦（美国）从事胆固醇代谢及疾病的研究
1986	E·鲁斯卡（德国）开发了第一架电子显微镜 G·比尼格（德国），H·罗雷尔（瑞士）设计并研究扫描隧道显微镜	D·R·赫希巴奇，李远哲（美籍华人），J·C·波利亚尼（加拿大）研究化学反应体系在位能面运动过程的动力学	R·L·蒙塔尔西尼（意大利），S·科恩（美国）发现神经生长因子以及上皮细胞生长因子
1987	J·G·贝德诺尔斯（德国），K·A·米勒（瑞士）发现氧化物高温超导体	C·J·佩德森，D·J·克拉姆（美国），J·M·莱恩（法国）合成冠醚化合物	利根川进（日本）阐明与抗体生成有关的遗传原理
1988	L·莱德曼，M·施瓦茨，J·斯坦伯格（美国），J·斯坦博格（瑞士）发现 μ 子型中微子，从而揭示了轻子的内部结构	J·戴森霍弗，R·胡伯尔，H·米歇尔（德国）分析了光合作用反应中心的三维结构	J·W·布莱克（英国），G·B·埃利昂，G·H·希钦斯（美国）对药物研究原理作出重要贡献
1989	W·保罗（德国），H·G·德默尔特，N·F·拉姆齐（美国）创造原子钟，为物理学测量作出杰出贡献	S·奥尔特曼，T·R·切赫（美国）发现 RNA 自身具有酶的催化功能	J·M·毕晓普，H·E·瓦慕斯（美国）发现了动物肿瘤病毒的致癌基因源出于细胞基因
1990	J·I·弗里德曼，H·W·肯德尔（美国），R·E·泰勒（加拿大）首次实验证明了夸克的存在	E·J·科里（美国）创建了一种独特的有机合成理论——逆合成分析理论	J·E·默里，E·D·托马斯（美国）关于对人类器官移植、细胞移植技术的研究
1991	P·G·热纳（法国）从事液晶、聚合物方面的理论研究	R·R·恩斯特（瑞士）发明了傅里叶变换核磁共振分光法和二维核磁共振技术	E·内尔，B·萨克曼（德国）发明了膜片钳技术
1992	G·夏帕克（法国）开发了多丝正比计数管	R·A·马库斯（美国）对溶液中的电子转移反应理论作出贡献	E·H·费希尔，E·G·克雷布斯（美国）发现蛋白质可逆磷酸化作用
1993	R·A·赫尔斯，J·H·泰勒（美国）发现一对脉冲双星	K·B·穆利斯（美国）发明"聚合酶链式反应"法 M·史密斯（加拿大）开创"寡聚核苷酸基定点诱变"法	P·A·夏普，R·J·罗伯茨（美国）发现断裂基因

续　表

年份	物理学奖	化学奖	生理学和医学奖
1994	B·N·布罗克豪斯(加拿大),C·G·沙尔(美国)发展了中子散射技术	G·A·欧拉(美国)在碳氢化合物即烃类研究领域作出了杰出贡献	A·G·吉尔曼,M·罗德贝尔(美国)发现G蛋白及其在细胞中传导信息的作用
1995	M·L·佩尔,F·莱因斯(美国)发现了重轻子、中微子	P·克鲁岑(德国),M·莫利纳,F·S·罗兰(美国)阐述了对臭氧层厚度产生影响的化学机理,证明了人造化学物质对臭氧层构成破坏作用	E·B·刘易斯,E·F·维绍斯(美国),C·N·福尔哈德(德国)发现了控制早期胚胎发育的重要遗传机理
1996	D·M·李,D·D·奥谢罗夫,R·C·理查森(美国)发现在低温状态下可以无摩擦流动的氦-3	R·F·柯尔(美国),H·W·克罗托因(英国),R·E·斯莫利(美国)发现了碳元素的新形式——富勒氏球(也称布基球)C_{60}	P·C·多尔蒂(澳大利亚),R·M·青克纳格尔(瑞士)发现细胞的中介免疫保护特征
1997	朱棣文(美籍华人),W·D·菲利普斯(美国),科昂·塔努吉(法国),发明用激光冷却和俘获原子的方法	P·B·博耶(美国),J·E·沃克尔(英国),J·C·斯科(丹麦)发现人体细胞内负责储藏转移能量的离子传输酶	S·B·普鲁西纳(美国)发现了朊蛋白(PRION)并在其致病机理的研究方面作出了杰出贡献
1998	R·劳克林(美国人),H·施特默(德国),崔琦(美籍华人),共同发现并研究电子的分数量子霍尔效应	W·科恩(美国)提出密度函数理论 J·波普(英国)提出量子化学的方法	R·罗伯特,L·伊格纳罗,F·墨拉德(美国)发现"一氧化氮"是心血管系统中传播信号的分子
1999	N·霍夫特,M·韦尔特曼(荷兰)共同提出弱电相互作用的量子结构	A·兹韦勒(美国、埃及双重国籍)利用激光闪烁研究化学反应	G·布洛贝尔(德国)识别蛋白质在细胞内活动的信号方面取得研究成果
2000	若尔斯·阿尔费罗夫(俄罗斯)、赫伯特·克勒默和杰克·基尔比(美国),他们的研究奠定了现代信息技术的基础	艾伦·黑格、艾伦·马克迪尔米德(美国)和白川英树(日本),在导电聚合物领域作出的贡献	阿尔维德·卡尔森(瑞典)、保罗·格林加德、埃里克·埃德尔(美国),关于脑细胞是如何传递信号方面的研究成果
2001	埃里克·康奈尔、卡尔·维曼(美国)和沃尔夫冈·克特勒(德国),关于玻色爱因斯坦冷凝态的研究	威廉·诺尔斯(美国)与野依良治(日本),在"手性催化氢化反应"领域作出的贡献;巴里·夏普莱斯(美国),在"手性催化氧化反应"领域取得的成就	利兰·哈特韦尔(美国)、蒂莫西·亨特、保罗·纳斯(英国),发现在细胞裂变中的重要控制物质,对于癌症的治疗具有重要意义

年份	物理学奖	化学奖	生理学和医学奖
2002	雷蒙德·戴维斯(美国)、小柴昌俊(日本),关于宇宙中的微中子研究作出的卓越贡献;里卡多·贾科尼(美国),发现了宇宙 X 射线源	约翰·芬恩(美国)、田中耕一(日本)和库尔特·维特里希(瑞士),发明了对生物大分子进行识别和结构分析的方法	约翰·劳尔斯顿和悉尼·布雷内(英国)、罗伯特·霍维茨(美国),在研究基因控制器官发育和细胞死亡过程方面的贡献
2003	阿列克谢·阿布里科索夫(美、俄双重国籍)、维塔利·金茨堡(俄罗斯)、安东尼·莱格特(英、美双重国籍),在量子物理学超导体和超流体领域的贡献	彼得·阿格雷和罗德里克·麦金农(美国),在细胞膜通道领域的研究成果	保罗·劳特布尔(美国)、彼得·曼斯菲尔德(英国),在核磁共振成像技术领域的成就,使人们可以详细了解大脑和人体器官的状态
2004	戴维·格罗斯、戴维·波利策和弗兰克·维尔切克(美国),发现了粒子物理强相互作用理论中的渐近自由现象	阿龙·切哈诺沃、阿夫拉姆·赫什科(以色列)、欧文·罗斯(美国),发现了泛素调节的蛋白质降解	理查德·阿克塞尔和琳达·巴克(美国),在气味受体和嗅觉系统组织方式研究中作出贡献,揭示了人类嗅觉系统的奥秘
2005	约翰·霍尔(美国)、特奥多尔·亨施(德国)、罗伊·格劳伯(美国),基于激光的精密光谱学发展贡献和对光学相干的量子理论的贡献	伊夫·肖万(法国)、罗伯特·格拉布和理查德·施罗克(美国),关于有机化学的烯烃复分解反应的研究	巴里·马歇尔、罗宾·沃伦(澳大利亚),发现幽门螺旋杆菌以及该细菌对消化性溃疡病的致病机理
2006	约翰·马瑟和乔治·斯穆特(美国),发现了宇宙微波背景辐射的黑体形式和各向异性	罗杰·科恩伯格(美国),在"真核转录的分子基础"研究领域作出的贡献	安德鲁·法尔和克雷格·梅洛(美国),发现了 RNA(核糖核酸)干扰机制

参考文献

1. 胡炳生等. 现代科学技术基础. 南京：南京大学出版社,2001
2. 杨振秀. 大学生现代科技基础. 北京：警官教育出版社,2000
3. 宗占国. 现代科学技术导论. 北京：高等教育出版社,2004
4. 牛晋生. 科学技术概论. 北京：北京科学技术出版社,2005
5. 傅华,马书春. 现代科学技术教程. 北京：华夏出版社,1997
6. 陈颖健. 当代热点科学技术浅说. 北京：科学技术文献出版社,2003
7. 薛瑞丰. 科学技术纵横谈. 北京：北京理工大学出版社,2002
8. 胡显章,曾国屏. 科学技术概论. 北京：高等教育出版社,1998
9. 曹南燕. 在清华听讲座. 北京：清华大学出版社,2005
10. 吴长庆. 百年科技聚焦. 上海：上海科学普及出版社,2002
11. ［美］麦克莱伦第三,［美］多恩. 世界史上的科学技术. 王鸣阳译. 上海：上海科技教育出版社,2003
12. 盛正卯,叶高翔. 物理学与人类文明. 浙江：浙江大学出版社,2000
13. 马廷钧. 现代物理技术及其应用. 北京：国防工业出版社,2002
14. 蔡枢,吴铭磊. 大学物理(当代物理前沿专题部分). 北京：高等教育出版社,1996
15. 李椿,夏学江. 大学物理(理论核心部分). 北京：高等教育出版社,1998
16. 倪光炯等. 改变世界的物理学. 上海：复旦大学出版社,2004
17. 吴鑫基,温学诗. 现代天文学十五讲. 北京：北京大学出版社,2005
18. 高崇明,张爱琴. 生物伦理学十五讲. 北京：北京大学出版社,2004
19. 张铭. 生命科学与人类文明. 浙江：浙江大学出版社,2002
20. 吕虎. 现代生物技术导论. 北京：科学出版社,2005
21. 陶兴无. 生物工程概论. 北京：化学工业出版社,2005
22. 岑沛霖. 生物工程导论. 北京：化学工业出版社,2003
23. 晓林等. 生物科学和生物工程. 北京：新时代出版社,2002

24. 罗琛. 生物工程与生命. 北京：高等教育出版社,2003
25. 蔡意中. 生物科技在 21 世纪的应用. 上海：上海科学普及出版社,2002
26. 王仲轩. 信息技术基础教程. 北京：清华大学出版社,2005
27. 厉小军. 信息技术基础. 浙江：浙江大学出版社,2005
28. 张天云. 信息技术与信息时代. 北京：化学工业出版社,2005
29. 薛尚清,杨平先. 现代通信技术基础. 北京：国防工业出版社,2005
30. 李长河. 人工智能及其应用. 北京：机械工业出版社,2006
31. 任嘉卉,刘念荫. 形形色色的机器人. 北京：科学出版社,2005
32. 张立德等. 奇妙的纳米世界. 北京：化学工业出版社,2004